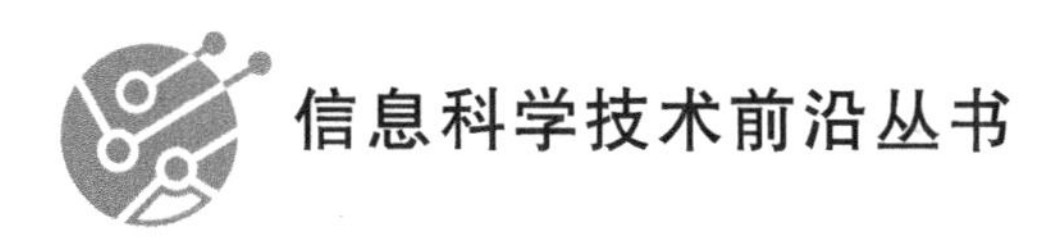

多智能体系统协调控制方法研究及其应用

张　斌　著

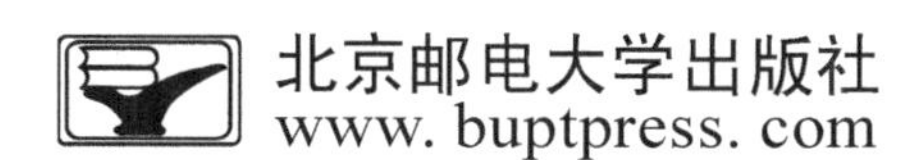

内容简介

多智能体系统协调控制技术的相关研究是控制领域的前沿研究课题，也是多智能体系统开发和应用的基础和难点。随着实际应用的不断拓展，多智能体系统协调控制技术引起了国内外学者越来越多的兴趣和关注。本书针对多智能体系统协调控制研究现状，围绕多智能体系统有限时间控制、切换拓扑分析、网络化机械系统的同步控制三类基本问题尽可能地做出比较深入和系统的讨论。全书共分为5章。第1章概述了多智能体系统的研究背景与意义。第2章简要介绍了代数图论背景知识。第3章讨论了多智能体系统有限时间控制问题。第4章讨论了非线性切换系统的交集/并集弱不变原理，利用不变集原理解决了切换拓扑下的多智能体系统一致性控制问题。第5章讨论了网络化机械系统自适应同步控制问题。

本书可供自动化类专业本科生、研究生以及科研工作者阅读。

图书在版编目(CIP)数据

多智能体系统协调控制方法研究及其应用 / 张斌著. -- 北京：北京邮电大学出版社，2024.3

ISBN 978-7-5635-7178-9

Ⅰ. ①多… Ⅱ. ①张… Ⅲ. ①人工智能—应用—协调控制系统—研究 Ⅳ. ①TP273

中国国家版本馆CIP数据核字（2024）第045118号

策划编辑：马晓仟　**责任编辑**：刘　颖　**责任校对**：张会良　**封面设计**：七星博纳

出版发行：北京邮电大学出版社
社　　址：北京市海淀区西土城路10号
邮政编码：100876
发 行 部：电话：010-62282185　传真：010-62283578
E-mail：publish@bupt.edu.cn
经　　销：各地新华书店
印　　刷：保定市中画美凯印刷有限公司
开　　本：720 mm×1 000 mm　1/16
印　　张：10
字　　数：186千字
版　　次：2024年3月第1版
印　　次：2024年3月第1次印刷

ISBN 978-7-5635-7178-9　定　价：58.00元

前　　言

多智能体系统协调控制技术的相关研究是控制领域的前沿研究课题，也是多智能体系统开发和应用的基础和难点。随着实际应用的不断拓展，尤其是未知环境探测、危险环境救援等领域需求的不断增加，多智能体系统协调控制技术引起了国内外学者越来越多的兴趣和关注。区别于传统控制，多智能体系统协调控制呈现出许多新的特点。它在结构上具有“个体动态＋通信拓扑”的特点，每个智能体具有一定的自治能力，能够感知局部范围内的信息，规划自我运动。智能体能够感知的信息是由通信拓扑所决定的，这一特点使通信拓扑结构在决定群体系统动态行为方面起着极其重要的作用。迄今为止，多智能体系统已经取得了丰硕的成果，国际国内会议及期刊刊登了大量的研究文献，这些都充分说明了多智能体系统研究的意义和活跃性。

本书主要内容包括多智能体系统协调控制中的收敛时间分析、拓扑结构分析和鲁棒性分析。本书首先讨论了多智能体系统的有限时间控制问题，然后讨论了弱不变原理及其在切换拓扑下一般线性多智能体系统中的应用，最后结合实际系统的非线性特性，讨论了网络化机械系统的同步控制方案。

全书共分为 5 章。第 1 章概述了多智能体系统的研究背景与意义、基本问题及特殊问题。第 2 章简要介绍了代数图论背景知识。第 3 章讨论了多智能体系统有限时间控制问题，建立了一阶和高阶有限时间观测器，利用齐次性理论证明了两种观测器都能使系统状态在有限时间内收敛到期望轨迹。进一步，讨论了固定时间控制问题及多机械臂系统有限时间同步控制应用。第 4 章讨论了非线性切换系统的交集/并集弱不变原理，利用不变集原理解决了切换拓扑下的多智能体系统一致性控制问题。第 5 章讨论了具有时变时滞的任务空间网络化机械系统自适应同步控制问题及分布式观测器设计问题。在分布式观测器基础上进一步讨论了存在未知重力项和不确定静态摩擦项的自适应同步控制问题。

在本书的撰写和出版过程中，得到了多位同事和学生的帮助，在此一并向他们表示感谢。同时感谢国家自然科学基金委员会的资助(61973044)，他们的支持使作者有机会将自己的研究成果加以归纳总结和出版。

由于作者水平有限，加之写作仓促，难免有疏漏和不妥之处，恳请读者批评指正。

作　者

目　录

第1章

绪　论

多智能体系统协调控制技术的相关研究是控制领域的前沿研究课题，也是多智能体系统开发和应用的基础和难点。随着实际应用的不断拓展，尤其是未知环境探测、危险环境救援等领域需求的不断增加，多智能体系统协调控制技术吸引了国内外学者越来越多的兴趣和关注。本章主要介绍多智能体系统的研究背景，综述多智能体系统的研究现状。

1.1　多智能体系统

受生物学、物理学、社会科学等领域的启发，研究人员发现群体行为与个体行为具有完全不同的特性，多个体协作能够带来群体性优势，提高智能化程度，更好地完成单个个体无法完成的工作[1-5]。

生物学领域存在新颖而又奇特的自然现象，如鱼群能够改变队形来应对捕食者的追捕，鸟群能够自发地进行大规模的迁徙，蚂蚁能够遵循任务分配规则集体觅食，等等[6-12]。这些群体当中的每个个体仅能获取邻居信息而无法获取群体信息，但通过跟踪邻居的状态变化可以形成有规律的群体行为。为了研究它们如何分工合作，仅仅依靠简单的局部信息产生复杂的宏观现象，研究者通过计算机仿真揭示了这些现象背后的机制。文献[9]提出了群体行为的三个启发式规则：① 聚集（flock centering），期望向相邻个体靠拢；② 避免碰撞（collision avoidance），防止与邻居个体发生碰撞；③速度匹配（velocity matching），试图与邻居速度保持一致。在这三个简单规则的作用下，生物群体能够保持一定的队形和一致的运动速度。

在计算机领域中，任务需求越来越复杂，数据量越来越大，集中式计算系统已经无法满足求解实际问题的需要。在此背景下，分布式问题求解得到了迅速的发展[13-15]。在分布式问题求解中，人们把待解决的问题分解成一些子任务，并对每个子任务设计一个执行任务的子系统。在这种系统中每个子系统的运动方式和不同子系统间的协调关系是被预先定义好的，因此这种组织模式缺乏灵活性和可拓展性，很难用作复杂系统建模。1986 年，MIT 著名的计算机学者和人工智能学科的创始人之一 M. Minsky 提出了智能体(agent)的概念。他在 *Society of Mind* 一书中将社会和社会行为引入计算系统[16]。传统的计算系统是封闭的，然而社会机制是开放的，当开放的社会机制中的部分个体之间存在矛盾时，需要通过某种协商机制达成一个可接受的解。Minsky 将计算社会中的这种个体称为 agent。这些个体的有机组合则构成计算社会——多 agent 系统。多智能体系统具有更高的灵活性和适应性，逐渐成为人工智能领域的研究热点[17-19]。

计算机和通信技术的发展为控制领域多智能体系统的应用提供了基础。在控制领域中，多智能体系统一般由智能体和环境两部分组成，每个智能体具备一定的感知、通信、计算和执行能力，各智能体之间通过通信网络，相互协作完成给定任务[20-25]。和单一的被控对象相比，多智能体系统具有许多方面的优势，能够通过交互式团队协作来解决超出单一个体能力的大规模复杂问题。对于可分解的任务，多智能体可以并行地完成不同的子任务，提高工作效率。另外，多智能体系统中的个体成员相互协作也可以增加冗余度，增强解决方案的鲁棒性。多智能体系统的诸多优点使得它具有非常广泛的应用，例如在人类难以触及的环境中可以通过多无人机、多水下自治潜艇等来完成复杂的任务[26-30]；在军事领域及危险环境中，多智能体系统可以完成侦查探测、资源勘探等任务，从而增加安全性[31-34]；在工业生产中，多智能体系统的协作可以减少劳动成本，提高生产总体质量[35-41]。

区别于传统控制，多智能体系统协调控制呈现出许多新的特点。它在结构上具有“个体动态＋通信拓扑”的特点[42]，每个智能体具有一定的自治能力，能够感知局部范围内的信息，规划自我运动。智能体能够感知的信息是由通信拓扑所决定的，这一特点使通信拓扑结构在决定群体系统动态行为方面起着极其重要的作用。迄今为止，多智能体系统已经取得了丰硕的成果，国际国内会议及期刊刊登了大量的研究文献，这些都充分说明了多智能体系统研究的意义和活跃性。

1.2 多智能体系统协调控制中的基本问题

1.2.1 一致性问题

一致性问题是指根据某种特定的任务种类或性能要求设计单个智能体的控制策略,使其通过与其他智能体的信息交互和共同约定的简单的相互作用规则,达到某些关键量的一致[43-50]。在早期控制领域的研究中,Vicsek 等人提出了简单但又不失其本质的 Vicsek 模型[51]。该模型具备多智能体系统的一些关键特性,如个体具有自身的动态行为,个体之间只有局部相互作用,邻居关系不断变化等。数值仿真表明,当智能体的密度较大,系统的噪声较小时,最终所有智能体的前进方向能够达到一致。这一现象引起了许多研究者的兴趣,他们试图给出这一现象的严格理论分析。

针对没有噪声的 Vicsek 模型,Jadbabaie 等人[52]将智能体视为点,将智能体的连接关系抽象成边,利用代数图论的知识证明了在连通拓扑或者周期连通的切换拓扑情形下,多智能体系统能够达到一致。在文献[43]中,Olfati-Saber 和 Murray 更为全面地建立了一致性问题的理论框架。考虑到智能体之间的信息交互可能不对等,有向图被用来描述通信拓扑。同时文献[43]还证明了系统的收敛速度由图的代数连通度决定,并讨论了系统对信息传输时滞的容许能力,给出了可容许时滞的上界。在此基础上,Ren[44]进一步给出了状态趋于一致时拓扑结构所需满足的更弱的条件,即如果有向拓扑在连续有限时间间隔内的并包含生成树,那么多智能体的状态最终趋于一致。对于离散系统,文献[53,54]给出了一致性问题可解的条件。

以上是多智能体系统一致性研究中的基本结果,近年来一致性问题得到了更深入的研究,考虑到现实网络的非理想特性以及更高的工程指标要求,这些问题将会变得更为复杂和困难,以后章节将会对这些特殊问题做更为深入的分析。

1.2.2 蜂拥问题

蜂拥是一个由大量智能体组成的系统,通常在无集中控制的情况下,通过智能体之间的局部感知作用和相应的反应行为,使系统整体呈现一定的协调行为[55-58]。蜂拥在移动机器人协调控制和多传感器网络等领域广泛应用。目前对蜂拥动态行为的建模和分析最常用的方法有三种:基于智能体描述的方法;连续流方法;离散系统模型方法。蜂拥问题遵循 Reynolds 模型的三条规则,即①分离(separation),②聚合(cohesion),③速度匹配(alignment),它所要达到的目的是使所有的智能体的速度值趋于一致,智能体之间的距离达到稳定的期望值,并且智能体之间不能碰撞。另外,针对不同的任务需要,一些新的规则被加入所需的蜂拥控制算法中。比如,在障碍环境下的蜂拥控制算法[59-62];保持网络连通性的蜂拥控制算法[63-64]。

1.2.3 聚集问题

聚集行为是生物的一大基本特征,一种生物种群往往会以一定规模出现。从宏观上讲,如成群的牛羚、鱼、大雁;从微观上讲,如细菌。它们表现出一些聚集性行为。理解生物复杂性是研究多智能体系统群集行为的一个途径,能够以此来揭示群体智能产生的原因[65-70]。通过对生物种群聚集行为的观察,可总结出刻画聚集行为的规则:智能体间长距离吸引,短距离排斥;速度匹配;围绕中心运动等。近年来,研究者在理论上证明了通过施加反馈,群体能够收敛并保持在群体的加权中心的有界范围内。多智能体系统聚集行为具有广泛的应用,如近来极受关注的机器人组群、飞行器及交通管理中的队列控制。在军事上,多移动机器人系统可替代士兵执行排雷、监控等危险任务,降低人员伤亡,提高任务执行效率;在民用上,许多廉价机器人协作能替代单个的昂贵的机器人,降低生产成本。

1.2.4 编队问题

编队问题是指所有智能体通过邻居间的信息交互保持一个事先设定的稳定的几何图形。多智能体编队包括战斗机群、有人驾驶或无人驾驶飞行器编队,地面、空间或水下智能机器人编队等。多智能体编队控制在生产、生活以及军事等领域有着广泛的应用[71-77]。就一个协作移动传感器网络而言,多智能体传感器编队可以从不同角度感应目标,完成单个传感器难以完成的任务。目前,编队控制大致有三类方法,即主从式方法、虚拟结构式方法和行为式方法。在主从式方法中,部分个体被当作主体,其他个体通过邻居间的相互作用跟随主体。这类方法对主体的可靠性有高度依赖,一旦主体失效将会带来全局的不稳定。虚拟结构式方法是将所有个体的某个运算生成指标当作参考点,每个个体的位置和轨迹可以通过与参考点的相对位置计算得到。这类方法有利于保持精确稳定的队形,但是该类方法需要集中处理数据,因此不适合大型编队。行为式方法是较少采用的一种方法,它针对每个个体的运动事先给定合适的规律,使得每个个体能够达到可能的状态,这种方法是分布式的但是难以定量计算。

1.2.5 同步问题

自然界中的同步现象是非线性现象,在日常生活中经常可见,比如靠近的钟摆同步摆动、萤火虫同步发光等。系统与控制学科中将同步定义为性质相同或相近的两个或多个动力系统,通过系统间的相互作用影响,使得在不同的初始条件下各自演化的动力系统状态逐步接近,最后达到相同的状态[78-82]。在最近十几年里,研究者提出了网络系统同步的经典模型,引起了不同学科研究人员广泛的兴趣。同步问题包括特殊祸合网络或特殊节点的网络同步、自适应同步、相位同步、频率同步、聚类同步等。

1.3 多智能体系统协调控制中的特殊问题

1.3.1 有限时间控制

在多智能体系统的状态达成一致的过程中收敛速度是一个重要的指标。目前基于光滑控制器的设计原理,最快的收敛速度为指数形式。随着自动化程度的提高和更精密生产过程需求的增加,人们对收敛速度的要求越来越高。采用非光滑控制来设计一致性协议是达到有限时间收敛的一种有效方法[83-86]。在一阶积分器多智能体系统领域,研究者已取得了重要的进展。文献[87]提出了两类不连续有限时间一致性协议。文献[88]分别给出了单向和双向拓扑条件下两种形式的非光滑有限时间一致性协议,证明了智能体之间的通信拓扑满足连通性条件时,系统状态能够达到有限时间一致。文献[89]给出了存在通信时延的情况下一阶积分器多智能体系统有限时间一致性协议。对于智能体为二阶积分器模型的情况,研究者同样给出了许多有效的协议设计方案。文献[90]基于齐次性方法给出了一种无领导者二阶系统有限时间一致性协议,这种协议只针对无领导者多智能体系统情形。文献[91]同时考虑了无领导者和有领导者多智能体系统时间一致性问题,证明了在无外部干扰的情况下多智能体系统能够达到一致,在有外部干扰的情况下,多智能体系统能够在有限时间内收敛到平衡点附近的邻域。以上提到的有限时间一致性协议的收敛时间都是依赖于初始值的。为了得到不依赖于初始值的一致性算法,文献[92]和文献[93]引入了固定时间稳定的概念,针对一阶积分器多智能体系统给出了一种不依赖于初始值的固定时间一致性协议。文献[94]进一步延续并发展了固定时间一致性方法。多智能体系统有限时间控制技术很快在多移动机器人编队、多飞行器姿态协调等领域得到了广泛应用。

1.3.2 网络不确定性

1. 网络时滞

时滞普遍存在于自然和工程实际中,系统中产生时滞的原因可以归纳为三类:①系统变量的测量产生时滞;②系统中的物理和化学性质产生时滞;③信号传输产生时滞[95-98]。时滞系统中需要考虑的问题是时滞的有无或时滞的长短是否会影响系统的动力学行为,特别是对于一个大系统,需要考虑传输和测量的时间滞后是否会对系统的群体动力学行为产生本质影响,因此深入研究时滞具有重要的意义[99-102]。目前的研究主要包括两类:输入时滞和通信时滞。文献[43]研究了存在相同定常输入时滞的一阶多智能体系统,利用代数图论及稳定性理论给出了系统实现一致性的充分条件,特别给出了一致所允许的时滞上界。文献[103]对该问题做了进一步的研究,考虑了多智能体异步接收邻居集合信息的情形。文献[104]通过 Lyapunov-Krasovskii 泛函和线性矩阵不等式的方法解决了切换拓扑结构下非一致时延的一致性问题。文献[105]研究了存在通信时滞的情形,根据 Lyapunov 函数的不变集原理证明了当存在时变时滞时,系统实现一致性的一个充分条件是连接拓扑在连续有界时间间隔内的联合图含有全局可达点。文献[106]研究了时滞离散系统一致性问题,并得到了很好的结果。文献[107]～文献[109]研究了具有时滞的网络化非线性机械系统一致性问题。概括起来,解决时滞多智能体系统一致性问题有三类方法。①频域法:在频域中利用 Nyquist 定理等频域分析理论研究系统的一致性。②时域法:针对时滞连续系统巧妙地构造 Lyapunov 函数和集值 Lyapunov 函数,将问题转化为线性矩阵不等式进行分析。③状态扩维法:针对离散系统，通过状态扩维将原系统转化为无时滞系统，然后利用代数及矩阵理论分析一致性。

2. 切换拓扑

切换很早就被引入到了控制理论当中。作为一种建模方式它丰富了可研究的被控对象，作为一种控制思想它给控制回路的设计带来了巨大的方便[110-114]。随着多智能体系统的出现，切换的意义显得更为突出。目前大多数对于多智能体系统的研究假设拓扑结构固定，但由于通信失效或者通信距离的变化会带来某些链路的断开或连通，因此用切换拓扑的建模形式能更合理地描述多智能体网络。针对一阶多智能体系统，早期一个有代表性的工作由文献[43]给出，文章通过寻找切换拓扑与 Laplacian 矩阵的关系，利用非负矩阵与随机矩阵的基本结论给出了系统的收敛结果。文献[44]给出了该问题更一般性的结果，证明了如果拓扑图包含生成树的频率足够高，那么系统可实现一致。文献[115]同时考虑了切换拓扑和时滞的情况，通过构造 Lyapunov-Krasovskii 函数给出了在联合连通的条件下系统实现一致的充分条件。

研究者针对二阶多智能体系统同样得出了一些有用的成果。利用空间分解法和 Lyapunov 稳定性理论，文献[116]给出了联合连通拓扑条件下二阶多智能体系统一致性条件。文献[117]给出了拓展的不变集原理并将其成功应用到了二阶多智能体系统一致性控制当中。文献[118]通过构造 Lyapunov-Krasovskii 函数，利用线性矩阵不等式理论解决了同时具有切换拓扑和时滞的二阶多智能体系统平均一致问题。文献[119]研究了切换信号是 Bernoulli 随机过程的二阶离散多智能体系统均方一致性问题。一般线性多智能体切换拓扑一致性的典型结果由文献[120]给出，但是该结果仅仅对于开环稳定的系统成立，因此具有一定的保守性。总体来说，目前对于切换拓扑的研究仍然缺乏合适的数学工具，如何从本质上建立起有效的数学理论是一个漫长的过程。

1.3.3 多机械系统协调控制

多机械系统协调控制是近年来广受关注的前沿课题[121-127]。相对于单一的机械系统，多机械系统能够满足复杂的任务需求并且具有更高的冗余度和安全性。但是多机械系统具有很强的非线性特性，系统结构参数通常也具有不确定性，因此这类系统的建模和控制是一个有挑战性的研究课题。多机械系统的模型多采用

Euler-Lagrange 方程来描述。Euler-Lagrange 方程能够刻画很多类实际系统，如拟人机器人、地面以及空间机械臂、卫星等。目前，针对线性多智能体系统的一些很好的研究成果不能直接推广应用到多机械系统的协调控制中，对多机械系统协调控制的研究也大都停留在理论层面，与实际问题相结合得较少。基于无源性理论的设计方案是解决这一问题的有效方法，文献[128]建立起了基于无源性的多机械系统同步控制一般框架，在平衡拓扑的条件下给出了具有动态不确定性的多机械系统自适应同步协议。文献[129]研究了同时具有运动学不确定性和动力学不确定性的网络化机械系统自适应同步控制问题。文献[130]利用频域的处理方法解决了具有未知定常通信时滞的多机械系统自适应控制问题。文献[131]考虑了带有移动基座的多机械臂夹持目标在固定曲面上运动的问题，控制协议同时对参数不确定和外部扰动具有鲁棒性。文献[132]研究了基于区域形状的多机器人群集问题，建立了实现全局目标的区域收敛函数和实现局部目标的避碰势能函数，提出了控制协议使得机器人能够移动到给定的期望区域中并且保持最小的安全距离避免碰撞。文献[133]研究了输出反馈多机器人系统自适应同步控制，利用个体自身状态信息和邻居集合位置信息，建立了自适应输出反馈协议。在已有理论成果的基础上，多所研究机构开发了网络化移动机器人的实验平台。文献[134]～文献[136]介绍了 MIT 研制的由地面机器人和空中机器人构成的多机器人测试平台。文献[137]从硬件和软件两个方面详细介绍了宾夕法尼亚大学开发的多移动机器人实验平台，它能够实现编队控制以及协同操作等任务。目前，网络化机械系统的理论研究较为广泛，但是能够与工程实际紧密结合的成果不多。如何将理论成果应用于实际生产和生活是下一个阶段的重点研究方向。

本章小结

本章介绍了多智能体系统的基本概念、多智能体系统协调控制中的基本问题及特殊问题。基于本章的介绍，后续章节重点研究了多智能体系统协调控制中的有限时间控制问题、弱不变集原理及其在切换拓扑多智能体系统中的应用问题、网络化机械系统同步控制问题。

第2章 预备知识

2.1 常用符号和定义

本书采用以下记号：$\mathbb{R}$ 和 $\mathbb{R}_+$ 分别表示实数域和非负实数域；$\mathbb{R}^n$ 表示 n 维实向量；$\mathbf{1}$ 表示元素全为 1 的具有适当维数的列向量；$\mathbf{1}_n$ 表示 n 维列向量 $\mathbf{1}$；矩阵 $I_n \in \mathbb{R}^{n\times n}$ 表示 n 维单位矩阵；空间 $\mathcal{L}_p$，$1 \leqslant p < \infty$，表示所有满足 $\left(\int_0^\infty \|x(t)\|^p \mathrm{d}t\right)^{\frac{1}{p}} < \infty$ 的可测函数 $x: \mathbb{R}_+ \to \mathbb{R}^n$ 的集合；空间 $\mathcal{L}_\infty$ 表示所有满足 $\|x\|_\infty := \sup_{t\geqslant 0}\|x(t)\| < \infty$ 的可测函数 $x: \mathbb{R}_+ \to \mathbb{R}^n$ 的集合。对于给定函数 $x: \mathbb{R}_+ \to \mathbb{R}^n$，如果存在发散序列 $\{t_k\}$ 使得当 $k \to \infty$ 时有 $x(t_k) \to \xi$，那么点 $\xi \in \mathbb{R}^n$ 叫作 x 的 ω 极限点；函数 x 的所有 ω 极限点的集合叫作它的 ω 极限集，记为 $\omega(x)$。如果对于任意的 $\varepsilon > 0$ 存在 $T > 0$ 使得 $\mathrm{dist}(x(t), M) < \varepsilon$，$\forall t > T$，其中 $\mathrm{dist}(p, M) := \inf_{a\in M}\|p - a\|$ 表示从点 p 到集合 M 的距离，那么称 x 收敛于集合 $M \subseteq \mathbb{R}^n$。如果 x 连续有界，那么其 ω 极限集 $\omega(t)$ 是非空的紧集，且 x 收敛于 $\omega(t)$。对于 $\lambda > 0$，记 $\mathbb{B}_\lambda(M) := \{p \in \mathbb{R}^m : \mathrm{dist}(p, M) < \lambda\}$。对于函数 $y: \mathbb{R}^p \to \mathbb{R}^q$ 和给定矩阵 $A \subseteq \mathbb{R}^q$，$y^{-1}(A)$ 表示 A 的原像，即 $y^{-1}(A) = \{\xi \in \mathbb{R}^p : y(\xi) \in A\}$；$\overline{A}$ 表示 A 的闭包。对于函数 $g(\cdot)$ 和 $h(\cdot)$，记 $g \cdot h(\cdot) = g(h(\cdot))$。如果对于任意满足 $\inf_{n\in\mathbb{N}} \mu(I_n) > 0$ 的不相交闭区间 $\{I_n : n \in N\}$ 有 $\lim_{n\to\infty}(\inf_{t\in I_n}|x(t)|) = 0$，其中 $\mu(\cdot)$ 代表 Lebesgue 测度，那么函数 $x: \mathbb{R}_+ \to \mathbb{R}$ 叫作弱不足。对于 $\varepsilon = (\varepsilon_1, \varepsilon_2, \cdots, \varepsilon_n)^{\mathrm{T}} \in \mathbb{R}^n$，向量 $\mathrm{Tanh}(\varepsilon) \in \mathbb{R}^n$，矩阵 $\mathrm{Sech}(\varepsilon) \in \mathbb{R}^{n\times n}$ 和 $\mathrm{Cosh}(\varepsilon) \in \mathbb{R}^{n\times n}$ 定义为 $\mathrm{Tanh}(\varepsilon) = (\tanh(\varepsilon_1), \cdots, \tanh(\varepsilon_n))^{\mathrm{T}}$，$\mathrm{Sech}(\varepsilon) =$

$\mathrm{diag}\{\mathrm{sech}(\varepsilon_1),\cdots,\mathrm{sech}(\varepsilon_n)\}$和 $\mathrm{Cosh}(\varepsilon)=\mathrm{diag}\{\cosh(\varepsilon_1),\cdots,\cosh(\varepsilon_n)\}$。对于 $x=(x_1,x_2,\cdots,x_n)^{\mathrm{T}}\in\mathbb{R}^n$ 和 $y=(y_1,y_2,\cdots,y_n)^{\mathrm{T}}\in\mathbb{R}^n$，矩阵 $\mathrm{Tanh}(x,y)$ 定义为 $\mathrm{Tanh}(x,y)=\mathrm{diag}\{\tanh(x_1)\tanh(y_1),\cdots,\tanh(x_n)\tanh(y_n)\}$。

2.2 代数图论

2.2.1 图的基本概念及定义

有向图$\mathcal{G}(\nu,\varepsilon)$由顶点集 $\nu=\{\nu_1,\nu_2,\cdots,\nu_N\}$ 和边集 $\varepsilon\subseteq\nu\times\nu$ 组成。图$\mathcal{G}$中的边用有序数组(j,i)表示，如果$(j,i)\in\varepsilon$，那么 j 称为 i 的父节点，i 称为 j 的子节点。顶点 ν_i 在有向图$\mathcal{G}$中的邻居集合定义为$\mathcal{N}_i=\{j:(\nu_i,\nu_j)\in\varepsilon\}$。有向图$\mathcal{G}$的一条有向路径定义为一个有限的顶点序列，$\nu_{i_1},\cdots,\nu_{i_k}$，满足$(\nu_{i_s},\nu_{i_{s+1}})\in\varepsilon$，$s=1,2,\cdots,k-1$。如果对于图中的任意两个相异顶点 ν_i 和 ν_j，都存在从 ν_i 到 ν_j 的一条有向路径，那么称有向图$\mathcal{G}$为强连通的。有向树是一类特殊的有向图，它满足性质：①具有一个没有父顶点的特殊顶点（称为根顶点）；②所有其他顶点有些仅有一个父顶点；③根顶点可以通过路径连接到其他任何顶点。有向图$\mathcal{G}(\nu,\varepsilon)$的生成树是一个有向树，它的顶点集是 ν，边集是 ε 的子集。强连通的有向图一定含有生成树，因此含有生成树是比强连通更弱的连通性条件。具有相同顶点的一组有向图$\mathcal{G}_i=(\nu,\varepsilon_i)$，$i\in\mu$，它们的并是一个有向图，其顶点集为公共的顶点集，其边集为$\bigcup_{i\in\mu}\varepsilon_i$。加权有向图$\mathcal{G}(\mathcal{A})$由一个有向图$\mathcal{G}$和一个非负矩阵$\mathcal{A}=[a_{ij}]\in\mathbb{R}^{N\times N}$组成，满足$(\nu_i,\nu_j)\in\mathcal{G}\Leftrightarrow a_{ji}>0$。元素 a_{ij} 称为边(ν_j,ν_i)的权。如果任意两个顶点的连线都是双向的，那么对应的图称为无向图，此时自然有$(\nu_i,\nu_j)\in\varepsilon\Leftrightarrow(\nu_j,\nu_i)\in\varepsilon$。如果存在常数 $\omega_i>0$，$i=\{1,2,\cdots,N\}$，使得 $\omega_i a_{ij}=\omega_j a_{ji}$，那么对应的图称为加权平衡图。

2.2.2 图的 Laplacian 矩阵

定义 2.1 加权有向图$\mathcal{G}(\mathcal{A})$的 Laplacian 矩阵 $L=[l_{ij}]\in\mathbb{R}^{N\times N}$定义为：

$$l_{ij}=\begin{cases}\sum\limits_{k=1,k\neq i}^{N}a_{ik}, & i=j\\ -a_{ij}, & i\neq j\end{cases}$$

引理 2.1 令 L 为有向图$\mathcal{G}$的 Laplacian 矩阵。那么矩阵 L 至少有一个零特征值，而其余的非零特征值都具有负实部。进一步，矩阵 L 恰有一个零特征值，当且仅当有向图$\mathcal{G}$具有生成树，并且对应于零特征值的特征向量为 $\mathbf{1}$。

引理 2.2 令$\mathcal{G}$表示一个具有 N 个顶点的有向图，L 是其对应的 Laplacian 矩阵 $\gamma=(\gamma_1,\gamma_2,\cdots,\gamma_N)^{\mathrm{T}}=(\det(L_{11}),\det(L_{22}),\cdots,\det(L_{NN}))$，其中 $L_{ij}\in\mathbb{R}^{(N-1)\times(N-1)}$ 是由 L 删掉第 i 行和第 j 列得到的。则$\mathcal{G}$是强连通的当且仅当 γ 是正的且满足 $\gamma^{\mathrm{T}}L=0$。

引理 2.3 无向图$\mathcal{G}$的 Laplacian 矩阵 L 是半正定的，N 个实特征值可从小到大排列为：

$$0=\lambda_1(L)\leqslant\lambda_2(L)\leqslant\cdots\leqslant\lambda_N(L)$$

其中，$\lambda_2(\boldsymbol{L})$称为图$\mathcal{G}$的代数连通度，且有

$$\lambda_2(L)=\min_{x\neq\mathbf{0},\mathbf{1}^{\mathrm{T}}x=\mathbf{0}}\frac{x^{\mathrm{T}}Lx}{\|x\|^2}$$

特别地，若$\mathcal{G}$是强连通的，则 $\lambda_2(L)>0$。

第3章 多智能体系统有限时间控制

在控制系统的性能要求中，收敛速度是非常重要的一个指标。目前，在较为成熟的 Lyapunov 稳定性理论研究成果中，闭环系统最快的收敛速度为指数形式，理论上无法得到更好的收敛性能。究其原因，Lyapunov 稳定性理论要求反馈回路要保证闭环系统满足 Lipschitz 连续性。只有打破传统的连续性要求才能建立起新的稳定性理论，从而得到有限时间控制方法。和传统的渐近稳定、指数稳定相比，有限时间稳定具有更快的收敛速度、更高的收敛精度和更好的抗扰动性能。

本章主要研究了以下几个方面的问题。

3.1 节给出了具有输入限制的多智能体系统有限时间观测器。对于多智能体系统，其反馈回路依赖于所有邻居集合状态。在大型网络化系统中，所有邻居集合的信息容易超过单个个体的输入上界。基于以上考虑，3.1 节给出了具有输入上界的一阶有限时间观测器和高阶有限时间观测器。本节应用齐次理论，证明了这两类观测器都能够使得领导者-跟随者多智能体系统实现一致。进一步，我们将控制协议推广到了分布式包容问题，证明了跟随者能够收敛到多个领导者形成的凸包。

3.2 节研究了多智能体系统固定时间一致性问题。在有限时间控制中，一致性收敛时间依赖于多智能体的初始状态，当初始状态较为分散时，收敛时间会很长。为了能够得到收敛时间不依赖于初始值的一致性协议，本节给出了固定时间反馈协议。考虑到传感器存在非线性测量的情况，本节还研究了非线性固定时间反馈协议。

3.3 节研究了由 Euler-Lagrange 方程描述的多机械系统有限时间同步控制。本节首先研究了在连通条件下多机械系统的代数特性，然后应用齐次性理论给出了无外界干扰情况下的有限时间同步控制协议。考虑到实际应用时外界干扰难以避免，本节进一步将无干扰的同步协议推广到了有干扰的情形，研究了有限时间鲁棒性问题，并且证明了在该情形下同步误差能够实现全局一致有界。

3.1　具有输入限制的多智能体系统有限时间观测器

3.1.1　问题描述

考虑双积分器领导者-跟随者多智能体系统，第 i 个跟随者的动态由以下方程描述：

$$\dot{q}_i=p_i,\quad \dot{p}_i=u_i,\quad i\in\mathcal{I}:=\{1,\cdots,N\} \tag{3.1}$$

其中，$q_i\in\mathbb{R}$，$p_i\in\mathbb{R}$ 分别为多智能体系统的位置和速度，$u_i\in\mathbb{R}$ 是控制输入且要求满足 $\|u_i\|_\infty\leqslant u_{\max}$。领导者记为第 $N+1$ 个智能体，动态模型由以下方程给出：

$$\dot{q}_{N+1}=p_{N+1},\quad \dot{p}_{N+1}=u_{N+1} \tag{3.2}$$

其中，$u_{N+1}\in\mathbb{R}$ 是产生期望跟踪轨迹的控制输入。领导者与跟随者的连接关系用矩阵 $E=\mathrm{diag}\{a_{1(N+1)},\cdots,a_{N(N+1)}\}\in\mathbb{R}^{N\times N}$ 表示，如果智能体 $N+1$ 是智能体 i 的邻居，那么 $a_{i(N+1)}>0$，否则 $a_{i(N+1)}=0$。该模型中的信息交换矩阵定义为 $K=L+E$，其中 L 为跟随者的 Laplacian 矩阵。针对领导者-跟随者多智能体系统(3.1)式和(3.2)式，本节用到以下假设。

假设 3.1　所有跟随者构成的通信拓扑图 $\mathcal{G}$ 是无向连通的。

假设 3.2　至少有一个跟随者可以获取领导者的信息，即 $E\neq 0$。

引理 3.1　如果假设 3.1、假设 3.2 成立，那么矩阵 $K=L+E$ 是对称且正定的。

本节的主要目标是设计无速度测量的分布式饱和控制协议，使得跟随者在有限时间内跟踪领导者的状态轨迹。下面的定义给出了更精确的说明。

定义 3.1　如果存在原点的一个开邻域 $U_0\subset\mathbb{R}^2$ 使得对于 U_0 内的任意初始状态，$\lim\limits_{t\to\infty}\|q_i(t)-q_{N+1}(t)\|=0$，$\lim\limits_{t\to\infty}\|p_i(t)-p_{N+1}(t)\|=0$，$i\in\mathcal{I}$，那么我们称多智能体系统实现了局部分布式跟踪。如果 $U_0=\mathbb{R}^2$，那么我们称多智能体系统实现了全局分布式跟踪。如果存在原点的一个开邻域 $U_0\subset\mathbb{R}^2$ 和时刻 $T_0\in[0,\infty)$ 使得对于 U_0

内的任意初始状态，$\lim_{t\to T_0}\|q_i(t)-q_{N+1}(t)\|=0$，$\lim_{t\to T_0}\|p_i(t)-p_{N+1}(t)\|=0$ 并且 $q_i(t)=q_{N+1}(t)$，$p_i(t)=p_{N+1}(t)$，$t\geqslant T_0$，$i\in\mathcal{I}$，那么我们称多智能体系统实现了局部有限时间分布式跟踪。如果 $U_0=\mathbb{R}^2$，那么我们称多智能体系统实现了全局有限时间分布式跟踪。

对于有限时间稳定性理论，有以下结论。

定义 3.2 考虑系统

$$\dot{x}=f(x),\quad f(0)=0,\quad x\in\mathbb{R}^n \tag{3.3}$$

其中，$f:U_0\to\mathbb{R}^n$ 在原点的开邻域 U_0 上连续。令 $(r_1,\cdots,r_n)\in\mathbb{R}^n$ 为正向量，即 $r_i>0$，$i=1,\cdots,n$，且 $f(x)=(f_1(x),\cdots,f_n(x))^{\mathrm{T}}$ 为连续向量函数。如果对于任意给定的 $\varepsilon>0$，有 $f_i(\varepsilon^{r_1}x_1,\cdots,\varepsilon^{r_n}x_n)=\varepsilon^{\kappa+r_i}f_i(x)$，$i=1,\cdots,n$，那么称向量函数 $f(x)$ 关于 $(r_1,\cdots,r_n)$ 的齐次度为 $\kappa\in\mathbb{R}$。

引理 3.2 考虑如下系统：

$$\dot{x}=f(x)+\hat{f}(x),\quad f(0)=0,\quad x\in\mathbb{R}^n \tag{3.4}$$

其中，$f(x)$ 关于 $(r_1,\cdots,r_n)$ 的齐次度为 $\kappa<0$ 并且 $\hat{f}$ 满足 $\hat{f}(0)=0$。假设 $x=0$ 是系统 $\dot{x}=f(x)$ 渐近稳定的平衡点。那么如果

$$\lim_{\varepsilon\to 0}\frac{\hat{f}_i(\varepsilon^{r_1}x_1,\cdots,\varepsilon^{r_n}x_n)}{\varepsilon^{\kappa+r_i}}=0,\quad i=1,\cdots,n,\quad \forall x\neq 0 \tag{3.5}$$

则 $x=0$ 是系统(3.4)式局部有限时间稳定的平衡点。另外，如果系统(3.4)式是全局渐近稳定和局部有限时间稳定的，那么它是全局有限时间稳定的。

引理 3.3 考虑系统(3.3)。如果存在连续可微的正定函数 $V(x)$，正实数 $c>0$ 和 $0<\alpha<1$ 使得 $\dot{V}(x)+cV^{\alpha}(x)\leqslant 0$，那么系统是有限时间稳定的。另外，收敛时间满足 $T(x_0)\leqslant\dfrac{V^{1-\alpha}(x_0)}{c(1-\alpha)}$，$x_0$ 为初始状态。

进一步，我们定义标量饱和函数如下：

$$s_{\gamma}^{\alpha}(\varsigma)=\begin{cases}\operatorname{sig}(\varsigma)^{\alpha}, & |\varsigma|<\gamma\\ \gamma^{\alpha}\operatorname{sign}(\varsigma), & |\varsigma|\geqslant\gamma\end{cases} \tag{3.6}$$

其中，$\varsigma\in\mathbb{R}$ 是自变量，α,γ 是正实数，$\operatorname{sig}(\varsigma)^{\alpha}$ 表示 $\operatorname{sign}(\varsigma)|\varsigma|^{\alpha}$。图 3.1 给出了一个标量饱和函数的曲线，其中 $\alpha=0.5$，$\gamma=1$。对于向量 $X=(x_1,x_2,\cdots,x_n)^{\mathrm{T}}\in\mathbb{R}^n$，我们将标量饱和函数的定义拓展为向量饱和函数 $s_{\gamma}^{\alpha}(X)=(s_{\gamma}^{\alpha}(x_1),s_{\gamma}^{\alpha}(x_2),\cdots,s_{\gamma}^{\alpha}(x_n))^{\mathrm{T}}\in\mathbb{R}^n$。

对于饱和函数(3.6)式，容易验证以下引理。

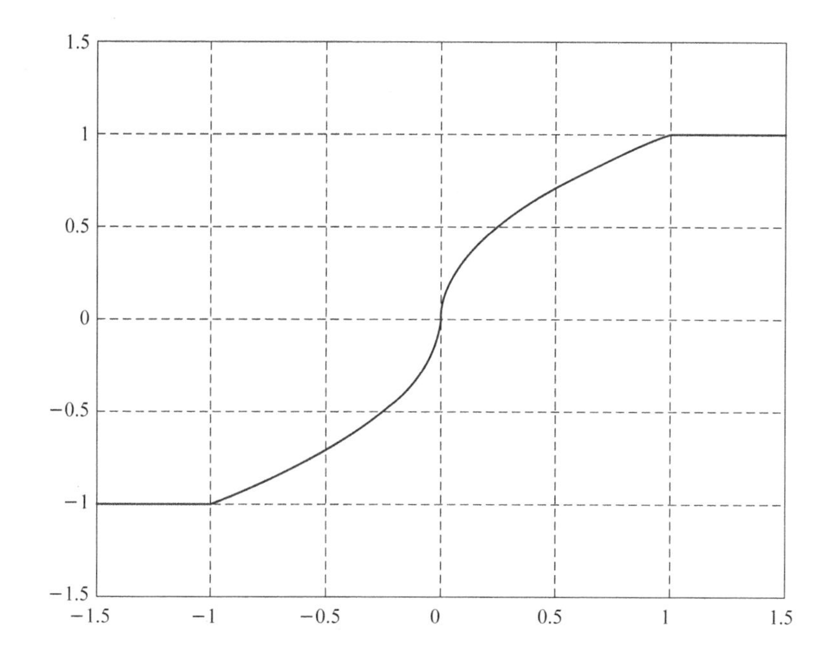

图 3.1　饱和函数 $s_{\gamma}^{\alpha}(\varsigma)$，$\alpha=0.5$，$\gamma=1$

引理 3.4　定义函数

$$S_{\gamma}^{\alpha}(\varsigma)=\begin{cases}\dfrac{|\varsigma|^{\alpha+1}}{\alpha+1}, & |\varsigma|<\gamma\\[2ex] \gamma^{\alpha}|\varsigma|-\dfrac{\alpha\gamma^{\alpha+1}}{\alpha+1}, & |\varsigma|\geqslant\gamma\end{cases}\tag{3.7}$$

那么，$S_{\gamma}^{\alpha}(\varsigma)$正定，径向无界且 $S_{\gamma}^{\alpha}(\varsigma)$对于$\varsigma$的导数为 $s_{\gamma}^{\alpha}(\varsigma)$。

3.1.2　主要结果

1. 一阶有限时间观测器

下面考虑饱和受限下一阶有限时间观测器。受限的控制输入设计为：

$$u_i=u_{N+1}+\dot{\phi}_i-\Big(\sum_{j\in\mathcal{N}_i}a_{ij}s_{\gamma_1}^{\alpha_1}(q_i-q_j)+a_{i(N+1)}s_{\gamma_1}^{\alpha_1}(q_i-q_{N+1})\Big)\tag{3.8}$$

其中，α_1，γ_1 是饱和函数的参数。辅助向量 $\phi_i\in\mathbb{R}$ 由以下观测器生成：

$$\dot{\phi}_i=-s_{\gamma_2}^{\alpha_2}(\phi_i)-\Big(\sum_{j\in\mathcal{N}_i}a_{ij}s_{\gamma_1}^{\alpha_1}(q_i-q_j)+a_{i(N+1)}s_{\gamma_1}^{\alpha_1}(q_i-q_{N+1})\Big)\tag{3.9}$$

其中，α_2，γ_2 是饱和函数的参数。令 $x_i=q_i-q_{N+1}$，$y_i=p_i-p_{N+1}$，$\psi_i=\sum_{j\in\mathcal{N}_i}a_{ij}s_{\gamma_1}^{\alpha_1}(q_i-$

$q_j)+a_{i(N+1)}s_{\gamma_1}^{\alpha_1}(q_i-q_{N+1})$，那么闭环系统(3.1)式、(3.8)式、(3.9)式可以写为如下向量形式：

$$\begin{cases}\dot{X}=Y\\ \dot{Y}=\dot{\Phi}-\Psi\\ \dot{\Phi}=-s_{\gamma_2}^{\alpha_2}(\Phi)-\Psi\end{cases}\tag{3.10}$$

其中，向量定义为 $X=(x_1,x_2,\cdots,x_N)^{\mathrm{T}}$，$Y=(y_1,y_2,\cdots,y_N)^{\mathrm{T}}$，$\Phi=(\phi_1,\phi_2,\cdots,\phi_N)^{\mathrm{T}}$，$\Psi=(\psi_1,\psi_2,\cdots,\psi_N)^{\mathrm{T}}$。

容易验证，方程(3.10)式满足如下齐次性引理。

引理 3.5 在原点的邻域 $\Omega=\{X,Y,\Phi|\,\|X\|_\infty<\frac{\gamma_1}{2},\|\Phi\|_\infty<\gamma_2\}$ 中，如果 $0<\alpha_1<1$，$\alpha_2=\frac{2\alpha_1}{1+\alpha_1}$，那么系统(3.10)式关于扩张 $(\underbrace{r_1,\cdots,r_1}_{N},\underbrace{r_2,\cdots,r_2}_{N},\underbrace{r_3,\cdots,r_3}_{N})$ 是齐次的，齐次度 $\kappa=\frac{\alpha_1-1}{\alpha_1+1}$，其中 $r_1=\frac{2}{\alpha_1+1}$，$r_2=r_3=1$。

要得到主要结果，我们需要首先介绍 Barbalat 引理。

引理 3.6 (Barbalat 引理)令 $f:\mathbb{R}\to\mathbb{R}$ 为$[0,\infty)$上的一致连续函数。假设 $\lim\limits_{t\to\infty}\int_0^t f(\tau)\mathrm{d}\tau$ 存在且有界，那么 $\lim\limits_{t\to\infty}f(t)=0$。

定理 3.1 如果假设 3.1 和假设 3.2 成立，并且

$$2\Big(\sum_{j\in\mathcal{N}_i}a_{ij}+b_i\Big)\gamma_1^{\alpha_1}+\gamma_2^{\alpha_2}+\|u_{N+1}\|_\infty\leqslant u_{\max},\quad \forall i\in\mathcal{I}\tag{3.11}$$

那么对于任意初始状态，控制输入(3.8)式和有限时间观测器(3.9)式能够实现带有饱和限制和无速度测量的分布式有限时间跟踪问题。

证明 容易验证控制输入(3.8)式满足 $\|u_i\|_\infty\leqslant 2\Big(\sum_{j\in\mathcal{N}_i}a_{ij}+b_i\Big)\gamma_1^{\alpha_1}+\gamma_2^{\alpha_2}+\|u_{N+1}\|_\infty\leqslant u_{\max}$，$i\in\mathcal{I}$，因此控制输入(3.8)式满足饱和限制。以下部分，我们首先证明(3.10)式全局渐近稳定，然后我们证明(3.10)式局部有限时间稳定，从而我们得到(3.10)式全局有限时间稳定。

考虑如下 Lyapunov 方程：

$$V=\sum_{i=1}^{N}\Big(\sum_{j\in\mathcal{N}_i}\frac{1}{2}a_{ij}S_{\gamma_1}^{\alpha_1}(x_i-x_j)+a_{i(N+1)}S_{\gamma_1}^{\alpha_1}(x_i)\Big)+\frac{1}{2}\sum_{i=1}^{N}(y_i-\phi_i)^2+\frac{1}{2}\sum_{i=1}^{N}\phi_i^2\tag{3.12}$$

方程 V 沿闭合系统(3.10)的导数为：

$$\dot{V}\mid_{(3.10)}=\sum_{i=1}^{N}\Big(\sum_{j\in\mathcal{N}_i}a_{ij}y_is_{\gamma_1}^{\alpha_1}(x_i-x_j)+a_{i(N+1)}y_is_{\gamma_1}^{\alpha_1}(x_i)\Big)$$
$$-\sum_{i=1}^{N}(y_i-\phi_i)\psi_i-\sum_{i=1}^{N}\phi_i(s_{\gamma_2}^{\alpha_2}(\phi_i)+\psi_i)$$
$$=-\sum_{i=1}^{N}\phi_is_{\gamma_2}^{\alpha_2}(\phi_i)\leqslant 0 \tag{3.13}$$

因此,我们得到对于任意的 $i\in\mathcal{I}$, y_i, ϕ_i 是有界的,对于使得 $a_{ij}\neq 0$ 的指数 $i,j\in\mathcal{I}$, x_i-x_j 是有界的,对于使得 $a_{i(N+1)}\neq 0$ 的指数 $i\in\mathcal{I}$, x_i 是有界的。由此容易验证 $\ddot{V}$ 是有界的。

由 Barbalat 引理,可得 $\lim\limits_{t\to\infty}\dot{V}(t)=0$。因此 $\lim\limits_{t\to\infty}\phi_i(t)=0$, $\forall i\in\mathcal{I}$。同理,由 Barbalat 引理可得 $\lim\limits_{t\to\infty}\dot{\phi}_i(t)=0$, $\forall i\in\mathcal{I}$。由(3.9)式可以看出对于任意的 $i\in\mathcal{I}$, $\sum\limits_{j\in\mathcal{N}_i}a_{ij}s_{\gamma_1}^{\alpha_1}(q_i-q_j)+a_{i(N+1)}s_{\gamma_1}^{\alpha_1}(q_i-q_{N+1})=0$。因此,

$$\lim_{t\to\infty}\sum_{i=1}^{N}\Big(\sum_{j=1}^{N}a_{ij}x_is_{\gamma_1}^{\alpha_1}(x_i-x_j)+a_{i(N+1)}x_is_{\gamma_1}^{\alpha_1}(x_i)\Big)$$
$$=\lim_{t\to\infty}\sum_{i=1}^{N}\Big(\sum_{j=1}^{N}\frac{1}{2}a_{ij}(x_i-x_j)s_{\gamma_1}^{\alpha_1}(x_i-x_j)+a_{i(N+1)}x_is_{\gamma_1}^{\alpha_1}(x_i)\Big)$$
$$=0 \tag{3.14}$$

从而对于满足 $a_{ij}\neq 0$ 的指数 $i,j\in\upsilon$,有 $\lim\limits_{t\to\infty}(x_i(t)-x_j(t))=0$ 并且对于满足 $a_{i(N+1)}\neq 0$ 的指数 $i\in\upsilon$,有 $\lim\limits_{t\to\infty}x_i(t)=0$。令 $a_{g(N+1)}\neq 0$, $g\in\upsilon$, $\underline{a}=\min\{a_{ij}\mid a_{ij}\neq 0,\forall i,j\in\upsilon\}$,由于跟随者形成的拓扑图是强连通的,所以对于任意的 $i\in\upsilon$,存在路径 $\nu_g=\nu_{t_1},\nu_{t_2},\cdots,\nu_{t_s}=\nu_i$ 连接 g 和 i。由此,对于 $l=1,2,\cdots,s-1$, $a_{t_lt_{l+1}}\neq 0$,并且

$$0\leqslant\lim_{t\to\infty}\|x_i(t)\|\leqslant\lim_{t\to\infty}\|x_i(t)-x_g(t)\|+\lim_{t\to\infty}\|x_g(t)\|$$
$$\leqslant 1/\underline{a}\lim_{t\to\infty}\sum_{l=1}^{s-1}a_{t_lt_{l+1}}\|x_{t_l}(t)-x_{t_{l+1}}(t)\|+\lim_{t\to\infty}\|x_g(t)\|=0 \tag{3.15}$$

即,对于任意的 $i\in\mathcal{I}$, $\lim\limits_{t\to\infty}x_i(t)=0$。进一步由 Barbalat 引理可得对于任意的 $i\in\mathcal{I}$, $\lim\limits_{t\to\infty}y_i(t)=0$。因此,闭合系统是全局渐近稳定的。接下来,我们证明闭合系统是全局有限时间稳定的。注意引理 3.5,可以得到在原点的邻域中有:

$$V(\varepsilon^{\frac{2}{\alpha_1+1}}X,\varepsilon Y,\varepsilon\Phi)=\varepsilon^2V(X,Y,\Phi) \tag{3.16}$$
$$\dot{V}(\varepsilon^{\frac{2}{\alpha_1+1}}X,\varepsilon Y,\varepsilon\Phi)=\varepsilon^{\alpha_1+1}\dot{V}(X,Y,\Phi) \tag{3.17}$$

其中,$0<\alpha_1<1$, $\alpha_2=\dfrac{2\alpha_1}{1+\alpha_1}$。令 $\varepsilon=V^{-\frac{1}{2}}(X,Y,\Phi)$, $\gamma=\{(X,Y,\Phi)\mid V(X,Y,\Phi)=1\}$,

$c=-\sup_{(X,Y,\Phi)\in\gamma}\dot{V}(X,Y,\Phi)>0$，那么从(3.16)式和(3.17)式可以得出：

$$\frac{\dot{V}(X,Y,\Phi)}{V^{\frac{\alpha_2+1}{2}}(X,Y,\Phi)}=\dot{V}(V^{-\frac{1}{\alpha_1+1}}(X,Y,\Phi)X,V^{-\frac{1}{2}}(X,Y,\Phi)Y,V^{-\frac{1}{2}}(X,Y,\Phi)\Phi)$$
$$\leqslant\sup_{(X,Y,\Phi)\in\gamma}\dot{V}(X,Y,\Phi)=-c \tag{3.18}$$

即，$\dot{V}(X,Y,\Phi)\leqslant -cV^{\frac{\alpha_2+1}{2}}(X,Y,\Phi)$，其中 $0<\frac{\alpha_2+1}{2}<1$。由引理 3.3 可以得出闭合系统(3.10)式是局部有限时间稳定的，从而系统(3.10)式是全局有限时间稳定的。

注释 3.1 注意定理 3.1 的结果是在假设领导者的输入 u_{N+1} 已知的情况下得到的。如果 u_{N+1} 不是全局已知的，那么领导者加速度要取为 0，即 $\dot{q}_{N+1}=p_{N+1}$，$\dot{p}_{N+1}=0$。

尽管(3.11)式确保了输入范数小于饱和上限，但是方程(3.11)式左边的大小取决于智能体的个数。这一点给控制输入的设计带来了限制并且使得控制参数的调节不方便。为了解决以上问题，本书提出以下改进的饱和函数：

$$s^{\alpha}_{(k,\gamma)}(\varsigma)=\begin{cases}k\,\mathrm{sig}(\varsigma)^{\alpha}, & |\varsigma|<\gamma\\ k\gamma^{\alpha}\,\mathrm{sign}(\varsigma), & |\varsigma|\geqslant\gamma\end{cases} \tag{3.19}$$

其中，参数 $k>0$ 代表合作权重。基于(3.19)式，考虑以下分布式控制输入和观测器：

$$\begin{cases}u_i=u_{N+1}+\dot{\phi}_i-\Big(\sum\limits_{j\in N_i}a_{ij}s^{\alpha_1}_{(k_{ij},\gamma_1)}(q_i-q_j)+a_{i(N+1)}s^{\alpha_1}_{(k_i,\gamma_1)}(q_i-q_{N+1})\Big)\\ \dot{\phi}_i=-s^{\alpha_2}_{(1,\gamma_2)}(\phi_i)-\Big(\sum\limits_{j\in N_i}a_{ij}s^{\alpha_1}_{(k_{ij},\gamma_1)}(q_i-q_j)+a_{i(N+1)}s^{\alpha_1}_{(k_i,\gamma_1)}(q_i-q_{N+1})\Big)\end{cases} \tag{3.20}$$

其中，$k_i=\Big(\sum_{k\in\mathcal{N}_i}a_{ik}+a_{i(N+1)}\Big)^{-1}$，$k_{ij}=\min\{k_i,k_j\}$。

引理 3.7 如果假设 3.1、假设 3.2 成立，那么对于任意的$\varsigma_i,\varsigma_j\in\mathbb{R}$，以下不等式成立：

$$\Big|\sum_{j\in\mathcal{N}_i}a_{ij}s^{\alpha_1}_{(k_{ij},\gamma_1)}(\varsigma_i-\varsigma_j)+a_{i(N+1)}s^{\alpha_1}_{(k_i,\gamma_1)}(\varsigma_i)\Big|\leqslant\gamma_1^{\alpha_1} \tag{3.21}$$

证明 由假设 3.1、假设 3.2 可知，$\Big(\sum_{k\in\mathcal{N}_i}a_{ij}+b_i\Big)>0$。因此，$k_i$ 是非奇异的。由饱和函数的定义可以直接推得：

$$\Big|\sum_{j\in\mathcal{N}_i}a_{ij}s^{\alpha_1}_{(k_{ij},\gamma_1)}(\varsigma_i-\varsigma_j)+a_{i(N+1)}s^{\alpha_1}_{(k_i,\gamma_1)}(\varsigma_i)\Big|$$

$$\leqslant \sum_{j\in\mathcal{N}_i} a_{ij}\left|s^{\alpha_1}_{(k_{ij},\gamma_1)}(\varsigma_i-\varsigma_j)\right|+a_{i(N+1)}\left|s^{\alpha_1}_{(k_i,\gamma_1)}(\varsigma_i)\right|$$

$$\leqslant \Big(\sum_{j\in\mathcal{N}_i} a_{ij}k_{ij}+a_{i(N+1)}k_i\Big)\gamma_1^{\alpha_1}\leqslant k_i\Big(\sum_{j\in\mathcal{N}_i} a_{ij}+a_{i(N+1)}\Big)\gamma_1^{\alpha_1}=\gamma_1^{\alpha_1} \tag{3.22}$$

证毕。

推论 3.1 假设 3.1、假设 3.2 成立。如果

$$2\gamma_1^{\alpha_1}+\gamma_2^{\alpha_2}+\|u_{N+1}\|_\infty\leqslant u_{\max} \tag{3.23}$$

那么对于任意的初始条件,控制方案(3.23)式能够解决带有饱和受限的无速度测量有限时间分布式跟踪问题。

证明 该证明类似于定理 3.1 的证明,证略。

2. 高阶有限时间观测器

本节考虑能够更灵活调参的高阶有限时间观测器。控制输入设计如下:

$$u_i=u_{N+1}-s^{\alpha_3}_{\gamma_\theta}(\theta_i)-s^{\alpha_4}_{\gamma_\beta}(\beta_i) \tag{3.24}$$

其中,$\alpha_3>0,\alpha_4>0,\gamma_\theta>0,\gamma_\beta>0$ 是输入参数,θ_i,β_i 由以下分布式观测器生成:

$$\begin{cases}\dot\theta_i=\beta_i\\ \dot\beta_i=-\dot\phi_i-s^{\alpha_3}_{\gamma_\theta}(\theta_i)-s^{\alpha_4}_{\gamma_\beta}(\beta_i)+\\ \qquad\Big(\sum_{j\in\mathcal{N}_i} a_{ij}s^{\alpha_1}_{\gamma_1}((q_i-q_j)-(\theta_i-\theta_j))+a_{i(N+1)}s^{\alpha_1}_{\gamma_1}(q_i-q_{N+1}-\theta_i)\Big)\\ \dot\phi_i=-s^{\alpha_2}_{\gamma_2}(\phi_i)-\Big(\sum_{j\in\mathcal{N}_i} a_{ij}s^{\alpha_1}_{\gamma_1}((q_i-q_j)-(\theta_i-\theta_j))+a_{i(N+1)}s^{\alpha_1}_{\gamma_1}(q_i-q_{N+1}-\theta_i)\Big)\end{cases} \tag{3.25}$$

令 $g_i=q_i-q_{N+1}-\theta_i,z_i=\dot g_i=p_i-p_{N+1}-\beta_i,\varphi_i=\sum_{j\in\mathcal{N}_i} a_{ij}s^{\alpha_1}_{\gamma_1}(g_i-g_j)+a_{i(N+1)}s^{\alpha_1}_{\gamma_1}(g_i)$,那么闭环系统可记为:

$$\begin{cases}\dot G=Z\\ \dot Z=\dot\Phi-\Gamma\\ \dot\Phi=-s^{\alpha_2}_{\gamma_2}(\Phi)-\Gamma\\ \dot\theta=\beta\\ \dot\beta=-s^{\alpha_3}_{\gamma_\theta}(\theta)-s^{\alpha_4}_{\gamma_\beta}(\beta)+\hat f(G,\Phi)\end{cases} \tag{3.26}$$

其中,$G=(g_1,\cdots,g_N)^{\mathrm T},Z=(z_1,\cdots,z_N)^{\mathrm T},\Phi=(\phi_1,\cdots,\phi_N)^{\mathrm T},\Gamma=(\varphi_1,\cdots,\varphi_N)^{\mathrm T},\theta=(\theta_1,\cdots,\theta_N)^{\mathrm T},\beta=(\beta_1,\cdots,\beta_N)^{\mathrm T},\hat f(G,\Phi)=s^{\alpha_2}_{\gamma_2}(\Phi)+2\Gamma$。

引理 3.8 记闭合系统(3.26)的简化系统为:

$$\begin{cases}\dot{G}=Z\\ \dot{Z}=\dot{\Phi}-\Gamma\\ \dot{\Phi}=-s_{\gamma_2}^{\alpha_2}(\Phi)-\Gamma\\ \dot{\theta}=\beta\\ \dot{\beta}=-s_{\gamma_\theta}^{\alpha_3}(\theta)-s_{\gamma_\beta}^{\alpha_4}(\beta)\end{cases}\tag{3.27}$$

在原点邻域 $\Omega=\{(G,Z,\Phi,\theta,\beta)\mid \|G\|_\infty<\frac{\gamma_1}{2},\|\Phi\|_\infty<\gamma_2,\|\theta\|_\infty<\gamma_\theta,\|\beta\|_\infty<\gamma_\beta\}$ 中，如果 $\frac{1}{3}<\alpha_1<1,\alpha_2=\frac{2\alpha_1}{\alpha_1+1},\alpha_3=\frac{3\alpha_1-1}{\alpha_1+1},\alpha_4=\frac{3\alpha_1-1}{2\alpha_1}$，那么简化系统(3.27)式是关于 $(\underbrace{r_1,\cdots,r_1}_N,\cdots,\underbrace{r_5,\cdots,r_5}_N)$ 有负齐次度 $\kappa=\frac{\alpha_1-1}{\alpha_1+1}$ 的齐次系统，其中 $r_1=\frac{2}{\alpha_1+1},r_2=r_3=r_4=1,r_5=\frac{2\alpha_1}{\alpha_1+1}$。

引理 3.9 考虑二阶系统

$$\begin{cases}\dot{\theta}=\beta\\ \dot{\beta}=-s_{\gamma_\theta}^{\alpha_3}(\theta)-s_{\gamma_\beta}^{\alpha_4}(\beta)+\varepsilon(t)\end{cases}\tag{3.28}$$

其中，$\theta,\beta,\varepsilon\in\mathbb{R}^N$。如果 $\varepsilon(t)$ 一致有界并且 $\lim\limits_{t\to\infty}\varepsilon(t)=0$，那么 θ,β 有界并且 $\lim\limits_{t\to\infty}\theta(t)=\lim\limits_{t\to\infty}\beta(t)=0$。

定理 3.2 假设 3.1、假设 3.2 成立。如果

$$\gamma_\theta^{\alpha_3}+\gamma_\beta^{\alpha_4}+\|u_{N+1}\|_\infty\leqslant u_{\max}\tag{3.29}$$

那么对于任意初始状态，控制输入(3.24)式和有限时间观测器(3.25)式能够实现带有饱和限制和无速度测量的分布式有限时间跟踪问题。

证明 容易验证控制输入(3.24)式满足 $\|u_i\|_\infty\leqslant\gamma_\theta^{\alpha_3}+\gamma_\beta^{\alpha_4}+\|u_{N+1}\|_\infty$。以下部分，首先证明闭合系统(3.26)式全局渐进稳定，然后证明闭合系统(3.26)式是局部有限时间稳定的，从而可以得出闭合系统(3.26)式是全局有限时间稳定的。

考虑如下 Lyapunov 方程：

$$V=\sum_{i=1}^{N}\Big(\sum_{j\in\mathcal{N}_i}\frac{1}{2}a_{ij}S_{\gamma_1}^{\alpha_1}(g_i-g_j)+a_{i(N+1)}S_{\gamma_1}^{\alpha_1}(g_i)\Big)+\frac{1}{2}\sum_{i=1}^{N}(z_i-\phi_i)^2+\frac{1}{2}\sum_{i=1}^{N}\phi_i^2\tag{3.30}$$

沿着闭合系统(3.26)式，对 V 求导可得：

$$\dot{V}\mid_{(3.26)}=-\sum_{i=1}^{N}\phi_i s_{\gamma_2}^{\alpha_2}(\phi_i)\leqslant 0 \tag{3.31}$$

类似于定理 3.1 的分析,可得子系统:

$$\begin{cases}\dot{G}=Z\\ \dot{Z}=\dot{\Phi}-\Gamma\\ \dot{\Phi}=-s_{\gamma_2}^{\alpha_2}(\Phi)-\Gamma\end{cases} \tag{3.32}$$

是全局有限时间稳定的。然后,由引理 3.9 可得子系统:

$$\begin{cases}\dot{\theta}=\beta\\ \dot{\beta}=-s_{\gamma_\theta}^{\alpha_3}(\theta)-s_{\gamma_\beta}^{\alpha_4}(\beta)+\hat{f}(G,\Phi)\end{cases} \tag{3.33}$$

全局渐近稳定。因此,由子系统(3.32)式和子系统(3.33)式组成的闭合系统(3.26)全局渐近稳定。

进一步证明闭合系统(3.26)式是局部有限时间稳定的。考虑如下 Lyapunov 方程:

$$V=\sum_{i=1}^{N}\Big(\sum_{j\in\mathcal{N}_i}\frac{1}{2}a_{ij}S_{\gamma_1}^{\alpha_1}(g_i-g_j)+a_{i(N+1)}S_{\gamma_1}^{\alpha_1}(g_i)\Big)+\frac{1}{2}\sum_{i=1}^{N}(z_i-\phi_i)^2+\frac{1}{2}\sum_{i=1}^{N}\phi_i^2+\sum_{i=1}^{N}S_{\gamma_\theta}^{\alpha_3}(\theta_i)+\sum_{i=1}^{N}\beta_i^2 \tag{3.34}$$

沿着简化系统(3.34)式对 V 求导可得:

$$\dot{V}\mid_{(3.27)}=-\sum_{i=1}^{N}\phi_i s_{\gamma_2}^{\alpha_2}(\phi_i)-\sum_{i=1}^{N}\beta_i s_{\gamma_\beta}^{\alpha_4}(\beta_i)\leqslant 0 \tag{3.35}$$

因此,对于任意的 $i\in\mathcal{I},z_i,\phi_i,\theta_i,\beta_i$ 有界,对于使得 $a_{ij}\neq 0$ 的指数 $i,j\in\mathcal{I},g_i-g_j$ 有界,对于使得 $a_{i(N+1)}\neq 0$ 的指数 $i\in\mathcal{I},g_i$ 有界。由 Barbalat 引理可得对于任意的 $i\in\mathcal{I}$,有 $\lim\limits_{t\to\infty}\beta_i(t)=0,\lim\limits_{t\to\infty}\dot{\beta}_i(t)=0,\lim\limits_{t\to\infty}\phi_i(t)=0,\lim\limits_{t\to\infty}\dot{\phi}_i(t)=0$。从而,对于任意的 $i\in\mathcal{I}$,$\lim\limits_{t\to\infty}\theta_i(t)=0,\lim\limits_{t\to\infty}\Big(\sum\limits_{j\in\mathcal{N}_i}a_{ij}s_{\gamma_1}^{\alpha_1}(g_i-g_j)+a_{i(N+1)}s_{\gamma_1}^{\alpha_1}(g_i)\Big)=0$。类似于定理 3.1 的分析可得对于任意的 $i\in\mathcal{I}$,有 $\lim\limits_{t\to\infty}g_i(t)=0,\lim\limits_{t\to\infty}z_i(t)=0$。因此,系统(3.27)式渐进稳定。注意到

$$\lim_{\varepsilon\to 0}\frac{\hat{f}(\varepsilon^{r_1}G,\varepsilon^{r_3}\Phi)}{\varepsilon^{\kappa+r_5}}=\lim_{\varepsilon\to 0}\frac{(s_{\gamma_2}^{\alpha_2}(\Phi)+2\Gamma)\varepsilon^{\alpha_2}}{\varepsilon^{\kappa+r_5}}=(s_{\gamma_2}^{\alpha_2}(\Phi)+2\Gamma)\lim_{\varepsilon\to 0}\varepsilon^{-\kappa}=0 \tag{3.36}$$

从而闭合系统(3.26)式也是局部有限时间稳定的。得证。

基于改进的饱和函数(3.19)式,以下控制方案可以得到类似的结果:

$$\begin{cases} u_i = u_{N+1} - s_{(1,\gamma_\theta)}^{\alpha_3}(\theta_i) - s_{(1,\gamma_\beta)}^{\alpha_4}(\beta_i) \\ \dot{\theta}_i = \beta_i \\ \dot{\beta}_i = -\dot{\phi}_i - s_{(1,\gamma_\theta)}^{\alpha_3}(\theta_i) - s_{(1,\gamma_\beta)}^{\alpha_4}(\beta_i) + \\ \quad \Big(\sum_{j\in\mathcal{N}_i} a_{ij} s_{(L_{ij},\gamma_1)}^{\alpha_1}((q_i - q_j) - (\theta_i - \theta_j)) + \\ \quad a_{i(N+1)} s_{(L_i,\gamma_1)}^{\alpha_1}(q_i - q_{N+1} - \theta_i)\Big) \\ \dot{\phi}_i = -s_{(1,\gamma_2)}^{\alpha_2}(\phi_i) - \\ \quad \Big(\sum_{j\in\mathcal{N}_i} a_{ij} s_{(L_{ij},\gamma_1)}^{\alpha_1}((q_i - q_j) - (\theta_i - \theta_j)) + \\ \quad a_{i(N+1)} s_{(L_i,\gamma_1)}^{\alpha_1}(q_i - q_{N+1} - \theta_i)\Big) \end{cases} \tag{3.37}$$

推论 3.2 假设 3.1、假设 3.2 成立。如果

$$\gamma_\theta^{\alpha_3} + \gamma_\beta^{\alpha_4} + \| u_{N+1} \|_\infty \leqslant u_{\max} \tag{3.38}$$

那么对于任意初始状态,控制方案(3.37)式能够实现带有饱和限制和无速度测量的分布式有限时间跟踪问题。

证明 该证明类似于定理 3.1 的证明,证略。

3.1.3 对有限时间包容问题的进一步讨论

本节将讨论具有多领航者的有限时间包容问题。考虑一组具有 $N+M$ 个个体的多智能体系统,其中跟随者集合记作$\mathcal{F}:=\{1,\cdots,N\}$,领导者集合记作$\mathcal{R}:=\{N+1,\cdots,N+M\}$,从而 Laplacian 矩阵 L 可以记为:

$$L=\begin{pmatrix} L_N & L_M \\ 0 & 0 \end{pmatrix} \tag{3.39}$$

其中,$L_N\in\mathbb{R}^{N\times N}$,$L_M\in\mathbb{R}^{N\times M}$。多智能体系统动态方程为:

$$\dot{q}_i = p_i, \quad \dot{p}_i = u_i, \quad i=1,\cdots,N+M \tag{3.40}$$

其中,$q_i\in\mathbb{R}$ 和 $p_i\in\mathbb{R}$ 分别为位置和速度,$u_i\in\mathbb{R}$ 是控制输入。包围控制的控制目标是对跟随者设计分布式协议使得跟随者能够运动到由多个领导者形成的凸包内。

定义 3.3 令 $X\subseteq\mathbb{R}^n$为一个实向量集合。集合 X 的凸包 Co(X)定义为

$\mathrm{Co}(X):=\left\{\sum_{i=1}^{k}\alpha_i x_i \mid x_i\in X,\alpha_i\in\mathbb{R},\alpha_i\geqslant 0,\sum_{i=1}^{k}\alpha_i=1,k=1,2,\cdots\right\}$。

对凸包问题有以下假设。

假设 3.3 每一个跟随者至少和一个领导者连通。

引理 3.10 假设 3.1 和假设 3.3 成立。那么 $L_N>0$。进一步，$-L_N^{-1}L_M$ 的每一个元素非负并且 $-L_N^{-1}L_M$ 每一个行和都为 1。

为解决包围控制问题，提出以下分布式控制输入和一阶有限时间观测器：

$$\begin{cases}u_i=\dot{\phi}_i-\sum\limits_{j\in\mathcal{R}\cup\mathcal{F}}a_{ij}\Big(s_{\gamma_1}^{\alpha_1}\Big(\sum\limits_{k\in\mathcal{R}\cup\mathcal{F}}a_{ik}(q_i-q_k)\Big)\\ \qquad -s_{\gamma_1}^{\alpha_1}\Big(\sum\limits_{k\in\mathcal{R}\cup\mathcal{F}}a_{jk}(q_j-q_k)\Big)\Big),\quad i\in\mathcal{F}\\ u_i=0,\quad i\in\mathcal{R}\\ \dot{\phi}_i=-s_{\gamma_2}^{\alpha_2}(\phi_i)-\sum\limits_{j\in\mathcal{R}\cup\mathcal{F}}a_{ij}\Big(s_{\gamma_1}^{\alpha_1}\Big(\sum\limits_{k\in\mathcal{R}\cup\mathcal{F}}a_{ik}(q_i-q_k)\Big)\\ \qquad -s_{\gamma_1}^{\alpha_1}\Big(\sum\limits_{k\in\mathcal{R}\cup\mathcal{F}}a_{jk}(q_j-q_k)\Big)\Big)\end{cases}\tag{3.41}$$

其中，$0<\alpha_1<1$，$\alpha_2=\dfrac{2\alpha_1}{1+\alpha_1}$，$\gamma_1>0$，$\gamma_2>0$。令 $q=(q_1,\cdots,q_N)^{\mathrm{T}}$，$p=(p_1,\cdots,p_N)^{\mathrm{T}}$，$q_d=(q_{N+1},\cdots,q_{N+M})^{\mathrm{T}}$，$p_d=(p_{N+1},\cdots,p_{N+M})^{\mathrm{T}}$，$X=(x_1,\cdots,x_N)^{\mathrm{T}}=q-(L_N^{-1}L_M\otimes I_n)q_d$，$Y=(y_1,\cdots,y_N)^{\mathrm{T}}=p-(L_N^{-1}L_M\otimes I_n)p_d$，$\Phi=(\phi_1,\cdots,\phi_N)^{\mathrm{T}}$。注意到对任意的$i\in\mathcal{R}$，有 $s_{\gamma_1}^{\alpha_1}\Big(\sum\limits_{k\in\mathcal{R}\cup\mathcal{F}}a_{jk}(q_j-q_k)\Big)=0$。那么对于任意的 $i\in\mathcal{F}$，有以下等式成立：

$$\begin{aligned}&\sum_{j\in\mathcal{R}\cup\mathcal{F}}a_{ij}\Big(s_{\gamma_1}^{\alpha_1}\Big(\sum_{k\in\mathcal{R}\cup\mathcal{F}}a_{ik}(q_i-q_k)\Big)-s_{\gamma_1}^{\alpha_1}\Big(\sum_{k\in\mathcal{R}\cup\mathcal{F}}a_{jk}(q_j-q_k)\Big)\Big)\\ =&\sum_{j=1}^{N}l_{ij}s_{\gamma_1}^{\alpha_1}\Big(\sum_{k\in\mathcal{R}\cup\mathcal{F}}a_{jk}(q_j-q_k)\Big)=\sum_{j=1}^{N}l_{ij}s_{\gamma_1}^{\alpha_1}\Big(\sum_{k=1}^{N}l_{jk}x_k\Big)\end{aligned}\tag{3.42}$$

其中，l_{ij} 是 Laplacian 矩阵 L 的第(i,j)个元素。从而由(3.40)式和(3.41)式组成的闭合系统为：

$$\begin{cases}\dot{X}=Y\\ \dot{Y}=\dot{\Phi}-(L_N\otimes I_n)s_{\gamma_1}^{\alpha_1}((L_N\otimes I_n)X)\\ \dot{\Phi}=-s_{\gamma_2}^{\alpha_2}(\Phi)-(L_N\otimes I_n)s_{\gamma_1}^{\alpha_1}((L_N\otimes I_n)X)\end{cases}\tag{3.43}$$

引理 3.11 在原点的邻域 $\Omega=\left\{(X,Y,\Phi)\mid \|X\|_\infty<\dfrac{\gamma_1}{\|L_N\|_\infty},\|\Phi\|_\infty<\gamma_2\right\}$中，如果 $0<\alpha_1<1$，$\alpha_2=\dfrac{2\alpha_1}{1+\alpha_1}$，那么系统(3.43)是关于$(\underbrace{r_1,\cdots,r_1}_{N},\underbrace{r_2,\cdots,r_2}_{N},\underbrace{r_3,\cdots,r_3}_{N})$有

负齐次度 $\kappa=\frac{\alpha_1-1}{\alpha_1+1}$ 的齐次系统，其中 $r_1=\frac{2}{\alpha_1+1}, r_2=r_3=1$。

推论 3.3 假设 3.1、假设 3.3 成立。如果

$$2\max\{l_{ii}, i\in\mathcal{F}\}\gamma_1^{\alpha_1}+\gamma_2^{\alpha_2}\leqslant u_{\max} \tag{3.44}$$

那么对于任意初始状态，控制方案(3.41)式能够实现带有饱和限制和无速度测量的分布式有限时间包容问题。

证明 考虑如下 Lyapunov 方程

$$V=\sum_{i=1}^{N}S_{\gamma_1}^{\alpha_1}\Big(\sum_{j=1}^{N}l_{ij}x_j\Big)+\frac{1}{2}\sum_{i=1}^{N}(y_i-\phi_i)^2+\frac{1}{2}\sum_{i=1}^{N}\phi_i^2 \tag{3.45}$$

沿着闭合系统(3.43)式，V 的导数是

$$\dot{V}\big|_{(3.43)}=-\sum_{i=1}^{N}\phi_i s_{\gamma_2}^{\alpha_2}(\phi_i)\leqslant 0 \tag{3.46}$$

类似于定理 3.1 的分析可得 X,Y 和 Φ 在有限时间内趋近于原点。由引理 3.10 可知对于任意的 $i\in\mathcal{F}$，在有限时间内 $q_i\to\mathrm{Co}\{q_j, j\in\mathcal{R}\}$，$p_i\to\mathrm{Co}\{p_j, j\in\mathcal{R}\}$。

对于有限时间包围问题，为了简化控制输入并且更灵活地调整系统参数，本节提出以下分布式控制输入和高阶有限时间观测器：

$$\begin{cases}u_i=-s_{\gamma_\theta}^{\alpha_3}(\theta_i)-s_{\gamma_\beta}^{\alpha_4}(\beta_i), \quad i\in\mathcal{F}\\ u_i=0, \quad i\in\mathcal{R}\\ \dot{\theta}_i=\beta_i\\ \dot{\beta}_i=-\dot{\phi}_i-s_{\gamma_\theta}^{\alpha_3}(\theta_i)-s_{\gamma_\beta}^{\alpha_4}(\beta_i)+\\ \qquad\sum\limits_{j\in\mathcal{R}\cup\mathcal{F}}a_{ij}\Big(s_{\gamma_1}^{\alpha_1}\Big(\sum\limits_{k\in\mathcal{R}\cup\mathcal{F}}a_{ik}(h_i-h_k)\Big)-s_{\gamma_1}^{\alpha_1}\Big(\sum\limits_{k\in\mathcal{R}\cup\mathcal{F}}a_{jk}(h_j-h_k)\Big)\Big)\\ \dot{\phi}_i=-s_{\gamma_2}^{\alpha_2}(\phi_i)-\sum\limits_{j\in\mathcal{R}\cup\mathcal{F}}a_{ij}\Big(s_{\gamma_1}^{\alpha_1}\Big(\sum\limits_{k\in\mathcal{R}\cup\mathcal{F}}a_{ik}(h_i-h_k)\Big)-s_{\gamma_1}^{\alpha_1}\Big(\sum\limits_{k\in\mathcal{R}\cup\mathcal{F}}a_{jk}(h_j-h_k)\Big)\Big)\end{cases} \tag{3.47}$$

其中，$\alpha_3>0, \alpha_4>0, \gamma_\theta>0, \gamma_\beta>0$ 并且 $h_i=q_i-\theta_i, i\in\mathcal{R}\cup\mathcal{F}$。令 $q=(q_1,\cdots,q_N)^{\mathrm{T}}$，$p=(p_1,\cdots,p_N)^{\mathrm{T}}$，$q_d=(q_{N+1},\cdots,q_{N+M})^{\mathrm{T}}$，$p_d=(p_{N+1},\cdots,p_{N+M})^{\mathrm{T}}$，$\theta=(\theta_1,\cdots,\theta_N)^{\mathrm{T}}$，$\beta=(\beta_1,\cdots,\beta_N)^{\mathrm{T}}$，$G=(g_1,\cdots,g_N)^{\mathrm{T}}=q-(L_N^{-1}L_M\otimes I_n)q_d-\theta$，$\Phi=(\phi_1,\cdots,\phi_N)^{\mathrm{T}}Z=(z_1,\cdots,z_N)^{\mathrm{T}}=p-(L_N^{-1}L_M\otimes I_n)p_d-\beta$，那么(3.40)式和(3.47)式的闭合系统可记为：

$$\begin{cases}\dot{G}=Z\\ \dot{Z}=\dot{\Phi}-(L_N\otimes I_n)s_{\gamma_1}^{\alpha_1}((L_N\otimes I_n)G)\\ \dot{\Phi}=-s_{\gamma_2}^{\alpha_2}(\Phi)-(L_N\otimes I_n)s_{\gamma_1}^{\alpha_1}((L_N\otimes I_n)G)\\ \dot{\theta}=\beta\\ \dot{\beta}=-s_{\gamma_\theta}^{\alpha_3}(\theta)-s_{\gamma_\beta}^{\alpha_4}(\beta)+\hat{f}(G,\Phi)\end{cases}\tag{3.48}$$

其中,$\hat{f}(G,\Phi)=s_{\gamma_2}^{\alpha_2}(\Phi)+2(L_N\otimes I_n)s_{\gamma_1}^{\alpha_1}((L_N\otimes I_n)G)$。

引理 3.12 记系统(3.48)式的简化系统为:

$$\begin{cases}\dot{G}=Z\\ \dot{Z}=\dot{\Phi}-(L_N\otimes I_n)s_{\gamma_1}^{\alpha_1}((L_N\otimes I_n)G)\\ \dot{\Phi}=-s_{\gamma_2}^{\alpha_2}(\Phi)-(L_N\otimes I_n)s_{\gamma_1}^{\alpha_1}((L_N\otimes I_n)G)\\ \dot{\theta}=\beta\\ \dot{\beta}=-s_{\gamma_\theta}^{\alpha_3}(\theta)-s_{\gamma_\beta}^{\alpha_4}(\beta)\end{cases}\tag{3.49}$$

在原点的邻域 $\Omega=\{(G,Z,\Phi,\theta,\beta)\mid\|G\|_\infty<\frac{\gamma_1}{\|L_N\|_\infty},\|\Phi\|_\infty<\gamma_2,\|\theta\|_\infty<\gamma_\theta,\|\beta\|_\infty<\gamma_\beta\}$ 中,如果 $\frac{1}{3}<\alpha_1<1,\alpha_2=\frac{2\alpha_1}{\alpha_1+1},\alpha_3=\frac{3\alpha_1-1}{\alpha_1+1},\alpha_4=\frac{3\alpha_1-1}{2\alpha_1}$,那么简化系统(3.49)式是关于 $(\underbrace{r_1,\cdots,r_1}_{N},\cdots,\underbrace{r_5,\cdots,r_5}_{N})$ 有负齐次度 $\kappa=\frac{\alpha_1-1}{\alpha_1+1}$ 的齐次系统,其中 $r_1=\frac{2}{\alpha_1+1}$,$r_2=r_3=r_4=1,r_5=\frac{2\alpha_1}{\alpha_1+1}$。

推论 3.4 假设 3.1、假设 3.3 成立。如果

$$\gamma_\theta^{\alpha_3}+\gamma_\beta^{\alpha_4}\leqslant u_{\max}\tag{3.50}$$

那么对于任意初始状态,控制方案(3.50)式能够实现带有饱和限制和无速度测量的分布式有限时间包容问题。

证明 以下部分首先证明闭合系统(3.48)式是全局渐进稳定的,然后证明闭合系统(3.48)式是局部有限时间稳定的,从而得到系统(3.48)是全局有限时间稳定的。

考虑以下 Lyapunov 方程：

$$V=\sum_{i=1}^{N}S_{\gamma_1}^{\alpha_1}\left(\sum_{j=1}^{N}l_{ij}g_j\right)+\frac{1}{2}\sum_{i=1}^{N}(z_i-\phi_i)^2+\frac{1}{2}\sum_{i=1}^{N}\phi_i^2 \tag{3.51}$$

沿着闭合系统(3.48)式求 V 的导数可得：

$$\dot{V}\mid_{(3.48)}=-\sum_{i=1}^{N}\phi_i s_{\gamma_2}^{\alpha_2}(\phi_i)\leqslant 0 \tag{3.52}$$

由类似于定理 3.1 的分析可知，子系统

$$\begin{cases}\dot{G}=Z\\ \dot{Z}=\dot{\Phi}-(L_N\otimes I_n)s_{\gamma_1}^{\alpha_1}((L_N\otimes I_n)G)\\ \dot{\Phi}=-s_{\gamma_2}^{\alpha_2}(\Phi)-(L_N\otimes I_n)s_{\gamma_1}^{\alpha_1}((L_N\otimes I_n)G)\end{cases} \tag{3.53}$$

是全局有限时间稳定的。然后由引理 3.9 可知子系统

$$\begin{cases}\dot{\theta}=\beta\\ \dot{\beta}=-s_{\gamma_\theta}^{\alpha_3}(\theta)-s_{\gamma_\beta}^{\alpha_4}(\beta)+\hat{f}(G,\Phi)\end{cases} \tag{3.54}$$

是全局渐进稳定的。因此可得由(3.53)式和(3.54)式组成的闭合系统(3.48)式全局渐进稳定。进一步证明闭合系统(3.48)式也是局部有限时间稳定的。考虑以下 Lyapunov 方程：

$$V=\sum_{i=1}^{N}S_{\gamma_1}^{\alpha_1}\left(\sum_{j=1}^{N}l_{ij}g_j\right)+\frac{1}{2}\sum_{i=1}^{N}(z_i-\phi_i)^2+\frac{1}{2}\sum_{i=1}^{N}\phi_i^2+\sum_{i=1}^{N}S_{\gamma_\theta}^{\alpha_3}(\theta_i)+\sum_{i=1}^{N}\beta_i^2 \tag{3.55}$$

沿着系统(3.49)式取 V 的导数有：

$$\dot{V}\mid_{(3.49)}=-\sum_{i=1}^{N}\phi_i s_{\gamma_2}^{\alpha_2}(\phi_i)-\sum_{i=1}^{N}\beta_i s_{\gamma_\beta}^{\alpha_4}(\beta_i)\leqslant 0 \tag{3.56}$$

由类似于定理 3.2 的分析可得系统(3.49)式是渐进稳定的。容易验证在原点的邻域内$\lim\limits_{\varepsilon\to 0}\dfrac{\hat{f}(\varepsilon^{r_1}G,\varepsilon^{r_3}\Phi)}{\varepsilon^{\kappa+r_5}}=0$。从而系统是局部有限时间稳定的。

从而，由(3.48)式的全局渐进稳定和局部有限时间稳定可以得出(3.48)式是全局有限时间稳定的。

3.1.4 仿真算例

本节给出数值仿真来验证我们的结果。假设跟随者智能体之间的通信拓扑为 $\nu_1 \Leftrightarrow \nu_2 \Leftrightarrow \nu_3 \Leftrightarrow \nu_4$，并且 ν_2 连接动态领导者。四个跟随者的初始状态为 $q_1(0)=0.5$，$p_1(0)=-0.3$，$q_2(0)=0.2$，$p_2(0)=-0.6$，$q_3(0)=0.5$，$p_3(0)=-0.3$，$q_4(0)=0.1$ 和 $p_4(0)=-0.7$。输入的上界为 $u_{\max}=3.2$。动态领导者的初始状态为 $q_d(0)=0.3$，$p_d(0)=-0.5$ 并且具有固定输入 $u_d(t)=1$。

首先考虑定理 3.1 的结果，控制协议的参数取为 $\gamma_1=\gamma_2=1$，$\alpha_1=1/2$，$\alpha_2=2/3$，一阶观测器的初始值取为 $\phi_i=0$，$i=1,\cdots,4$。注意到参数的选取满足定理 3.1 的饱和条件。图 3.2 给出了跟随者和动态领导者的位置、速度误差，从图中可以看出领导者-跟随者之间的状态误差能够在有限时间内收敛到 0。

图 3.2 的彩图

接下来考虑定理 3.2 的结果。控制协议的参数取为 $\gamma_1=\gamma_2=\gamma_\theta=\gamma_\beta=1$，$\alpha_1=1/2$，$\alpha_2=2/3$，$\alpha_3=1/3$，$\alpha_4=1/2$。观测器的初始值取为 $\phi_i=\theta_i=\beta_i=0$，$i=1,\cdots,4$。容易验证参数的设置满足定理 3.2 的饱和条件。图 3.3 显示了仿真结果。从图中可以看出该协议同样能够使得领导者-跟随者之间的状态误差在有限时间内收敛到 0。

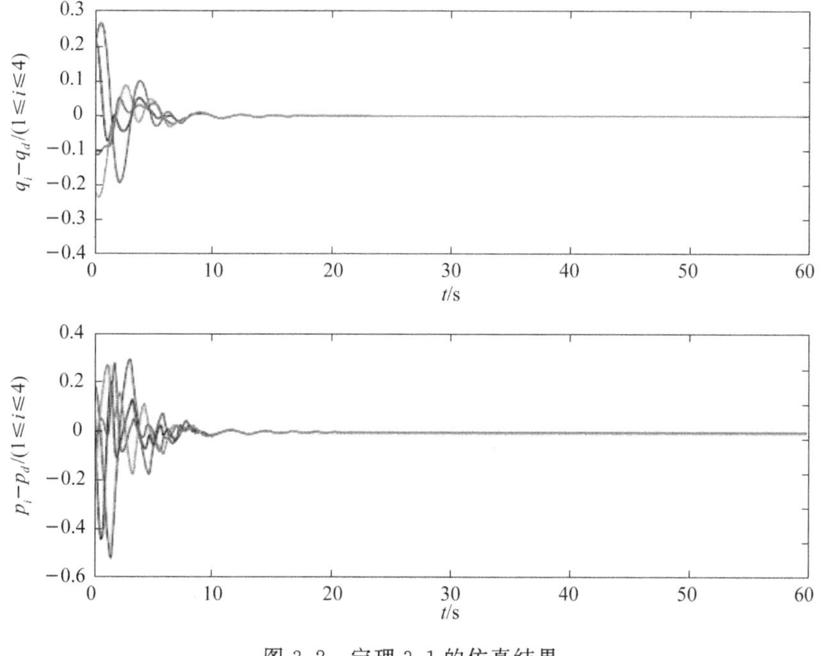

图 3.2 定理 3.1 的仿真结果

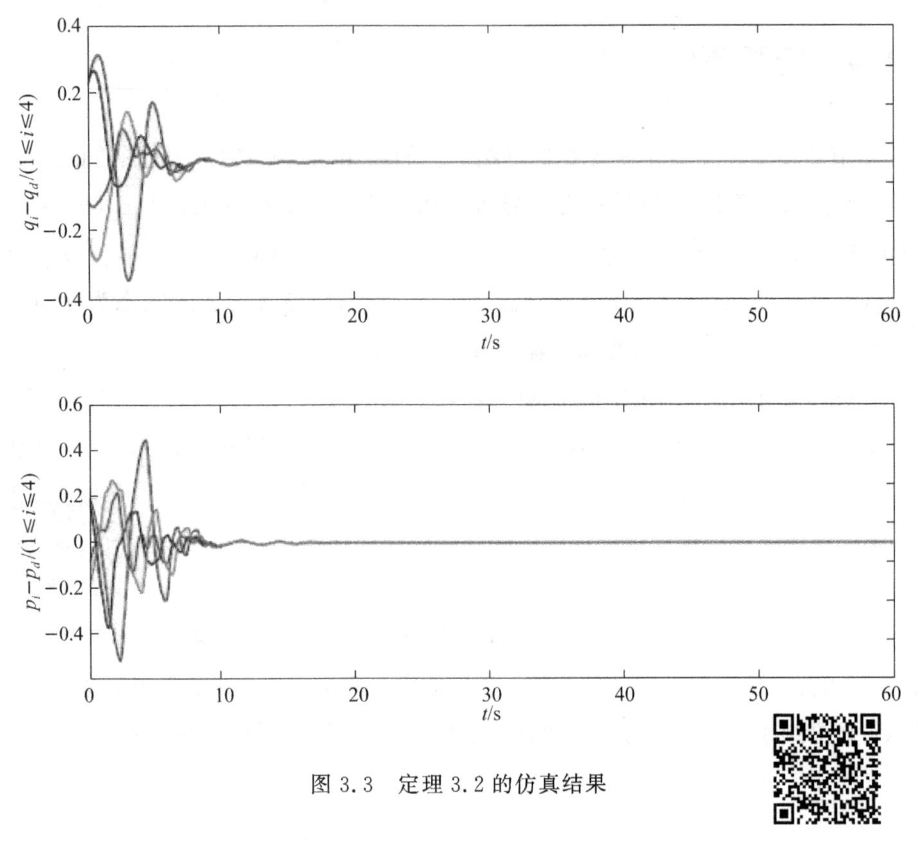

图 3.3　定理 3.2 的仿真结果

图 3.3 的彩图

3.2　多智能体系统固定时间一致性问题

3.2.1　问题描述

考虑单积分器多智能体系统

$$\dot{x}_i(t)=u_i(t),\quad i\in\mathcal{I} \tag{3.57}$$

其中，$x_i(t)$是系统状态，$u_i(t)$是系统输入。为了描述方便，记 $\boldsymbol{x}(t)=(x_1(t),x_2(t),\cdots,x_N(t))^{\mathrm{T}}$。如果对于任意初始状态 $x(0)\in\mathbb{R}^N$存在终止时间 $T(x(0))\in[0,\infty)$使得 $\lim\limits_{t\to T(x(0))}|x_i(t)-x_j(t)|=0$，$\forall i,j\in\mathcal{I}$，并且 $x_i(t)=x_j(t)$，$\forall t\geqslant T(x(0))$，$\forall i,j\in\mathcal{I}$，那么称多智能体系统实现了有限时间一致。如果对于任意初始状态 $x(0)$，多智能体系统实现了有限时间一致并且终止时间 $T(x(0))$有界，即 $\exists T_{\max}>$

$0: T(x(0)) \leqslant T_{\max}, \forall x(0) \in \mathbb{R}^N$,那么称多智能体系统实现了固定时间一致。

3.2.2 主要结果

1. 具有线性状态测量的一致性协议

建立固定时间一致性协议需要用到以下引理。

引理 3.13 如果 $\xi_1, \xi_2, \cdots, \xi_N \geqslant 0, 0 < p \leqslant 1$,那么

$$\left(\sum_{i=1}^{N} \xi_i\right)^p \leqslant \sum_{i=1}^{N} \xi_i^p \tag{3.58}$$

引理 3.14 考虑标量系统

$$\dot{y} = -\alpha y^{\frac{m}{r}} - \beta y^{\frac{p}{q}} \tag{3.59}$$

其中,$\alpha > 0, \beta > 0$,并且 m, r, p, q 是正奇数。如果 $m > r$ 并且 $p < q$,那么对于任意初始状态 $y(0)$,系统(3.59)式是固定时间稳定的并且终止时间一致有界,终止时间满足:

$$T_{\max} < \frac{1}{\alpha} \frac{r}{m-r} + \frac{1}{\beta} \frac{q}{q-p} \tag{3.60}$$

记连续方程 $v(t)$ 的右上导数为:

$$\mathrm{D}^+ v(t) := \limsup_{h \to +0} \frac{v(t+h) - v(t)}{h} \tag{3.61}$$

那么有以下比较引理。

引理 3.15 考虑标量微分方程

$$\dot{u} = f(t, u), \quad u(t_0) = u_0 \tag{3.62}$$

其中,$f(t,u)$ 对 t 连续,对于 u 满足局部 Lipschitz 条件。令 $v(t)$ 为一个连续方程,如果它的右上导数 $\mathrm{D}^+ v(t)$ 满足如下不等式:

$$\mathrm{D}^+ v(t) \leqslant f(t, v(t)), \quad v(t_0) \leqslant u_0 \tag{3.63}$$

那么 $v(t) < u(t), \forall t \geqslant t_0$。

基于以上引理,本节提出以下固定时间一致性协议:

$$u_i = \alpha \sum_{j \in N_i} a_{ij} (x_j - x_i)^{\frac{m}{r}} + \beta \sum_{j \in N_i} a_{ij} (x_j - x_i)^{\frac{p}{q}} \tag{3.64}$$

其中,$\alpha > 0, \beta > 0$,并且 m, r, p, q 是满足 $m > r, p < q$ 的正奇数。

定理 3.3 考虑一组多智能体系统(3.57)式。如果通信拓扑$\mathcal{G}$是强连通平衡图,那么协议(3.64)式可实现固定时间一致性问题,其中终止时间满足:

$$T_{\max}\leqslant\frac{2r}{\alpha N^{\frac{r-m}{2r}}\omega_{\min}\lambda_2(L(B_2))(m-r)}+\frac{2^{\frac{3q-p}{2q}}q}{\beta\omega_{\min}\lambda_2(L(B_3))^{\frac{p+q}{2q}}\lambda_2(L(B_2))^{\frac{q-p}{2q}}(q-p)}\tag{3.65}$$

证明 由于$\mathcal{G}$是平衡图,因此对于任意的 $i,j\in\mathcal{I}$ 存在满足 $\omega_i a_{ij}=\omega_j a_{ji}$ 的正列向量 $\omega=(\omega_1,\omega_2,\cdots,\omega_N)^{\mathrm{T}}$。令 $\chi=\frac{1}{\sum_{i=1}^{N}\omega_i}\sum_{i=1}^{N}\omega_i x_i,e_i=x_i-\chi,e=(e_1,e_2,\cdots,e_N)^{\mathrm{T}}$,则有:

$$\dot{\chi}=\frac{1}{\sum_{i=1}^{N}\omega_i}\sum_{i=1}^{N}\omega_i\dot{x}_i=0,\quad \mathbf{1}_N^{\mathrm{T}}(\omega\cdot e)=0\tag{3.66}$$

其中,$\omega\cdot e=(\omega_1 e_1,\omega_2 e_2,\cdots,\omega_N e_N)^{\mathrm{T}}$。

考虑以下 Lyapunov 方程:

$$V=\frac{1}{2}\sum_{i=1}^{N}\omega_i e_i^2\tag{3.67}$$

由 Holder 不等式可得 V 的导数为:

$$\begin{aligned}\dot{V}&=\sum_{i=1}^{N}\omega_i e_i\Big(\alpha\sum_{j\in\mathcal{N}_i}a_{ij}(e_j-e_i)^{\frac{m}{r}}+\beta\sum_{j\in\mathcal{N}_i}a_{ij}(e_j-e_i)^{\frac{p}{q}}\Big)\\&=-\frac{\alpha}{2}\sum_{i=1}^{N}\sum_{j\in\mathcal{N}_i}\omega_i a_{ij}\mid e_i-e_j\mid^{\frac{m+r}{r}}-\frac{\beta}{2}\sum_{i=1}^{N}\sum_{j\in\mathcal{N}_i}\omega_i a_{ij}\mid e_i-e_j\mid^{\frac{p+q}{q}}\\&=-\frac{\alpha}{2}\sum_{i=1}^{N}\sum_{j\in\mathcal{N}_i}((\omega_i a_{ij})^{\frac{2r}{m+r}}(e_i-e_j)^2)^{\frac{m+r}{2r}}-\frac{\beta}{2}\sum_{i=1}^{N}\sum_{j\in\mathcal{N}_i}((\omega_i a_{ij})^{\frac{2q}{p+q}}(e_i-e_j)^2)^{\frac{p+q}{2q}}\\&\leqslant-\frac{\alpha}{2}(2N)^{\frac{r-m}{2r}}\Big(\sum_{i=1}^{n}\sum_{j\in\mathcal{N}_i}(\omega_i a_{ij})^{\frac{2r}{m+r}}(e_i-e_j)^2\Big)^{\frac{m+r}{2r}}\\&\quad-\frac{\beta}{2}\Big(\sum_{i=1}^{N}\sum_{j\in\mathcal{N}_i}(\omega_i a_{ij})^{\frac{2q}{p+q}}(e_i-e_j)^2\Big)^{\frac{p+q}{2q}}\end{aligned}\tag{3.68}$$

令 $B_1=[(\omega_i a_{ij})^{\frac{2r}{m+r}}]\in\mathbb{R}^{N\times N},B_2=\Big[\frac{1}{\omega_i\omega_j}(\omega_i a_{ij})^{\frac{2r}{m+r}}\Big]\in\mathbb{R}^{N\times N}$,则 $L(B_1)$和 $L(B_2)$可以被看作是无向图$\mathcal{G}(B_1)$和$\mathcal{G}(B_2)$的 Laplacian 矩阵。容易验证:

$$\begin{aligned}&\sum_{i=1}^{N}\sum_{j\in\mathcal{N}_i}(\omega_i a_{ij})^{\frac{2r}{m+r}}(e_i-e_j)^2=e^{\mathrm{T}}L(B_1)e\\&=(\omega\cdot e)^{\mathrm{T}}\mathrm{diag}^{-1}(\omega)L(B_1)\mathrm{diag}^{-1}(\omega)(\omega\cdot e)=(\omega\cdot e)^{\mathrm{T}}L(B_2)(\omega\cdot e)\end{aligned}\tag{3.69}$$

令 $\omega_{\min}=\min\{\omega_i : i\in\mathcal{I}\}>0$。注意到 $\mathbf{1}_N^{\mathrm{T}}(\omega\cdot e)=0$。由引理 2.3 可得：

$$\begin{aligned}&(\omega\cdot e)^{\mathrm{T}}L(B_2)(\omega\cdot e)\geqslant\lambda_2(L(B_2))(\omega\cdot e)^{\mathrm{T}}(\omega\cdot e)\\&=\lambda_2(L(B_2))\sum_{i=1}^{N}(\omega_i e_i)^2\geqslant\omega_{\min}\lambda_2(L(B_2))\sum_{i=1}^{N}\omega_i e_i^2=2\omega_{\min}\lambda_2(L(B_2))V\end{aligned}\tag{3.70}$$

从(3.69)式和(3.70)式可以看出：

$$\sum_{i=1}^{N}\sum_{j\in\mathcal{N}_i}(\omega_i a_{ij})^{\frac{2r}{m+r}}(e_i-e_j)^2\geqslant 2\omega_{\min}\lambda_2(L(B_2))V\tag{3.71}$$

类似地可以得出：

$$\sum_{i=1}^{N}\sum_{j\in\mathcal{N}_i}(\omega_i a_{ij})^{\frac{2q}{p+q}}(e_i-e_j)^2\geqslant 2\omega_{\min}\lambda_2(L(B_3))V\tag{3.72}$$

其中，$B_3=\left[\frac{1}{\omega_i\omega_j}(\omega_i a_{ij})^{\frac{2q}{p+q}}\right]\in\mathbb{R}^{N\times N}$。因此，有以下结果：

$$\begin{aligned}\dot V&\leqslant-\frac{\alpha}{2}(2N)^{\frac{r-m}{2r}}(2\omega_{\min}\lambda_2(L(B_2))V)^{\frac{m+r}{2r}}-\frac{\beta}{2}(2\omega_{\min}\lambda_2(L(B_3))V)^{\frac{p+q}{2q}}\\&=-\alpha N^{\frac{r-m}{2r}}(\omega_{\min}\lambda_2(L(B_2))V)^{\frac{m+r}{2r}}-2^{\frac{p-q}{2q}}\beta(\omega_{\min}\lambda_2(L(B_3))V)^{\frac{p+q}{2q}}\end{aligned}\tag{3.73}$$

记 $\Lambda=\sqrt{\omega_{\min}\lambda_2(L(B_2))V}$。如果 $V(t)\neq 0$，那么有

$$\begin{aligned}\dot\Lambda&=\frac{\sqrt{\omega_{\min}\lambda_2(L(B_2))}}{2\sqrt{V}}\dot V\\&\leqslant-\frac{\alpha}{2}n^{\frac{r-m}{2r}}\omega_{\min}\lambda_2(L(B_2))\Lambda^{\frac{m}{r}}-2^{\frac{p-3q}{2q}}\beta\omega_{\min}\lambda_2(L(B_3))^{\frac{p+q}{2q}}\lambda_2(L(B_2))^{\frac{q-p}{2q}}\Lambda^{\frac{p}{q}}\end{aligned}\tag{3.74}$$

如果 $V(t)=0$，那么有 $e_i(t)=0$，$\forall i\in\mathcal{I}$，因此，

$$\dot e_i(t)=\alpha\sum_{j\in\mathcal{N}_i}a_{ij}(e_j(t)-e_i(t))^{\frac{m}{r}}+\beta\sum_{j\in\mathcal{N}_i}a_{ij}(e_j(t)-e_i(t))^{\frac{p}{q}}=0\tag{3.75}$$

从而

$$\begin{aligned}\mathrm{D}^+\Lambda&=\limsup_{h\to 0^+}\frac{1}{h}(\Lambda(t+h)-\Lambda(t))\\&=\limsup_{h\to 0^+}\frac{1}{h}\sqrt{\omega_{\min}\lambda_2(L(B_2))V(t+h)}\\&=\limsup_{h\to 0^+}\sqrt{\frac{\omega_{\min}\lambda_2(L(B_2))}{2}\sum_{i=1}^{N}\omega_i\left(\frac{e_i(t+h)-e_i(t)}{h}\right)^2}\\&=\sqrt{\frac{\omega_{\min}\lambda_2(L(B_2))}{2}\sum_{i=1}^{N}\omega_i\dot e_i^2(t)}=0\end{aligned}\tag{3.76}$$

因此，对于任意的 $t\geqslant 0$ 有

$$D^{+}\Lambda\leqslant -\frac{\alpha}{2}N^{\frac{r-m}{2r}}\omega_{\min}\lambda_2(L(B_2))\Lambda^{\frac{m}{r}}-2^{\frac{p-3q}{2q}}\beta\omega_{\min}\lambda_2(L(B_3))^{\frac{p+q}{2q}}\lambda_2(L(B_2))^{\frac{q-p}{2q}}\Lambda^{\frac{p}{q}} \tag{3.77}$$

根据引理 3.14、引理 3.15，可得以下结论：

$$T_{\max}\leqslant\frac{2r}{\alpha N^{\frac{r-m}{2r}}\omega_{\min}\lambda_2(L(B_2))(m-r)}+\frac{2^{\frac{3q-p}{2q}}q}{\beta\omega_{\min}\lambda_2(L(B_3))^{\frac{p+q}{2q}}\lambda_2(L(B_2))^{\frac{q-p}{2q}}(q-p)} \tag{3.78}$$

证毕。

2. 具有非线性状态测量的一致性协议

在很多情况下，只能测量到多智能体系统状态的一个非线性函数。本节将讨论具有非线性测量的多智能体系统固定时间一致性问题，控制协议设计为：

$$u_i=\alpha\sum_{j\in\mathcal{N}_i}a_{ij}(h(x_j)-h(x_i))^{\frac{m}{r}}+\beta\sum_{j\in\mathcal{N}_i}a_{ij}(h(x_j)-h(x_i))^{\frac{p}{q}} \tag{3.79}$$

其中，$h(\cdot):\mathbb{R}\to\mathbb{R}$ 是非线性函数，$\alpha>0,\beta>0$ 并且 m,r,p,q 是满足 $m>r$ 和 $p>q$ 的正奇数。对非线性函数 $h(\cdot)$，有以下假设：

假设 3.4 非线性函数 $h(\cdot):\mathbb{R}\to\mathbb{R}$ 连续可微并且满足：

(1) $h(x)=0\Leftrightarrow x=0$；

(2) $(h(x)-h(y))(x-y)>0,\forall x\neq y$。

引理 3.16 令 $x_{\max}(t)=\max\limits_{j\in\mathcal{I}}x_j(t)$ 和 $x_{\min}(t)=\min\limits_{j\in\mathcal{I}}x_j(t)$，$\forall t\geqslant 0$，那么(3.57)和(3.79)的闭合系统的解有界且满足：

$$x_{\min}(0)\leqslant x_i(t)\leqslant x_{\max}(0),\quad i\in\mathcal{I},t\geqslant 0 \tag{3.80}$$

证明 注意到对于任意的 $j\in\mathcal{I},x_j(t)-x_{\max}(t)\leqslant 0$。那么 $\dot{x}_{\max}(t)=\alpha\sum\limits_{j\in\mathcal{N}_{\max}}a_{ij}(h(x_j)-h(x_{\max}))^{\frac{m}{r}}+\beta\sum\limits_{j\in\mathcal{N}_{\max}}a_{ij}(h(x_j)-h(x_{\max}))^{\frac{p}{q}}\leqslant 0$，$\forall t\geqslant 0$。同理可得 $\dot{x}_{\min}(t)\geqslant 0$，$\forall t\geqslant 0$。从而 $x_{\min}(0)\leqslant x_{\min}(t)\leqslant x_i(t)\leqslant x_{\max}(t)\leqslant x_{\max}(0),\forall i\in\mathcal{I},\forall t\geqslant 0$。

定理 3.4 考虑一组多智能体系统(3.57)式。如果通信拓扑$\mathcal{G}$是强连通平衡图，那么协议(3.79)式可实现固定时间一致性问题，其中终止时间满足：

$$T_{\max}\leqslant\frac{2\mu r}{\alpha N^{\frac{r-m}{2r}}\nu^2\omega_{\min}\lambda_2(L(B_2))(m-r)}+\frac{2^{\frac{3q-p}{2q}}\mu q}{\beta\nu^2\omega_{\min}\lambda_2(L(B_3))^{\frac{p+q}{2q}}\lambda_2(L(B_2))^{\frac{q-p}{2q}}(q-p)} \tag{3.81}$$

证明 类似于定理 3.3 的证明,可得 $\chi=\frac{1}{\sum_{i=1}^{N}\omega_i}\sum_{i=1}^{N}\omega_i x_i$,$e_i=x_i-\chi$,$e=(e_1,e_2,\cdots,e_N)^{\mathrm{T}}$。考虑 Lyapunov 方程 $V=\frac{1}{2}\sum_{i=1}^{N}\omega_i e_i^2$,$V$ 的导数为:

$$
\begin{aligned}
\dot{V}=&\sum_{i=1}^{N}\omega_i e_i\dot{e}_i\\
=&\sum_{i=1}^{N}\omega_i e_i\Big(\alpha\sum_{j\in\mathcal{N}_i}a_{ij}(h(e_j+\chi)-h(e_i+\chi))^{\frac{m}{r}}+\beta\sum_{j\in\mathcal{N}_i}a_{ij}(h(e_j+\chi)-h(e_i+\chi))^{\frac{p}{q}}\Big)\\
=&-\frac{\alpha}{2}\sum_{i=1}^{N}\sum_{j\in\mathcal{N}_i}\omega_i a_{ij}(e_j-e_i)(h(e_j+\chi)-h(e_i+\chi))^{\frac{m}{r}}-\\
&\frac{\beta}{2}\sum_{i=1}^{N}\sum_{j\in\mathcal{N}_i}\omega_i a_{ij}(e_j-e_i)(h(e_j+\chi)-h(e_i+\chi))^{\frac{p}{q}}\\
=&-\frac{\alpha}{2}\sum_{i=1}^{N}\sum_{j\in\mathcal{N}_i}\omega_i a_{ij}\,|e_j-e_i|\,|h(e_j+\chi)-h(e_i+\chi)|^{\frac{m}{r}}-\\
&\frac{\beta}{2}\sum_{i=1}^{N}\sum_{j\in\mathcal{N}_i}\omega_i a_{ij}\,|e_j-e_i|\,|h(e_j+\chi)-h(e_i+\chi)|^{\frac{p}{q}}
\end{aligned}
\tag{3.82}
$$

由于 $h(\cdot)$是连续可微的,因此可得:

$$
h(e_j+\chi)-h(e_i+\chi)=h'(e_{ij})(e_j-e_i)
\tag{3.83}
$$

其中,e_{ij} 是 $e_j+\chi$ 和 $e_i+\chi$ 之间的常数。由引理 3.16 可知 $x_{\min}(0)\leqslant x_i(t)=e_i+\chi\leqslant x_{\max}(0)$,$i\in\mathcal{I}$。由于 $h(\cdot)$是连续可微的,因此可以定义 $\mu=\max\{h'(x):x\in[x_{\min}(0),x_{\max}(0)]\}$,$\nu=\min\{h'(x):x\in[x_{\min}(0),x_{\min}(0)]\}$。由(3.82)式和(3.83)式可得:

$$
\begin{aligned}
\dot{V}\leqslant&-\frac{\alpha}{2\mu}\sum_{i=1}^{N}\sum_{j\in\mathcal{N}_i}\omega_i a_{ij}\,|h(e_j+\chi)-h(e_i+\chi)|^{\frac{m+r}{r}}-\\
&\frac{\beta}{2\mu}\sum_{i=1}^{N}\sum_{j\in\mathcal{N}_i}\omega_i a_{ij}\,|h(e_j+\chi)-h(e_i+\chi)|^{\frac{p+q}{q}}\\
=&-\frac{\alpha}{2\mu}\sum_{i=1}^{N}\sum_{j\in\mathcal{N}_i}\Big((\omega_i a_{ij})^{\frac{2r}{m+r}}(h(e_j+\chi)-h(e_i+\chi))^2\Big)^{\frac{m+r}{2r}}-\\
&\frac{\beta}{2\mu}\sum_{i=1}^{N}\sum_{j\in\mathcal{N}_i}\Big((\omega_i a_{ij})^{\frac{2q}{p+q}}(h(e_j+\chi)-h(e_i+\chi))^2\Big)^{\frac{p+q}{2q}}
\end{aligned}
$$

$$\leqslant -\frac{\alpha}{2\mu}(2N)^{\frac{r-m}{2r}}\Big(\sum_{i=1}^{N}\sum_{j\in\mathcal{N}_i}(\omega_i a_{ij})^{\frac{2r}{m+r}}(h(e_j+\chi)-h(e_i+\chi))^2\Big)^{\frac{m+r}{2r}}-$$

$$\frac{\beta}{2\mu}\Big(\sum_{i=1}^{N}\sum_{j\in\mathcal{N}_i}(\omega_i a_{ij}))^{\frac{2q}{p+q}}(h(e_j+\chi)-h(e_i+\chi))^2\Big)^{\frac{p+q}{2q}} \tag{3.84}$$

由(3.83)可以看出：

$$\sum_{i=1}^{N}\sum_{j\in\mathcal{N}_i}(\omega_i a_{ij})^{\frac{2r}{m+r}}(h(e_j+\chi)-h(e_i+\chi))^2$$

$$=\sum_{i=1}^{N}\sum_{j\in\mathcal{N}_i}(\omega_i a_{ij})^{\frac{2r}{m+r}}(h'(e_{ij})(e_j-e_i))^2$$

$$\geqslant \nu^2\sum_{i=1}^{N}\sum_{j\in\mathcal{N}_i}(\omega_i a_{ij})^{\frac{2r}{m+r}}(e_j-e_i)^2\geqslant 2\nu^2\omega_{\min}\lambda_2(L(B_2))V \tag{3.85}$$

同理，

$$\sum_{i=1}^{N}\sum_{j\in\mathcal{N}_i}(\omega_i a_{ij})^{\frac{2q}{p+q}}(h(e_j+\chi)-h(e_i+\chi))^2\geqslant 2\nu^2\omega_{\min}\lambda_2(L(B_3))V \tag{3.86}$$

由此可知：

$$\dot{V}\leqslant -\frac{\alpha}{2\mu}(2N)^{\frac{r-m}{2r}}(2\nu^2\omega_{\min}\lambda_2(L(B_2))V)^{\frac{m+r}{2r}}-\frac{\beta}{2\mu}(2\nu^2\omega_{\min}\lambda_2(L(B_3))V)^{\frac{p+q}{2q}}$$

$$=-\alpha\mu^{-1}N^{\frac{r-m}{2r}}(\nu^2\omega_{\min}\lambda_2(L(B_2))V)^{\frac{m+r}{2r}}-$$

$$2^{\frac{p-q}{2q}}\beta\mu^{-1}(\nu^2\omega_{\min}\lambda_2(L(B_3))V)^{\frac{p+q}{2q}} \tag{3.87}$$

令 $\Theta=\sqrt{\nu^2\omega_{\min}\lambda_2(L(B_2))V}$。类似于定理 3.3 的证明，容易验证：

$$D^+\Theta\leqslant -\frac{\alpha}{2\mu}N^{\frac{r-m}{2r}}\nu^2\omega_{\min}\lambda_2(L(B_2))\Theta^{\frac{m}{r}}$$

$$-2^{\frac{p-3q}{2q}}\frac{\beta}{\mu}\nu^2\omega_{\min}\lambda_2(L(B_3))^{\frac{p+q}{2q}}\lambda_2(L(B_2))^{\frac{q-p}{2q}}\Theta^{\frac{p}{q}} \tag{3.88}$$

由引理 3.14、引理 3.15 可得：

$$T_{\max}\leqslant \frac{2\mu r}{\alpha N^{\frac{r-m}{2r}}\nu^2\omega_{\min}\lambda_2(L(B_2))(m-r)}+$$

$$\frac{2^{\frac{3q-p}{2q}}\mu q}{\beta\nu^2\omega_{\min}\lambda_2(L(B_3))^{\frac{p+q}{2q}}\lambda_2(L(B_2))^{\frac{q-p}{2q}}(q-p)} \tag{3.89}$$

证毕。

3.2.3 仿真算例

本节将给出仿真算例来验证理论结果的正确性,通信拓扑为强连通的平衡图(如图 3.4 所示)。容易验证对于任意的 $i,j\in\mathcal{I}$,向量 $\omega=(0.5,1,0.1,0.2)^{\mathrm{T}}$ 满足 $\omega_i a_{ij}=\omega_j a_{ji}$。为验证定理 3.3 的结果,取参数 $\alpha=\beta=1,m=5,r=3,p=1,q=3$。在仿真中考虑多智能体的两种初始条件,分别为 $x(0)=(0.2,0.5,-0.3,1)^{\mathrm{T}}$ 和 $x(0)=(-0.3,0.8,0.5,-0.6)^{\mathrm{T}}$。图 3.5 显示了多智能体系统的速度误差,从图中可以看到定理 3.3 中的协议能够使得多智能体系统状态误差在固定时间内收敛到 0。

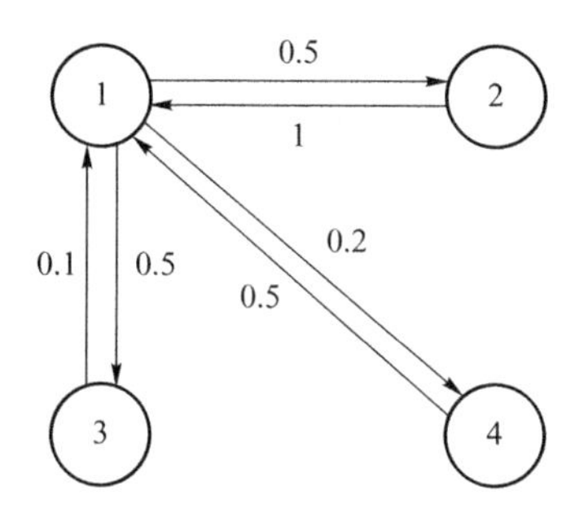

图 3.4 拓扑结构

接下来考虑定理 3.4 的结果。非线性函数取为 $h(x)=x^3$,反馈参数取为 $\alpha=\beta=1$, $m=7,r=3,p=1,q=5$。图 3.6 展示了仿真结果。另取非线性函数 $h(x)=x^5$,相应的仿真结果如图 3.7 所示。可以看到状态误差在 15 s 以内收敛到 0。

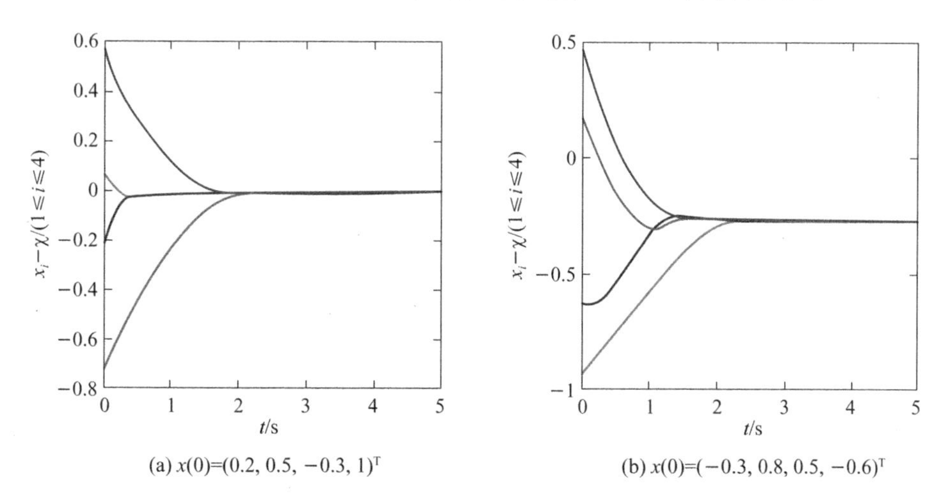

(a) $x(0)=(0.2, 0.5, -0.3, 1)^{\mathrm{T}}$ (b) $x(0)=(-0.3, 0.8, 0.5, -0.6)^{\mathrm{T}}$

图 3.5 定理 3.3 的仿真结果

图 3.5 的彩图

图 3.6 的彩图

图 3.7 的彩图

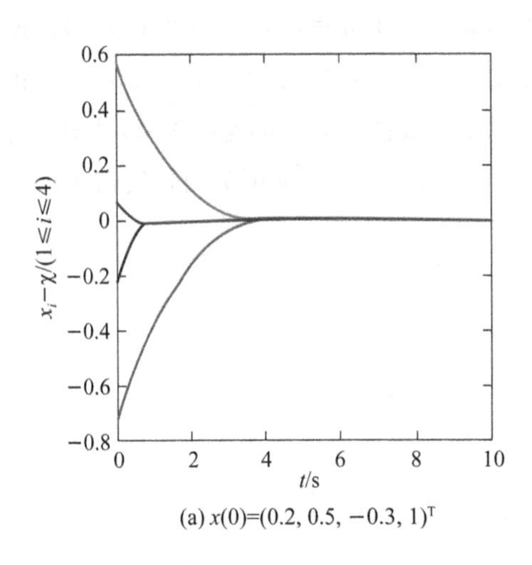

(a) $x(0)=(0.2, 0.5, -0.3, 1)^{\mathrm{T}}$

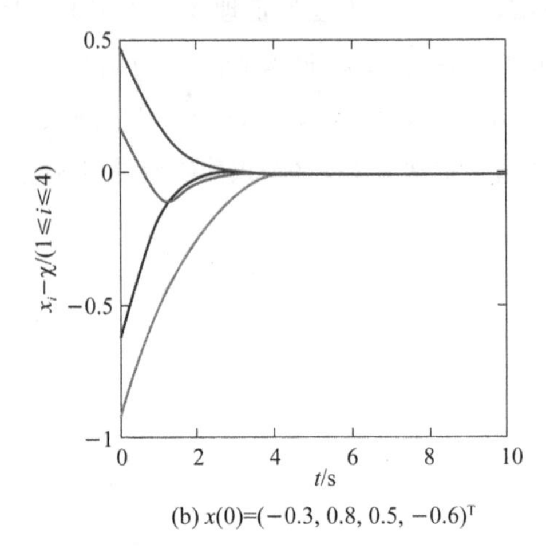

(b) $x(0)=(-0.3, 0.8, 0.5, -0.6)^{\mathrm{T}}$

图 3.6　定理 3.4 的仿真结果，其中 $h(x)=x^3$

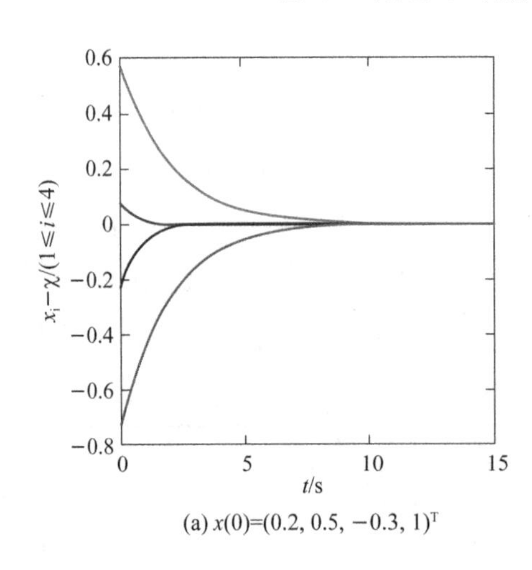

(a) $x(0)=(0.2, 0.5, -0.3, 1)^{\mathrm{T}}$

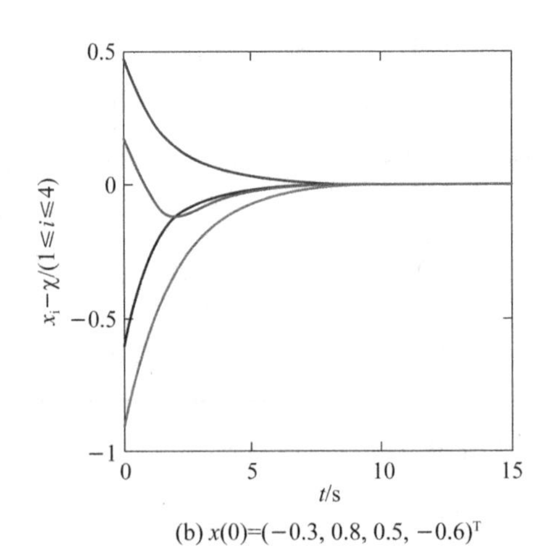

(b) $x(0)=(-0.3, 0.8, 0.5, -0.6)^{\mathrm{T}}$

图 3.7　定理 3.4 的仿真结果，其中 $h(x)=x^5$

从以上仿真结果可以看出，本节所提出的控制协议能够保证在线性和非线性测量下系统具有很好的收敛速度和精确性。

3.3 具有输入限制的多 Euler-Lagrange 系统有限时间同步控制问题

3.3.1 问题描述

考虑 N 个机械系统，其中第 i 个系统的状态方程可写为：

$$M_i(q_{*i})\ddot{q}_{*i}+C_i(q_{*i},\dot{q}_{*i})\dot{q}_{*i}+G_i(q_{*i})=\tau_{*i} \tag{3.90}$$

其中，$q_{*i}=(q_{1i},\cdots,q_{mi})^{\mathrm{T}}\in\mathbb{R}^m$ 是关节位置，$M_i(q_{*i})\in\mathbb{R}^{m\times m}$ 是对称惯性矩阵，$C_i(q_{*i},\dot{q}_{*i})\in\mathbb{R}^{m\times m}$ 是向心力和科氏力矩阵，$G_i(q_{*i})\in\mathbb{R}^m$ 是万有引力转矩，$\tau_{*i}=(\tau_{1i},\cdots,\tau_{mi})^{\mathrm{T}}\in\mathbb{R}^m$ 是输入力矩。对于系统(3.90)，有以下假设成立：①矩阵 $M_i(q_{*i})$，$i\in\mathcal{I}$ 是正定的；②矩阵 $\hat{M}_i(q_{*i})-2C_i(q_{*i},\dot{q}_{*i})$，$i\in\mathcal{I}$ 是反对称的。

本节控制目标定义如下。

定义 3.4 如果固定的目标位置 $q_d=(q_{1d},\cdots,q_{md})^{\mathrm{T}}\in\mathbb{R}^m$，那么称系统实现了有限时间同步，如果存在原点的邻域 $U\subset\mathbb{R}^m$ 和终止时间 $T_0\in[0,\infty)$，使得对于 U 内的任意初始状态，智能体的位置满足：

$$\lim_{t\to T_0}\|q_{*i}-q_d\|=0,\quad \forall i\in\mathcal{I} \tag{3.91}$$

如果 $U=\mathbb{R}^m$，那么称系统实现了全局有限时间同步。

3.3.2 主要结果

本节将提出一种受限分布式控制协议使得 q_{*i}，$i\in\mathcal{I}$ 在有限时间内到达指定位置 q_d。文献[85]提出了一类饱和函数，成功地解决了机械臂有限时间控制问题。考虑到多智能体系统的通信权重，本节在文献[85]的基础上提出了一类新的饱和函数：

$$s^{\alpha}_{(k,\gamma)}(\varsigma)=\begin{cases}k\,\mathrm{sig}(\varsigma)^{\alpha}, & |\varsigma|<\gamma\\ k\dfrac{\gamma^{\alpha}\,\mathrm{sig}(\varsigma)^{\alpha}}{|\varsigma|^{\alpha}}, & |\varsigma|\geqslant\gamma\end{cases} \tag{3.92}$$

其中，α 和 γ 是正实数，参数 k 代表通信权重，$\mathrm{sig}(\varsigma)^{\alpha}$ 代表 $\mathrm{sign}(\varsigma)|\varsigma|^{\alpha}$。对于 $\chi=$

$(\chi_1,\cdots,\chi_m)^{\mathrm{T}}\in\mathbb{R}^m$，可拓展饱和函数到向量形式 $s^{\alpha}_{(k,\gamma)}(\chi)=(s^{\alpha}_{(k,\gamma)}(\chi_1),\cdots,s^{\alpha}_{(k,\gamma)}(\chi_m))^{\mathrm{T}}$。

对于有限时间同步问题，本节提出以下包含重力补偿的控制协议：

$$\tau_{*i}=\tau'_{*i}+G(q_{*i}) \tag{3.93}$$

其中，$\tau'_{*i}=(\tau'_{1i},\cdots,\tau'_{mi})\in\mathbb{R}^m$ 是基于邻居信息的分布式协议，由第 i 个智能体的传感器测得。在实际应用中，当网络化智能体的个数过大时，传感器测得的数据会超过其饱和上限，因此本节研究具有以下约束的控制协议：

$$|\tau'_{zi}|\leqslant\tau_{z,\max} \tag{3.94}$$

其中，$z=1,\cdots,m$，$i=1,\cdots,N$。控制协议设计为：

$$\begin{cases}\tau'_{*i}=\phi\eta_i+\omega\rho_i\\ \eta_i=-\sum\limits_{j\in\mathcal{N}_i}a_{ij}s^{\alpha_1}_{(k_{ij},\gamma)}(p_{*i}-p_{*j})-b_is^{\alpha_1}_{(k_i,\gamma)}(p_{*i})\\ \rho_i=-\sum\limits_{j\in\mathcal{N}_i}a_{ij}s^{\alpha_2}_{(k_{ij},\gamma)}(v_{*i}-v_{*j})-b_is^{\alpha_2}_{(k_i,\gamma)}(v_{*i})\end{cases} \tag{3.95}$$

其中，$p_{*i}=q_{*i}-q_d$，$v_{*i}=\dot{q}_{*i}$，$\phi=\mathrm{diag}\{\phi_1,\cdots,\phi_m\}$，$\omega=\mathrm{diag}\{\omega_1,\cdots,\omega_m\}$，$\phi_z$ 和 ω_z 为正实数，$k_i=\left(\sum\limits_{k\in\mathcal{N}_i}a_{ik}+b_i\right)^{-1}$，$k_{ij}=\min\{k_i,k_j\}$。由(3.90)式、(3.93)式、(3.95)式组成的闭合系统可以写为紧凑形式：

$$\begin{cases}\dot{p}=v\\ \hat{v}=M^{-1}(p)(\bar{\phi}\eta+\bar{\omega}\rho-C(p,v)v)\end{cases} \tag{3.96}$$

其中，$p=(p^{\mathrm{T}}_{*1},\cdots,p^{\mathrm{T}}_{*N})^{\mathrm{T}}$，$v=(v^{\mathrm{T}}_{*1},\cdots,v^{\mathrm{T}}_{*N})^{\mathrm{T}}$，$\eta=(\eta^{\mathrm{T}}_1,\cdots,\eta^{\mathrm{T}}_N)^{\mathrm{T}}$，$\rho=(\rho^{\mathrm{T}}_1,\cdots,\rho^{\mathrm{T}}_N)^{\mathrm{T}}$，$\bar{\phi}=\mathrm{diag}\{\phi,\cdots,\phi\}$，$\bar{\omega}=\mathrm{diag}\{\omega,\cdots,\omega\}$，$M^{-1}(p)=\mathrm{diag}\{M^{-1}_1(p_{*1}+q_d),\cdots,M^{-1}_N(p_{*N}+q_d)\}$，$C(p,v)=\mathrm{diag}\{C_1(p_{*1}+q_d,v_{*1}),\cdots,C_N(p_{*N}+q_d,v_{*N})\}$。

容易验证系统具有如下特性。

性质 3.1 闭合系统(3.96)式的平衡点是 $(p^{\mathrm{T}},v^{\mathrm{T}})^{\mathrm{T}}=0$。

性质 3.2 记闭合系统(3.96)式的简化系统为：

$$\begin{cases}\dot{p}=v\\ \hat{v}=M^{-1}(q_d)(\bar{\phi}\eta+\bar{\omega}\rho)\end{cases} \tag{3.97}$$

其中，$M^{-1}(q_d)=\mathrm{diag}\{M^{-1}_1(q_d),\cdots,M^{-1}_N(q_d)\}$。令 $0<\alpha_1<1$，$\alpha_2=\dfrac{2\alpha_1}{1+\alpha_1}$，那么在原点邻域 $\Omega=\{(p,v)\mid\|p\|_\infty<\dfrac{\gamma}{2},\|v\|_\infty<\dfrac{\gamma}{2}\}$ 中，系统(3.97)式是关于$(\underbrace{r_1,\cdots,r_1}_{mN},$

$\underbrace{r_2,\cdots,r_2}_{mN})$具有负齐次度 $\kappa=\frac{\alpha_1-1}{\alpha_1+1}$的齐次函数,其中 $r_1=\frac{2}{\alpha_1+1}$,$r_2=1$。

本节主要结论的证明需要用到以下引理。

引理 3.17 对于任意实数 x_i,$i\in\mathcal{I}$和 $\beta\in(0,1]$,有:

$$\sum_{i=1}^{N}|x_i|^{\beta}\geqslant(\sum_{i=1}^{N}|x_i|)^{\beta} \tag{3.98}$$

引理 3.18 假设通信拓扑 G 是强连通的并且至少有一个智能体连接目标位置,那么对于饱和函数 $s^{\alpha}_{(k,\gamma)}(\varsigma)$和任意实数$\varsigma_i$,$\varsigma_j\in\mathbb{R}$,$\alpha>0$,有以下不等式成立:

$$\left|\sum_{j\in\mathcal{N}_i}a_{ij}s^{\alpha}_{(k_{ij},\gamma)}(\varsigma_i-\varsigma_j)+b_is^{\alpha}_{(k_i,\gamma)}(\varsigma_i)\right|\leqslant\gamma^{\alpha} \tag{3.99}$$

证明 由于通信拓扑$\mathcal{G}$是强连通的并且至少有一个智能体连接目标位置,因此$(\sum_{k\in\mathcal{N}_i}a_{ik}+b_i)>0$,从而 k_i 是非奇异的。从饱和函数的定义(3.92)式可以得到:

$$\begin{aligned}\left|\sum_{j\in\mathcal{N}_i}a_{ij}s^{\alpha}_{(k_{ij},\gamma)}(\varsigma_i-\varsigma_j)+b_is^{\alpha}_{(k_i,\gamma)}(\varsigma_i)\right|&\leqslant\sum_{j\in\mathcal{N}_i}a_{ij}\left|s^{\alpha}_{(k_{ij},\gamma)}(\varsigma_i-\varsigma_j)\right|+b_i\left|s^{\alpha}_{(k_i,\gamma)}(\varsigma_i)\right|\\&\leqslant(\sum_{j\in\mathcal{N}_i}a_{ij}k_{ij}+b_ik_i)\gamma^{\alpha}\\&\leqslant k_i(\sum_{j\in\mathcal{N}_i}a_{ij}+b_i)\gamma^{\alpha}=\gamma^{\alpha}\end{aligned} \tag{3.100}$$

证毕。

引理 3.19 定义函数 $S^{\alpha}_{(k,\gamma)}(\varsigma)$为:

$$S^{\alpha}_{(k,\gamma)}(\varsigma)=\begin{cases}k\dfrac{|\varsigma|^{\alpha+1}}{\alpha+1}, & |\varsigma|<\gamma\\ k\left(\gamma^{\alpha}|\varsigma|-\dfrac{\alpha\gamma^{\alpha+1}}{\alpha+1}\right), & |\varsigma|\geqslant\gamma\end{cases} \tag{3.101}$$

那么 $S^{\alpha}_{(k,\gamma)}(\varsigma)$关于$\varsigma\in\mathbb{R}$ 全局正定且径向无界。此外,$S^{\alpha}_{(k,\gamma)}(\varsigma)$关于自变量$\varsigma$的导数为 $s^{\alpha}_{(k,\gamma)}(\varsigma)$。

证明 对 $S^{\alpha}_{(k,\gamma)}(\varsigma)$求导可直接得到该结论。

引理 3.20 假设拓扑$\mathcal{G}$是强连通的并且至少有一个智能体连接目标位置,那么当$\|p\|\to+\infty$时,有 $\Lambda(p)\to+\infty$,其中 $\Lambda(p)=\frac{1}{2}\sum_{i=1}^{N}\sum_{j\in\mathcal{N}_i}a_{ij}\sum_{z=1}^{m}\phi_zS^{\alpha_1}_{(k_{ij},\gamma)}(p_{zi}-p_{zj})+\sum_{i=1}^{N}b_i\sum_{z=1}^{m}\phi_zS^{\alpha_1}_{(k_i,\gamma)}(p_{zi})$。

证明 证明过程采用反证法。假设当$\|p\|\to+\infty$时 $\Lambda(p)+\infty$。那么由$\Lambda(p)$的连续性可知 $\Lambda(p)$是有界的。从而对于满足 $a_{ij}>0$,$b_i>0$ 的指数 $i,j\in\mathcal{I}$和任意

的 $z\in\{1,\cdots,m\}$，有 $(p_{zi}-p_{zj})$ 和 p_{zi} 都是有界的。因此对于满足 $a_{ij}>0,b_i>0$ 的指数 $i,j\in\mathcal{I}$ 和任意的 $z\in\{1,\cdots,m\}$，存在常数 $h>1$ 使得：

$$\frac{p_{zi}-p_{zj}}{h}\in\mathfrak{B}(\gamma,0),\quad \frac{p_{zi}}{h}\in\mathfrak{B}(\gamma,0) \tag{102}$$

其中，$\mathfrak{B}(\gamma,0)$ 是以 0 为圆心，以 γ 为半径的开球。

根据引理 3.17 和 $S^{\alpha}_{(k,\gamma)}(\varsigma)$ 的定义，当 $\|p\|\to+\infty$ 时，

$$\begin{aligned}\frac{1}{2}\sum_{i=1}^{N}\sum_{j\in\mathcal{N}_i}a_{ij}\sum_{z=1}^{m}\phi_z S^{\alpha_1}_{(k_{ij},\gamma)}(p_{zi}-p_{zj})&\geqslant\frac{1}{2}\sum_{i=1}^{N}\sum_{j\in\mathcal{N}_i}a_{ij}\sum_{z=1}^{m}\phi_z S^{\alpha_1}_{(k_{ij},\gamma)}\left(\frac{p_{zi}-p_{zj}}{h}\right)\\&\geqslant\frac{\phi}{2(\alpha_1+1)h^{\alpha_1+1}}\sum_{i=1}^{N}\sum_{j\in\mathcal{N}_i}a_{ij}k_{ij}\sum_{z=1}^{m}(|p_{zi}-p_{zj}|^2)^{\frac{\alpha_1+1}{2}}\\&\geqslant\frac{\phi}{2^{\frac{1-\alpha_1}{2}}(\alpha_1+1)h^{\alpha_1+1}}(p^{\mathrm{T}}(L(A_0)\otimes I_m)p)^{\frac{\alpha_1+1}{2}}\end{aligned} \tag{3.103}$$

其中，$\phi=\min\{\phi_1,\cdots,\phi_m\}\in\mathbb{R}$，$A_0=[(a_{ij}k_{ij})^{\frac{2}{\alpha_1+1}}]\in\mathbb{R}^{N\times N}$，$L(A_0)$ 是 A_0 的 Laplacian 矩阵。

类似地，当 $\|p\|\to+\infty$ 时，

$$\sum_{i=1}^{N}b_i\sum_{z=1}^{m}\phi_z S^{\alpha_1}_{(k_i,\gamma)}(p_{zi})\geqslant\frac{\phi}{2^{\frac{1-\alpha_1}{2}}(\alpha_1+1)h^{\alpha_1+1}}(p^{\mathrm{T}}(B_0\otimes I_m)p)^{\frac{\alpha_1+1}{2}} \tag{3.104}$$

其中，$B_0=[2^{\frac{1-\alpha_1}{1+\alpha_1}}(b_ik_i)^{\frac{2}{\alpha_1+1}}]\in\mathbb{R}^{N\times N}$。

结合(3.103)式和(3.104)式可得：

$$\Lambda(p)\geqslant\frac{\phi}{2^{\frac{1-\alpha_1}{2}}(\alpha_1+1)h^{\alpha_1+1}}(p^{\mathrm{T}}(K(A_0,B_0)\otimes I_m)p)^{\frac{\alpha_1+1}{2}} \tag{3.105}$$

其中，$K(A_0,B_0)=L(A_0)+B_0$。

然而，由引理 3.1 可知 $K(A_0,B_0)=L(A_0)+B_0$ 是正定的，从而

$$\lim_{\|p\|\to+\infty}(p^{\mathrm{T}}(K(A_0,B_0)\otimes I_m)p)^{\frac{\alpha_1+1}{2}}=+\infty \tag{3.106}$$

结果矛盾，证毕。

引理 3.21 假设通信拓扑 $\mathcal{G}$ 是强连通的并且至少有一个智能体连接目标位置，那么以下两个等式成立。

(i) 如果

$$\frac{1}{2}\sum_{i=1}^{N}\sum_{j\in\mathcal{N}_i}a_{ij}(v_{*i}-v_{*j})^{\mathrm{T}}\omega s^{\alpha_2}_{(k_{ij},\gamma)}(v_{*i}-v_{*j})+\sum_{i=1}^{N}b_i v^{\mathrm{T}}_{*i}\omega s^{\alpha_2}_{(k_i,\gamma)}(v_{*i})=0 \tag{3.107}$$

那么 $v_{*1}=\cdots=v_{*N}=0$。

(ii) 如果

$$\sum_{j\in\mathcal{N}_i}a_{ij}s^{\alpha_1}_{(k_{ij},\gamma)}(p_{*i}-p_{*j})+b_is^{\alpha_1}_{(k_i,\gamma)}(p_{*i})=0,\quad\forall i\in\mathcal{I}\tag{3.108}$$

那么 $p_{*1}=\cdots=p_{*N}=0$。

证明 (1) 容易验证(3.107)式成立当且仅当对于 $a_{ij}>0$ 的指数 $i,j\in\mathcal{I}$ 有 $v_{*i}=v_{*j}$ 且对于 $b_i>0$ 的指数 $i\in\mathcal{I}$ 有 $v_{*i}=0$。假设智能体 $\nu_g,g\in\mathcal{I}$ 连接目标位置,即 $b_g>0,v_{*g}=0$。由于 $\mathcal{G}$ 是强连通的,因此对于任意的 $c\in\mathcal{I}$ 存在 $\nu_c=\nu_{t_1},\nu_{t_2},\cdots,\nu_{t_s}=\nu_g$ 连接 ν_c 和 ν_g。由此可知对于 $d=\{2,\cdots,s\}$,有 $a_{t_dt_{d-1}}>0$,从而对 $d=\{2,\cdots,s\}$,有 $v_{*t_d}=v_{*t_{d-1}}$。同理可得 $v_{*c}=v_{*g}=0,\forall c\in\mathcal{I}$。

(2) 用反证法证明该结论。假设存在 $\omega\in\mathcal{I}$ 使得 $p_{*\omega}\neq 0$,那么向量 $p_{*\omega}\in\mathbb{R}^m$ 存在至少一个元素 $p_{\sigma\omega}\in\mathbb{R}$ 使得 $p_{\sigma\omega}\neq 0$, $\sigma\in\{1,\cdots,m\}$。为不失一般性,假设 $p_{\sigma\omega}>0$,令 $\mathcal{C}=\{j:p_{\sigma j}=\max\limits_{i\in\mathcal{I}}p_{\sigma i}\}$,$\mathcal{D}=\{j:p_{\sigma j}=\min\limits_{i\in\mathcal{I}}p_{\sigma i}\}$,考虑以下情形:

情形 1:$\max\limits_{i\in\mathcal{I}}p_{\sigma i}>\min\limits_{i\in\mathcal{I}}p_{\sigma i}$。那么对于任意的 $k\in\mathcal{C}$ 和 $l\in\mathcal{D}$,存在路径 $\nu_l=\nu_{s_1},\nu_{s_2},\cdots,\nu_{s_r}=\nu_k$ 连接 ν_l 和 ν_k。令 $e\in\{2,\cdots,r\}$ 为满足 $s_e\in\mathcal{C}$ 但是 $s_{e-1}\in\mathcal{C}$ 的指数集,那么 $p_{\sigma s_e}\geqslant p_{\sigma\omega}>0,a_{s_es_{e-1}}>0,p_{\sigma s_e}-p_{\sigma s_{e-1}}>0$。因此,

$$\sum_{j\in\mathcal{N}_{s_e}}a_{s_ej}s^{\alpha_1}_{(k_{s_ej},\gamma)}(p_{\sigma s_e}-p_{\sigma j})+b_{s_e}s^{\alpha_1}_{(k_{s_e},\gamma)}(p_{\sigma s_e})\geqslant a_{s_es_{e-1}}s^{\alpha_1}_{(k_{s_es_{e-1}},\gamma)}(p_{\sigma s_e}-p_{\sigma s_{e-1}})>0\tag{3.109}$$

与(3.108)式矛盾。

情形 2:$\max\limits_{i\in\mathcal{I}}p_{\sigma i}=\min\limits_{i\in\mathcal{I}}p_{\sigma i}$。那么 $p_{\sigma i}=p_{\sigma w}>0,\forall i\in\mathcal{I}$。假设 $\nu_z,z\in\mathcal{I}$,连接目标位置,那么可得 $b_z>0$ 并且

$$\sum_{j\in\mathcal{N}_z}a_{zj}s^{\alpha_1}_{(k_{zj},\gamma)}(p_{\sigma z}-p_{\sigma j})+b_zs^{\alpha_1}_{(k_z,\gamma)}(p_{\sigma z})=b_zs^{\alpha_1}_{(k_z,\gamma)}(p_{\sigma z})>0\tag{3.110}$$

与(3.108)式矛盾。

类似地,假设 $p_{\sigma\omega}<0$ 同样得出矛盾。证毕。

以下定理表明多智能体系统(3.90)式由控制协议(3.93)式和(3.95)式可实现具有饱和限制(3.94)式的有限时间一致性问题。

定理 3.5 假设通信拓扑 $\mathcal{G}$ 是强连通的并且至少一个智能体连接期望位置,那么对于任意的初始位置,多智能体系统(3.90)式在控制协议(3.93)式和(3.95)式下能够实现带有饱和限制(3.94)式的全局有限时间一致问题,其中反馈参数满足 $\phi_z\gamma^{\alpha_1}+\omega_z\gamma^{\alpha_2}\leqslant\tau_{z,\max},z=1,\cdots,m$。

证明 以下证明分为两步，首先证明系统(3.96)式是全局渐进稳定的，然后证明系统(3.96)式是局部有限时间稳定的，从而由引理 3.2 可得系统是全局有限时间稳定的。

考虑 Lyapunov 方程 $V=\Lambda(p)+\Psi(v)$，其中 $\Lambda(p)$ 在引理 3.20 中定义，$\Psi(v)=\dfrac{1}{2}\sum_{i=1}^{N}v_{*i}^{\mathrm{T}}M_i(q_{*i})v_{*i}$。容易看出，$V$ 是全局正定并且径向无界的。对 V 求导可得：

$$\dot{V}\mid_{(3.96)}=-\frac{1}{2}\sum_{i=1}^{N}\sum_{j\in\mathcal{N}_i}a_{ij}(v_{*i}-v_{*j})^{\mathrm{T}}\omega s_{(k_{ij},\gamma)}^{\alpha_2}(v_{*i}-v_{*j})-\sum_{i=1}^{N}b_iv_{*i}^{\mathrm{T}}\omega s_{(k_i,\gamma)}^{\alpha_2}(v_{*i})\leqslant 0 \tag{3.111}$$

由引理 3.21 可知，$\{(p,v)|\dot{V}\equiv 0\}$的最大不变集是 $v_{*i}\equiv 0,\forall i\in\mathcal{I}$。将 $v_{*i}\equiv 0$ 代入闭合系统可得 $\sum_{j\in\mathcal{N}_i}a_{ij}\,\mathrm{sig}(p_{*i}-p_{*j})^{\alpha_1}+b_i\,\mathrm{sig}(p_{*i})^{\alpha_1}\equiv 0,\forall i\in\mathcal{I}$。同样地，由引理 3.21 可得 $p_{*i}\equiv 0$，$\forall i\in\mathcal{I}$。由 LaSalle 不变集原理可得 $(p^{\mathrm{T}},v^{\mathrm{T}})^{\mathrm{T}}=0$ 是全局渐进稳定的。

把(3.96)式重新写为：

$$\begin{cases}\dot{p}=v\\ \dot{v}=M^{-1}(q_d)(\bar{\phi}\eta+\bar{\omega}\rho)+\hat{f}(p,v)\end{cases} \tag{3.112}$$

其中，$\hat{f}(p,v)=(M^{-1}(p)-M^{-1}(q_d))(\bar{\phi}\eta+\bar{\omega}\rho)-M^{-1}(p)C(p,v)v$。考虑(3.112)式的简化系统(3.97)式。由性质 3.2 可知，在原点的邻域 $\Omega=\{(p,v)\mid\|p\|_\infty<\gamma,\|v\|_\infty<\gamma\}$中，(3.97)式是具有负齐次度 $\kappa=\dfrac{\alpha_1-1}{\alpha_1+1}$的齐次函数。考虑 Lyapunov 方程 $V=\Lambda(p)+\Gamma(v)$，其中 $\Gamma(v)=\dfrac{1}{2}\sum_{i=1}^{N}v_{*i}^{\mathrm{T}}M_i(q_d)v_{*i}$。沿着闭合系统(3.97)式对 V 求导可得：

$$\dot{V}\mid_{(3.97)}=-\frac{1}{2}\sum_{i=1}^{N}\sum_{j\in\mathcal{N}_i}a_{ij}(v_{*i}-v_{*j})^{\mathrm{T}}\omega s_{(k_{ij},\gamma)}^{\alpha_2}(v_{*i}-v_{*j})-\sum_{i=1}^{N}b_iv_{*i}^{\mathrm{T}}\omega s_{(k_i,\gamma)}^{\alpha_2}(v_{*i})\leqslant 0 \tag{3.113}$$

由引理 3.21 可知，如果 $\dot{V}\equiv 0$，那么$(p^{\mathrm{T}},v^{\mathrm{T}})^{\mathrm{T}}\equiv 0$。由不变集原理可知，$(p^{\mathrm{T}},v^{\mathrm{T}})^{\mathrm{T}}=0$ 是系统(3.97)式渐进稳定的平衡点。注意到 $\eta(\varepsilon^{r_1}p)=\varepsilon^{\frac{2\alpha_1}{\alpha_1+1}}\eta(p)$和 $\rho(\varepsilon^{r_2}v)=\varepsilon^{\frac{2\alpha_1}{\alpha_1+1}}$

$\rho(v)$。进一步由中值定理可知，$M^{-1}(\varepsilon^{r_1}p)-M^{-1}(q_d)=O(\varepsilon^{r_1})$。从而

$$\lim_{\varepsilon\to 0}\frac{\hat{f}(\varepsilon^{r_1}p,\varepsilon^{r_2}v)}{\varepsilon^{\kappa+r_2}}=\lim_{\varepsilon\to 0}\frac{(M^{-1}(\varepsilon^{r_1}p)-M^{-1}(q_d))(\bar{\phi}\eta(\varepsilon^{r_1}p)+\bar{\omega}\rho(\varepsilon^{r_2}v))}{\varepsilon^{\kappa+r_2}}$$

$$-\lim_{\varepsilon\to 0}\frac{M^{-1}(\varepsilon^{r_1}p)C(\varepsilon^{r_1}p,\varepsilon^{r_2}v)\varepsilon^{r_2}v}{\varepsilon^{\kappa+r_2}}$$

$$=\lim_{\varepsilon\to 0}O(\varepsilon^{\frac{2}{\alpha_1+1}})-M^{-1}(0)C(0,0)v\lim_{\varepsilon\to 0}\varepsilon^{-\kappa}=0 \tag{3.114}$$

因此系统是全局有限时间稳定的。

不同于定理 3.5 中采用的重力补偿控制方法，本节还可以采用如下具有重力和惯性项补偿的控制方法：

$$\tau_{*i}=M_i(q_{*i})\tau'_{*i}+C_i(q_{*i},\dot{q}_{*i})\dot{q}_{*i}+G_i(q_{*i}) \tag{3.115}$$

其中，邻居集合交互项 τ'_{*i} 设计为：

$$\tau'_{*i}=\phi\eta_i+\omega\rho_i \tag{3.116a}$$

$$\eta_i=-s^{\alpha_1}_{(1,\gamma)}\Big(\sum_{j\in\mathcal{N}_i}a_{ij}(p_{*i}-p_{*j})+b_ip_{*i}\Big) \tag{3.116b}$$

$$\rho_i=-s^{\alpha_2}_{(1,\gamma)}\Big(\sum_{j\in\mathcal{N}_i}a_{ij}(v_{*i}-v_{*j})+b_iv_{*i}\Big) \tag{3.116c}$$

定理 3.6 假设通信拓扑$\mathcal{G}$是强连通的并且至少有一个智能体连接期望位置，那么对于任意初始状态，多智能体系统(3.90)式在控制协议(3.115)式和(3.116)式下能够实现带有饱和限制(3.94)式的全局有限时间一致问题，其中反馈参数满足 $\phi_z\gamma^{\alpha_1}+\omega_z\gamma^{\alpha_2}\leqslant\tau_{z,\max}$，$z=1,\cdots,m$。

证明 令 $x=(x^{\mathrm{T}}_{*1},\cdots,x^{\mathrm{T}}_{*N})^{\mathrm{T}}=(K(A,B)\otimes I_m)p$，$y=(y^{\mathrm{T}}_{*1},\cdots,y^{\mathrm{T}}_{*N})^{\mathrm{T}}=(K(A,B)\otimes I_m)v$，那么闭环系统可以写为以下紧凑形式：

$$\begin{cases}\dot{x}=y\\ \dot{y}=-(K(A,B)\otimes I_m)(\bar{\phi}s^{\alpha_1}_{(1,\gamma)}(x)+\bar{\omega}s^{\alpha_2}_{(1,\gamma)}(y))\end{cases} \tag{3.117}$$

类似于性质 2，可以验证在原点的邻域 $\Omega=\{(x,y)\mid\|x\|_\infty<\gamma,\|y\|_\infty<\gamma\}$ 中，系统(3.117)式是具有负齐次度的齐次函数。考虑 Lyapunov 方程

$$V=\sum_{i=1}^{N}\sum_{z=1}^{m}\phi_zS^{\alpha_1}_{(1,\gamma)}(x_{zi})+y^{\mathrm{T}}(K(A,B)\otimes I_m)^{-1}y \tag{3.118}$$

沿着系统(3.117)式求 V 的导数可得：

$$\dot{V}\mid_{(3.117)}=-\sum_{i=1}^{N}\sum_{z=1}^{m}\omega_zy_{zi}s^{\alpha_2}_{(1,\gamma)}(y_{zi})\leqslant 0 \tag{3.119}$$

注释 3.2 本节中有限时间控制的收敛时间可以分两个步骤求得。第一步先求得闭合系统轨迹收敛到集合 $\Omega=\{(x,y)\mid\|x\|_\infty<\gamma,\|y\|_\infty<\gamma\}$ 的时间，第二步再求出

系统由集合 Ω 收敛到原点的时间。

步骤 1：令 $\underline{\lambda}$ 为 $(K(A,B)\otimes I_m)^{-1}$ 的最小特征值，$\underline{\omega}=\min\{\omega_z, z=1,\cdots,m\}$，$\underline{v}=\min\{\phi_z S_{(1,\gamma)}^{\alpha_1}(\gamma), \underline{\lambda}\gamma^2, z=1,\cdots,m\}$。从(3.119)式可知对于任意的 $(x,y)\notin\Omega$，有 $\dot{V}\leqslant-\underline{\omega}\gamma s_{(1,\gamma)}^{\alpha_2}(\gamma)$。假设在时刻$ T_1$ 系统轨迹到达 Ω，那么

$$\underline{v}\leqslant V(T_1)\leqslant V(0)-\underline{\omega}\gamma s_{(1,\gamma)}^{\alpha_2}(\gamma)T_1 \tag{3.120}$$

从而 $T_1\leqslant\dfrac{V(0)-\underline{v}}{\underline{\omega}\gamma s_{(1,\gamma)}^{\alpha_2}(\gamma)}$。

步骤 2：令 $\overline{v}=\sum_{z=1}^{m}\phi_z S_{(1,\gamma)}^{\alpha_1}(\gamma)+\gamma^2 1_{mN}^{\mathrm{T}}(K(A,B)\otimes I_m)^{-1}1_{mN}$，其中 $1_{mN}\in\mathbb{R}^{mN}$ 是元素都为 1 的向量，那么对于任意的 $(x,y)\in\Omega$，有 $V(x,y)\leqslant\overline{v}$。容易验证 Lyapunov 方程(3.118)式和导数(3.119)式在集合 Ω 内满足：

$$V(\varepsilon^{\frac{2}{\alpha_1+1}}x,\varepsilon y)=\varepsilon^2V(x,y) \tag{3.121}$$

$$\dot{V}(\varepsilon^{\frac{2}{\alpha_1+1}}x,\varepsilon y)=\varepsilon^{\alpha_2+1}\dot{V}(x,y) \tag{3.122}$$

其中，$\alpha_2=\dfrac{2\alpha_1}{1+\alpha_1}$。令 $\tau=\{(x,y)\mid V(x,y)=1\}$，$\kappa=-\sup\limits_{(x,y)\in\tau}\dot{V}(x,y)>0$，$\varepsilon=V^{-\frac{1}{2}}(x,y)$，那么由(3.121)式和(3.122)式可得：

$$\frac{\dot{V}(x,y)}{V^{\frac{\alpha_2+1}{2}}(x,y)}=\dot{V}(V^{-\frac{1}{\alpha_1+1}}(x,y)x,V^{-\frac{1}{2}}(x,y)y)\leqslant\sup_{(x,y)\in\tau}\dot{V}(x,y)=-\kappa \tag{3.123}$$

即，$\dot{V}(x,y)\leqslant-\kappa V^{\frac{\alpha_2+1}{2}}(x,y)$，其中 $0<\dfrac{\alpha_2+1}{2}<1$。因此，对于 Ω 内的任意初始状态，终止时间满足 $T_2\leqslant\dfrac{2\overline{v}^{\frac{1-\alpha_2}{2}}}{\kappa(1-\alpha_2)}$。因此，步骤 1 和步骤 2 的终止时间之和满足 $T=T_1+T_2\leqslant\dfrac{V(0)-\underline{v}}{\underline{\omega}\gamma s_{(1,\gamma)}^{\alpha_2}(\gamma)}+\dfrac{2\overline{v}^{\frac{1-\alpha_2}{2}}}{\kappa(1-\alpha_2)}$。

在实际应用中，外部扰动是不可避免的。本节将拓展定理 3.6 的结果到具有外部扰动的有限时间同步问题。记第 i 个智能体的动态为：

$$M_i(q_{*i})\ddot{q}_{*i}+C_i(q_{*i},\dot{q}_{*i})\dot{q}_{*i}+G_i(q_{*i})=\tau_{*i}+d_{*i} \tag{3.124}$$

其中，$d_{*i}=\{d_{1i},\cdots,d_{mi}\}^{\mathrm{T}}\in\mathbb{R}^m$ 是满足 $|d_{zi}|\leqslant\theta$，$z=1,\cdots,m$ 的外部扰动。在该情形下采用控制方法(3.115)式并且 τ'_{*i} 定义为：

$$\tau'_{*i}=\phi\eta_i+\omega\rho_i+\theta\chi_i \tag{3.125a}$$

$$\chi_i=-\mathrm{sign}\Big(\sum_{j\in\mathcal{N}_i}a_{ij}(v_{*i}-v_{*j})+b_iv_{*i}\Big) \tag{3.125b}$$

定理 3.7 假设通信拓扑$\mathcal{G}$是强连通的并且至少有一个智能体连接目标位置。如果将多智能体系统(3.124)式控制协议设计为(3.115)式和(3.125)式,其中 $\gamma>\left(\frac{6\theta}{\phi_{zi}}\right)^{\frac{1}{\alpha_1}}$,那么有

(1)在无外部扰动的情况下,即 $d_{*i}=0$,如果 $\phi_z\gamma^{\alpha_1}+\omega_z\gamma^{\alpha_2}+\theta\leqslant\tau_{z,\max}$,$z=1,\cdots,m$,那么系统可实现具有饱和限制(3.94)式的同步问题。

(2)在存在外部扰动 d_{*i} 的情况下,如果 $\phi_z\gamma^{\alpha_1}+\omega_z\gamma^{\alpha_2}+\theta\leqslant\tau_{z,\max}$,$z=1,\cdots,m$,那么系统满足饱和限制(3.94)式并且位置误差能够在有限时间内满足 $|q_{zi}-q_{zd}|\leqslant\frac{1}{\|K(A,B)\|_\infty}\left(\frac{6\theta}{\phi_{zi}}\right)^{\frac{1}{\alpha_1}}$,$z=1,\cdots,m,i=1,\cdots,N$。

证明 闭环系统可以写为如下紧凑形式:

$$\begin{cases}\dot{x}=y\\ \hat{y}=-(K(A,B)\otimes I_m)(\overline{\phi}s^{\alpha_1}_{(1,\gamma)}(x)+\overline{\omega}s^{\alpha_2}_{(1,\gamma)}(y)+\theta\chi-d)\end{cases}\tag{3.126}$$

其中,$\chi=(\chi_1^{\mathrm{T}},\cdots,\chi_N^{\mathrm{T}})^{\mathrm{T}}$,$d=(d_{*1}^{\mathrm{T}},\cdots,d_{*N}^{\mathrm{T}})^{\mathrm{T}}$。

情形 1:$d=0$。在该情形下有 $\theta=0$,从而系统(3.126)式和系统(3.117)式一致。由定理 3.6 可得闭环系统是全局有限时间稳定的。

情形 2:$d\neq0$。考虑 Lyapunov 方程 $V=\sum_{i=1}^{N}\sum_{z=1}^{m}\phi_z S^{\alpha_1}_{(1,\gamma)}(x_{zi})+\frac{1}{2}y^{\mathrm{T}}(K(A,B)\otimes I_m)^{-1}y$。沿着闭环系统(3.126)式求 V 的导数可得:

$$\dot{V}|_{(3.126)}=-y^{\mathrm{T}}(\overline{\omega}s^{\alpha_2}_{(1,\gamma)}(y)+\theta\chi-d)\leqslant-\sum_{i=1}^{N}\sum_{z=1}^{m}\omega_z|y_{zi}|s^{\alpha_2}_{(1,\gamma)}(|y_{zi}|)\leqslant0\tag{3.127}$$

从而 x_{zi} 和 y_{zi} 是一致有界的并且 $\lim_{t\to\infty}y_{zi}(t)=0$。由于 $K(A,B)$ 是正定的,因此 $\lim_{t\to\infty}v_{zi}(t)=0$。下文采用反证法证明 $x_{zi}(t)$ 在有限时间内收敛到原点邻域 $|x_{zi}|\leqslant\left(\frac{6\theta}{\phi_{zi}}\right)^{\frac{1}{\alpha_1}}$。假设 $x_{zi}(t)$ 不能在有限时间内收敛到原点邻域 $|x_{zi}|\leqslant\left(\frac{6\theta}{\phi_{zi}}\right)^{\frac{1}{\alpha_1}}$。那么存在发散的时间序列 $\{t_l\}_{l\in\mathbb{N}}$ 使得 $|x_{zi}(t_l)|>\left(\frac{6\theta}{\phi_{zi}}\right)^{\frac{1}{\alpha_1}}$。由于 $x_{zi}(t)$ 是一致连续的,因此存在 $\delta>0$ 使得对于任意的 $l\in\mathbb{N}$ 有:

$$|x_{zi}(t_l+\gamma)-x_{zi}(t_l)|<\frac{1}{2}\left(\frac{6\theta}{\phi_{zi}}\right)^{\frac{1}{\alpha_1}},\quad 0<\gamma<\delta\tag{3.128}$$

从而

$$|x_{zi}(t_l+\gamma)|>\frac{1}{2}\left(\frac{6\theta}{\phi_{zi}}\right)^{\frac{1}{\alpha_1}},\quad 0<\gamma<\delta \tag{3.129}$$

因此，

$$\left|\int_{t_l}^{t_l+\delta}\phi_{zi}s_{(1,\gamma)}^{\alpha_1}(x_{zi}(t))\mathrm{d}t\right|>6\theta\delta/2^{\alpha_1} \tag{3.130}$$

由于$\lim\limits_{t\to\infty}y_{zi}(t)=0$，所以存在 $t^*>0$ 使得$|y_{zi}(t)|\leqslant\left(\frac{\theta}{\omega_{zi}}\right)^{\frac{1}{\alpha_2}}$，$t>t^*$。注意到(3.126)式，可得对于 $t_l>t^*$，

$$\begin{aligned}|v_{zi}(t_l+\delta)-v_{zi}(t_l)|&=\left|\int_{t_l}^{t_l+\delta}(\phi_z s_{(1,\gamma)}^{\alpha_1}(x_{zi}(t))+\omega_z s_{(1,\gamma)}^{\alpha_2}(y_{zi})+\theta\mathrm{sign}(y_{zi})-d_{zi})\mathrm{d}t\right|\\&\geqslant\left|\int_{t_l}^{t_l+\delta}\phi_z s_{(1,\gamma)}^{\alpha_1}(x_{zi}(t))\mathrm{d}t\right|-\left|\int_{t_l}^{t_l+\delta}\omega_z s_{(1,\gamma)}^{\alpha_2}(y_{zi}(t))\mathrm{d}t\right|-\\&\quad\left|\int_{t_l}^{t_l+\delta}(\theta+|d_{zi}|)\mathrm{d}t\right|>6\theta\delta/2^{\alpha_1}-3\theta\delta=3\theta\delta(2^{1-\alpha_1}-1)>0\end{aligned} \tag{3.131}$$

与 v_{zi} 的收敛性矛盾。因此可以得出 x_{zi} 在有限时间内收敛到$|x_{zi}|<\left(\frac{6\theta}{\phi_{zi}}\right)^{\frac{1}{\alpha_1}}$。由于 $x=(K(A,B)\otimes I_m)p$，所以 $|q_{zi}-q_{zd}|\leqslant\|p\|_\infty\leqslant\frac{1}{\|K(A,B)\|_\infty}\|x\|_\infty<\frac{1}{\|K(A,B)\|_\infty}\left(\frac{6\theta}{\phi_{zi}}\right)^{\frac{1}{\alpha_1}}$，$z=1,\cdots,m,i=1,\cdots,N$。证毕。

3.3.3 仿真算例

本节用四个机械臂来验证控制算法的正确性。系统动态矩阵如下：

$$M_i(q_{*i})=\begin{pmatrix}\theta_1+2\theta_2\cos(q_{2i}) & \theta_3+\theta_2\cos(q_{2i})\\ \theta_3+\theta_2\cos(q_{2i}) & \theta_3\end{pmatrix}$$

$$C_i(q_{*i},\dot{q}_{*i})=\begin{pmatrix}-2\theta_2\sin(q_{2i})\dot{q}_{2i} & -\theta_2\sin(q_{2i})\dot{q}_{2i}\\ \theta_2\sin(q_{2i})\dot{q}_{1i} & 0\end{pmatrix}$$

$$G_i(q_{*i})=\begin{pmatrix}\theta_4\sin(q_{1i})+\theta_5\sin(q_{1i}+q_{2i})\\ \theta_5\sin(q_{1i}+q_{2i})\end{pmatrix}$$

其中，$i\in\{1,2,3,4\}$，$\theta_1=2.351$，$\theta_2=0.084$，$\theta_3=0.102$，$\theta_4=38.456$，$\theta_5=1.825$。控制目标是设计反馈协议使得机械臂关节角度达到期望位置 $q_d=\left(\frac{\pi}{4},\frac{\pi}{2}\right)^{\mathrm{T}}$。各通

道的最大反馈力矩为 $\tau_{1,\max}=60$，$\tau_{2,\max}=40$。假设智能体 ν_1 连接目标位置并且 ν_1 连接其他 3 个机械臂。采样时间为 1 ms。初始状态取为 $q_{*1}=(1,2.3)^{\mathrm{T}}$，$q_{*2}=(-1,1.4)^{\mathrm{T}}$，$q_{*3}=(0.9,1.5)^{\mathrm{T}}$，$q_{*4}=(2.2,0.8)^{\mathrm{T}}$，$\dot{q}_{*1}=(1.5,2)^{\mathrm{T}}$，$\dot{q}_{*2}=(2,-1)^{\mathrm{T}}$，$\dot{q}_{*3}=(-2,1)^{\mathrm{T}}$，$\dot{q}_{*4}=(2,-1)^{\mathrm{T}}$。采用控制协议(3.115)式和(3.116)式，其中控制参数取为 $\gamma=0.9$，$\alpha_1=\frac{4}{5}$，$\alpha_2=\frac{8}{9}$，$\phi_1=\omega_1=10$，$\phi_2=\omega_2=5$。由注释 3.2 容易算出保守的终止时间为 $T<14$ s。仿真图像由图 3.8 给出，从中可以看到关节角度能够在 8 s 内达到期望位置。

图 3.8 的彩图

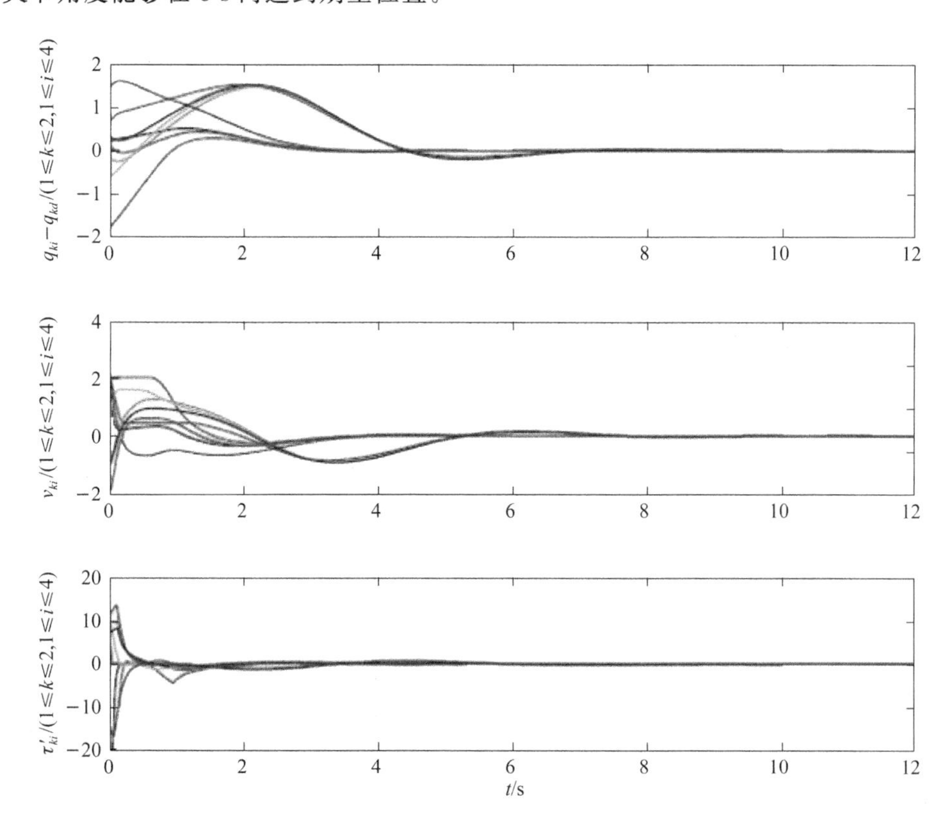

图 3.8 在参数 $\gamma=0.9$，$\alpha_1=\frac{4}{5}$，$\alpha_2=\frac{8}{9}$，$\phi_1=\omega_1=10$，$\varphi_2=\omega_2=5$ 下的响应

本章小结

本章考虑了多智能体系统有限时间控制问题。首先分别给出了一阶和高阶分布式有限时间观测器,基于这两类分布式有限时间观测器建立了有限时间一致性协议。然后给出了收敛时间不依赖于初始误差的固定时间一致性协议,并将其推广到了具有非线性测量的多智能体系统一致性控制中。最后以 Euler-Lagrange 方程为模型给出了非线性多智能体系统的鲁棒有限时间同步协议。

第4章

弱不变原理及其在一般线性多智能体系统中的应用

不变集原理是分析非线性系统稳定性的有效工具，在固定拓扑多智能体系统的研究中起到了巨大作用。但是具有切换拓扑结构的多智能体系统是非连续的，因此不变集原理不再适用。本章深入研究了切换系统模型，根据切换信号所满足的不同条件，给出了几类一般性的拓展不变集原理，并将其成功地用来解决了切换拓扑下多智能体系统的一致性问题。

本章其余内容安排如下。

4.1 节给出了一般非线性切换系统的弱不变原理。考虑到共同 Lyapunov 函数或者多 Lyapunov 函数在实际系统中难以构造，特别是 Lyapunov 函数在切换点的递减条件极难满足，4.1 节利用弱不变集和输入函数的弱不足特性，建立了不依赖于 Lyapunov 函数的并集弱不变原理和交集弱不变原理，并且利用这两类不变集原理解决了具有切换拓扑结构的一阶多智能体系统一致性问题。

4.2 节给出了弱不变原理的几何分析并将其推广到了具有时变子系统的切换系统中。考虑到在一些系统中，弱不变集较难判定并且该集合通常会无界，因此 4.2 节首先在 4.1 节结果的基础上利用几何分析方法给出了切换系统更精确的收敛区域，然后给出了具有时变子系统的切换系统的同构型分类，建立了时变子系统与时不变子系统之间的联系，给出了一类时变切换系统的不变集原理。

4.3 节讨论了具有切换拓扑的一般性多智能体系统一致性问题。

4.1 一般非线性切换系统的弱不变原理

4.1.1 问题描述

定义参数化函数集合$\{f_p:p\in\mathcal{P}\}$和$\{h_p:p\in\mathcal{P}\}$，其中$\mathcal{P}$为有限指数集。考虑以下切换系统：

$$\begin{cases}\dot{x}=f_\sigma(x)\\ y=h_\sigma(x)\end{cases}\tag{4.1}$$

其中,$x\in\mathbb{R}^m$是系统状态,$\sigma:[0,+\infty)\to P$是分段定常的切换信号且从右端连续,即$\sigma(t+)=\lim\limits_{s\downarrow t}\sigma(t)$。对于任意的$p\in\mathcal{P}$,$f_p:\mathbb{R}^m\to\mathbb{R}^m$是使得$f_p(0)=0$的 Lipschitz 连续函数,$h_p:\mathbb{R}^m\to\mathbb{R}^m$是输出方程。如果对于所有的$t\in(t_k,t_{k+1})$,有$\dot{x}(t)=f_{\sigma(t)}(x(t))$，其中$t_1,t_2,\cdots$是信号$\sigma$的切换时间,那么连续且分段光滑的函数$x:\mathbb{R}_+\to\mathbb{R}^m$称为系统(4.1)的解。本节采用以下假设。

假设 4.1 切换信号σ具有非消失的驻留时间,即存在正实数τ使得$\{t_k:k=1,2,\cdots\}$满足：

$$\inf_k(t_{k+1}-t_k)\geqslant\tau\tag{4.2}$$

4.1.2 主要结果

对于系统(4.1)式,经典的 LaSalle 不变原理不再适用,本节将利用弱不变集的概念提出新的稳定性判定准则。

定义 4.1 如果对于任意的$a\in M$存在指数$p\in\mathcal{P}$和正实数$b>0$使得$\dot{x}=f_p(x)$的初始状态为$x(0)=a$的解x对于任意的$t\in[-b,0]$或者$[0,b]$满足$x(t)\in M$,那么紧集M称作切换系统(4.1)的弱不变集。

引理 4.1 假设 4.1 成立。令x为切换系统(4.1)式的有界解,那么它的ω极限集$\omega(x)$是非空弱不变的紧集。

1. 并集弱不变原理

为了得到并集弱不变原理,首先介绍如下引理。

引理 4.2 令 $\lambda>0$ 为正实数，A 和 B 为 $\mathbb{R}^m$ 的非空子集且满足 $\mathbb{B}_\lambda(B)\subseteq A$，$x:\mathbb{R}_+\to\mathbb{R}^m$ 为一致连续函数，$\{\tau_i: i\in\mathbb{N}\}$ 为 $\mathbb{R}_+$ 上的无限序列，$\{[\alpha_i,\beta_i): i\in\mathbb{N}\}$ 为不相交的区间。假设 $\inf_i(\beta_i-\alpha_i)\geqslant d$，其中 $d>0$ 是一个常数。如果 $\tau_i\in[\alpha_i,\beta_i)$，$x(\tau_i)\in B$，那么存在 $\{\tau_i\}$ 的子序列 $\{\tau_{i_j}\}$ 和常数 $\gamma>0$ 使得：

$$x(t)\in A,\quad \forall t\in[\tau_{i_j},\tau_{i_j}+\gamma]\subseteq[\alpha_{i_j},\beta_{i_j})\text{或者}\ \forall t\in[\tau_{i_j}-\gamma,\tau_{i_j}]\subseteq[\alpha_{i_j},\beta_{i_j})$$

证明 证明分为两个步骤。

步骤 1：由于 x 一致连续并且 $x(\tau_i)\in B$，$i\in\mathbb{N}$，所以存在常数 $\delta>0$ 使得对于任意的 $i\in\mathbb{N}$ 有：

$$\operatorname{dist}(x(t),B)\leqslant\|x(t)-x(\tau_i)\|<\lambda,\quad |t-\tau_i|\leqslant\delta \tag{4.3}$$

或等价地，

$$x(t)\in\mathbb{B}_\lambda(B)\subseteq A,\quad \forall t\in[\tau_i-\delta,\tau_i+\delta] \tag{4.4}$$

步骤 2：令 $\mu_i:=\tau_i-\alpha_i$，根据 $\{\mu_i\}$ 的有界性考虑两种情形。

情形 1：$\{\mu_i\}$ 有界。令 $0\leqslant\mu_i\leqslant D$，$\forall i\in\mathbb{N}$，$D$ 为正实数。为不失一般性，令 $D>d$。由 Bolzano-Weierstrass 定理，存在 $\{\mu_i\}$ 的子集 $\{\mu_{i_j}\}$ 使得当 $j\to\infty$ 时，$\mu_{i_j}\to\nu$。容易看出 $0\leqslant\nu\leqslant D$。当 $0\leqslant\nu<d/2$ 时，存在 $J>0$ 使得 $\mu_{i_j}<3d/4$，即 $\tau_{i_j}-\alpha_{i_j}<3d/4$，$\forall j>J$。由于区间 $[\alpha_{i_j},\beta_{i_j})$ 具有不小于 d 的滞留时间并且 $\tau_{i_j}-\alpha_{i_j}<3d/4$，因此，

$$\tau_{i_j}+\frac{d}{4}<\alpha_{i_j}+d\leqslant\beta_{i_j},\quad \forall j>J \tag{4.5}$$

令 $\gamma:=\min\{d/4,\delta\}$。结合(4.4)式和(4.5)式可得存在序列 $\{\tau_{i_j}: j>J\}$ 使得 $x(t)\in A$，$\forall t\in[\tau_{i_j},\tau_{i_j}+\gamma]\subseteq[\alpha_{i_j},\beta_{i_j})$。

同样，当 $d/2\leqslant\nu\leqslant D$ 时，由类似的方法可证明存在指数 J 使得：

$$\tau_{i_j}-\frac{d}{4}>\alpha_{i_j},\quad \forall j>J \tag{4.6}$$

注意 $\gamma=\min\{d/4,\delta\}$。由(4.4)式和(4.6)式可得存在 $\{\tau_{i_j}: j>J\}$ 使得 $x(t)\in A$，$\forall t\in[\tau_{i_j}-\gamma,\tau_{i_j}]\subseteq[\alpha_{i_j},\beta_{i_j})$。

情形 2：$\{\mu_i\}$ 无界。在该情形下，存在 $\{\mu_i\}$ 的子序列 $\{\mu_{i_j}\}$ 使得 $\mu_{i_j}>\gamma$。从而

$$\alpha_{i_j}<\tau_{i_j}-\gamma<\tau_{i_j}<\beta_{i_j} \tag{4.7}$$

由(4.4)式和(4.7)式可得 $x(t)\in A$，$\forall t\in[\tau_{i_j}-\gamma,\tau_{i_j}]\subseteq[\alpha_{i_j},\beta_{i_j})$。证毕。

引理 4.3 如果系统(4.1)式的解 x 是有界的，那么 x 是一致连续的。

证明 令 Ω 为满足 $x(t)\in\Omega$，$\forall t\in\mathbb{R}_+$ 的紧集，$\gamma=\max\limits_{x\in\Omega,p\in\mathcal{P}}f_p(x)$。那么，对于

任意的 $\varepsilon>0$ 和 $t_1,t_2\in\mathbb{R}_+$，存在 $\delta=\epsilon/\gamma$ 使得如果 $|t_1-t_2|<\delta$，那么

$$\|x(t_1)-x(t_2)\|=\left\|\int_{t_2}^{t_1}f_\sigma(x)\mathrm{d}t\right\|\leqslant\gamma|t_1-t_2|<\varepsilon \tag{4.8}$$

从而 x 是一致连续的。

由以上引理可得出本节主要结论之一，即并集弱不变原理。

定理 4.1 考虑系统(4.1)，令假设 4.1 成立，系统的解 x 有界，对于任意的 $\xi\in\{x^*:h_p(x^*)\neq0,p\in\mathcal{P}\}$ 存在 ξ 的邻域 U 使得：

$$\inf\{|h_p(z)|:z\in U\}>0 \tag{4.9}$$

如果 y 弱不足，那么切换系统(4.1)式的解 x 收敛于 $\bigcup_{p\in\mathcal{P}}\{x^*:h_p(x^*)=0\}$ 的最大弱不变集。

证明 由于 x 收敛于它的 ω 极限集 $\omega(x)$ 并且 $\omega(x)$ 是弱不变的，因此只需证明 $\omega(x)\subseteq\bigcup_{p\in\mathcal{P}}\{x^*:h_p(x^*)=0\}$。假设 $\omega(x)\nsubseteq\bigcup_{p\in\mathcal{P}}\{x^*:h_p(x^*)=0\}$，那么存在 $\rho\notin\bigcup_{p\in\mathcal{P}}\{x^*:h_p(x^*)=0\}$ 和发散递增序列 $\{\tau_i\}$ 使得当 $i\to\infty$ 时 $x(\tau_i)\to\rho$。由于 P 是有限的，因此存在 $p_1\in\mathcal{P}$ 和 $\{\tau_i\}$ 的一个子序列 $\{\tau_{i_j}\}$ 使得在时间点 $\{\tau_{i_j}\}$ 切换到模态 p_1。

由以上分析可以得出下面的论断，从而得出定理结论。

论断 存在 $p_1\in\mathcal{P}$ 和序列 $\{\tau_{i_j}\}$ 使得当 $j\to\infty$ 时 $x(\tau_{i_j})\to\rho$，其中在时间点 $\{\tau_{i_j}\}$ 切换到模态 p_1 并且 $h_{p_1}(\rho)\neq0$，与 y 弱不足矛盾。

论断的证明如下。由(4.9)式和 $x(\tau_{i_j})\to\rho,j\to\infty$ 可知，存在切换时间 $\{t_{i_j}\}$，$J>0$ 和 $\lambda_1>0$ 使得对于任意的 $j>J$ 有：

- $\tau_{i_j}\in[t_{i_j},t_{i_j+1})$，$x(\tau_{i_j})\in\mathbb{B}_{\lambda_1}(\rho)$；
- $\sigma(t)=p_1$，$t\in[t_{i_j},t_{i_j+1})$；
- $\epsilon:=\inf\{|h_{p_1}(x)|:x\in\mathbb{B}_{\lambda_1}(\rho)\}>0$。

注意假设 4.1 和引理 4.3，可以看出 $\inf_j(t_{i_j+1}-t_{i_j})\geqslant\tau$ 并且 x 是一致连续的。那么对于 $\lambda_2\in(0,\lambda_1)$，应用引理 4.2(令 $A=\mathbb{B}_{\lambda_1}(\rho)$，$B=\mathbb{B}_{\lambda_2}(\rho)$，$\lambda=\lambda_1-\lambda_2$)可知，存在 $\{\tau_{i_j}\}$ 的子序列 $\{\tau_{i_{j_l}}\}$ 和 $\gamma>0$ 使得 $x(t)\in\mathbb{B}_{\lambda_1}(\rho)$，$\forall t\in[\tau_{i_{j_l}},\tau_{i_{j_l}}+\gamma]\subseteq[t_{i_{j_l}},t_{i_{j_l}+1})$ 或者 $\forall t\in[\tau_{i_{j_l}}-\gamma,\tau_{i_{j_l}}]\subseteq[t_{i_{j_l}},t_{i_{j_l}+1})$。从而可得存在不相交的闭区间序列 $\{I_l:=[\tau_{j_{i_l}},\tau_{j_{i_l}}+\gamma],l\in\mathbb{N}\}$ 或者 $\{I_l:=[\tau_{j_{i_l}}-\gamma,\tau_{j_{i_l}}],l\in\mathbb{N}\}$，其中 $\inf_{l\in\mathbb{N}}\mu(I_l)=\gamma>0$ 使得：

$$\lim_{l\to\infty}(\inf_{t\in I_L}|(h_\sigma\cdot x)(t)|)=\lim_{l\to\infty}(\inf_{t\in I_l}|(h_{p_1}\cdot x)(t)|)\geqslant\varepsilon>0 \tag{4.10}$$

与 y 弱不足矛盾。因此可以得出 $\omega(x)\subseteq\bigcup_{p\in\mathcal{P}}\{x^*:h_p(x^*)=0\}$,从而 x 收敛于 $\bigcup_{p\in\mathcal{P}}\{x^*:h_p(x^*)=0\}$ 的最大弱不变集。

推论 4.1 考虑系统(4.1)式,令假设 4.1 成立,系统的解 x 有界,对于任意的 $p\in\mathcal{P}$,h_p 连续。如果 $y\in\mathcal{L}_p$,那么 x 收敛于 $\bigcup_{p\in\mathcal{P}}\{x^*:h_p(x^*)=0\}$ 的最大弱不变集。

证明 由于 h_p,$\forall p\in\mathcal{P}$是连续的,因此(4.9)式成立。注意如果 $y\in\mathcal{L}_p$,那么输出方程 y 是弱不足的。由定理 4.1 可以得到该结论。

考虑如下非线性系统:

$$\begin{cases}\dot{x}=f(x)\\ y=h(x)\end{cases}\tag{4.11}$$

其中,$f:\mathbb{R}^m\to\mathbb{R}^m$ 是满足 $f(0)=0$ 的 Lipschitz 函数且 $h:\mathbb{R}^m\to\mathbb{R}^m$ 是连续的。积分不变原理是解决时不变系统(4.11)式的有效方法。如果将系统(4.1)式特殊化为时不变系统(4.11)式,那么很容易得出积分不变原理。

推论 4.2 考虑系统(4.11)式。假设系统的解 x 是有界的并且 $y\in\mathcal{L}_p$,那么 x 收敛于 $\{x^*:h(x^*)=0\}$ 的最大不变集。

证明 对于系统(4.11)式,x 的 ω 极限集 $\omega(x)$ 是不变集,从而由定理 4.1 可直接得出该结论。

2. 交集弱不变原理

本节将提出切换系统的另一个原理,即交集弱不变原理。首先引入两个假设。

假设 4.2 存在 $T>0$ 使得对于任意的 $t_0>0$,切换信号满足:

$$\{t:\sigma(t)=p\}\cap[t_0,t_0+T]\neq\varnothing,\quad\forall p\in\mathcal{P}\tag{4.12}$$

假设 4.3 令 $T^*=\{[t_k,t_{k+1}):k=k_1,k_1+1,\cdots,k_2\}$ 为任意的有限区间集合,满足 $t_{k_2+1}-t_{k_1}\leqslant T$,其中 T 为时间周期,$\mathcal{P}^*=\{\sigma(t):t\in T^*\}\subseteq\mathcal{P}$,$\rho\in\bigcap_{p\in\mathcal{P}^*}\{x^*:h_p(x^*)=0\}$。假设对于任意的 $\varepsilon>0$,存在 $\delta>0$ 使得如果 $\|x(t_{k_1})-\rho\|<\delta$,那么 $\|x(t)-\rho\|<\varepsilon$,$t_{k_1}\leqslant t<t_{k_2+1}$。

注释 4.1 假设 4.2 在文献[117]中作为一个各态历经的限制被提出,它确保了在一个时间周期 T 中每个模态至少出现一次。一般地,假设 4.3 不能直观地验证,后面章节将会对假设 4.3 做详细的分析并且给出充分条件。

定理 4.2 考虑系统(4.1)式,令假设 4.1~假设 4.3 成立,系统的解 x 有界,对于任意的 $\xi\in\{x^*:h_p(x^*)\neq0\}$, $p\in\mathcal{P}$,存在 ξ 的邻域 U 使得(4.9)式成立。如

果 y 弱不足，那么 x 收敛于 $\bigcap_{p\in\mathcal{P}}\{x^*:h_p(x^*)=0\}$ 的最大弱不变集。

证明 注意到 x 收敛于它的 ω 极限集 $\omega(x)$ 并且 $\omega(x)$ 是弱不变的。因此只需证明 $\omega(x)\subseteq\bigcap_{p\in\mathcal{P}}\{x^*:h_p(x^*)=0\}$。用反证法证明，如果 $\omega(x)\not\subseteq\bigcap_{p\in\mathcal{P}}\{x^*:h_p(x^*)=0\}$，那么存在 $\rho\notin\bigcap_{p\in\mathcal{P}}\{x^*:h_p(x^*)=0\}$ 和发散的递增序列 $\{\tau_i\}$ 使得当 $i\to\infty$ 时，$x(\tau_i)\to\rho$。由于 $\mathcal{P}$ 是有限的，因此存在 $\{\tau_i\}$ 的子序列 $\{\tau_{i_j}\}$ 使得某一模态 $p_3\in\mathcal{P}$ 在时刻 $\{\tau_{i_j}\}$ 启动。令 $\Lambda=\{p:h_p(\rho)=0,p\in\mathcal{P}\}$，$\Phi=\mathcal{P}\backslash\Lambda$。以下分两种情况分析。

情形 1：$p_3\in\Phi$。在该情形下容易看到当 $i\to\infty$ 时，$x(\tau_{i_j})\to\rho$，其中 $p_3\in\mathcal{P}$ 在 $\{\tau_{i_j}\}$ 启动并且 $h_{p_3}(\rho)\neq 0$。由定理 4.1 的声明可知 情形 1 与 $y=h_\sigma\circ x$ 弱不足矛盾。

情形 2：$p_3\in\Lambda$。由假设 4.2 可知存在时间点 $\tau_j'\in[\tau_{i_j},\tau_{i_j}+T)$ 使得在时刻 τ_j'，集合 Φ 内的某个模态被激发。由于当 $j\to\infty$ 时，$x(\tau_{i_j})\to\rho$，所以对于任意的 $\delta_1>0$，存在 $J_1>0$ 使得如果 $j>J_1$，那么 $\|x(\tau_{i_j})-\rho\|<\delta_1$。记 $Z_p=\{x^*:h_p(x^*)=0\}$，$p\in\mathcal{P}$，$d=\inf_{p\in\Phi}\mathrm{dist}(\rho,Z_p)>0$，并且取 $0<\epsilon_1<d/2$。那么对于 $j>J_1$，应用假设 4.3（取 $t_{k_1}=\tau_{i_j}$，$T^*=[\tau_{i_j},\tau_j')$，$P^*=\{\sigma(t):t\in T^*\}\subseteq\Lambda$，$\delta=\delta_1$，$\varepsilon=\varepsilon_1$），可以得出：

$$\|x(t)-\rho\|<\varepsilon_1,\quad \tau_{i_j}\leqslant t<\tau_j' \tag{4.13}$$

意味着 $x(t)\in\mathbb{B}_{\varepsilon_1}(\rho)$，其中 $\tau_{i_j}\leqslant t<\tau_j'$，$j>J_1$。由 $x(t)$ 的连续性可得 $x(\tau_j')\in\overline{\mathbb{B}_{\varepsilon_1}(\rho)}$，$j>J_1$。根据 Bolzano-Weierstrass 定理，存在 $\rho'\in\overline{\mathbb{B}_{\varepsilon_1}(\rho)}$ 和 $\{\tau_j'\}$ 的一个子序列 $\{\tau_{j_l}'\}$，$j>J_1$，使得当 $l\to\infty$ 时，$x(\tau_{j_l}')\to\rho'$。注意到 $\sigma(t)\in\Phi$，$\forall t\in\{\tau_{j_l}'\}$，并且 Φ 有限，因此可以选取 $\{\tau_{j_l}'\}$ 的一个子序列 $\{\tau_{j_{l_k}}'\}$ 和 $p_4\in\Phi$ 使得：

$$\sigma(t)=p_4,\quad \forall t\in\{\tau j_{l_k}'\} \tag{4.14}$$

进一步，由 $\rho'\in\overline{\mathbb{B}_{\varepsilon_1}(\rho)}$ 和 $\overline{\mathbb{B}_{\varepsilon_1}(\rho)}\cap Z_{p_4}=\varphi$，可以得到：

$$h_{p_4}(\rho')\neq 0 \tag{4.15}$$

结合(4.14)式和(4.15)式导出存在序列 $\{\tau_{j_{l_k}}'\}$ 使得当 $k\to\infty$ 时 $x(\tau_{j_{l_k}}')\to\rho'$，其中 $p_4\in\mathcal{P}$ 在 $\{\tau_{j_{l_k}}'\}$ 被激发且 $h_{p_4}(\rho')\neq 0$。由定理 4.1 的声明可得情形 2 也与 $y=h_\sigma\circ x$ 弱不足矛盾。

因此可得 $\omega(x)\subseteq\bigcap_{p\in\mathcal{P}}\{x^*:h_p(x^*)=0\}$，从而 x 收敛于 $\bigcap_{p\in\mathcal{P}}\{x^*:h_p(x^*)=0\}$ 的最大弱不变集。

以下推论可由定理 4.2 直接得出。

推论 4.3 考虑系统(4.1)式，令假设 4.1～假设 4.3 成立，系统的解 x 有界，

对于每一个 $p\in\mathcal{P}$,h_p 连续。如果 $y\in\mathcal{L}_p$,那么 x 收敛于 $\bigcap\limits_{p\in\mathcal{P}}\{x^*:h_p(x^*)=0\}$ 的最大弱不变集。

注释 4.2 与并集弱不变原理相比,交集弱不变原理加强了对系统的限制,同时得到了更优的收敛区域。

注释 4.3 在关于切换系统的文献中,Lyapunov 函数的构造不可避免。本书提出的不变集原理不需要构造 Lyapunov 函数,因此可以更方便地应用到实际系统中。

4.1.3 对假设 4.3 的进一步讨论

在很多情况下,系统本身的结构可以确保假设 4.3 的成立。由于 $f_p:\mathbb{R}^m\rightarrow\mathbb{R}^m$ 是 Lipschiz 的,因此对于任意的 $x,y\in\mathbb{R}^m$,存在正实数 l_p 使得 $\|f_p(x)-f_p(y)\|\leqslant l_p\|x-y\|$,$p\in\mathcal{P}$。令 $M=\max\limits_{p\in\mathcal{P}}l_p$,可得以下命题。

命题 4.1 考虑系统(4.1)式,令假设 4.1、假设 4.2 成立。如果 $h_p(x)=0\Rightarrow f_p(x)=0$,$\forall p\in\mathcal{P}$,并且 Lipschiz 常数 M 和周期 T 满足 $1-MT>0$,那么假设 4.3 成立。

证明 令 $\hat{t}\in[t_{k_1},t_{k_2+1}]$是满足$\|x(\hat{t})-\rho\|=\max\limits_{t\in[t_{k_1},t_{k_2+1}]}\|x(t)-\rho\|$ 的点,那么可得:

$$\|x(\hat{t})-\rho\|=\left\|x(t_{k_1})+\int_{t_{k_1}}^{\hat{t}}f_\sigma(x(\tau))\mathrm{d}\tau-\rho\right\| \tag{4.16}$$

由于 $h_p(\rho)=0\Rightarrow f_p(\rho)=0$,$\forall p\in\mathcal{P}$,所以容易验证:

$$\int_{t_{k_1}}^{\hat{t}}f_\sigma(\rho)\mathrm{d}\tau=0 \tag{4.17}$$

结合(4.16)式和(4.17)式可得:

$$\begin{aligned}\|x(\hat{t})-\rho\|&=\left\|x(t_{k_1})-\rho+\int_{t_{k_1}}^{\hat{t}}f_\sigma(x(\tau))\mathrm{d}\tau-\int_{t_{k_1}}^{\hat{t}}f_\sigma(\rho)\mathrm{d}\tau\right\|\\&\leqslant\|x(t_{k_1})-\rho\|+\int_{t_{k_1}}^{\hat{t}}\|f_\sigma(x(\tau))-f_\sigma(\rho)\|\mathrm{d}\tau\\&\leqslant\|x(t_{k_1})-\rho\|+MT\|x(\hat{t})-\rho\|\end{aligned} \tag{4.18}$$

因此,对于任意的 $\varepsilon>0$,存在 $\delta=\varepsilon(1-MT)$使得如果 $\|x(t_{k_1})-\rho\|<\delta$。那么

$$\|x(\hat{t})-\rho\|\leqslant\frac{1}{1-MT}\|x(t_{k_1})-\rho\|<\varepsilon \tag{4.19}$$

由此可知$\|x(t)-\rho\|<\varepsilon$，$\forall t_{k_1}\leqslant t\leqslant t_{k_2+1}$。证毕。

如果系统(4.1)为线性切换系统，那么可以放松命题4.1的题设并得到如下命题。

命题 4.2 考虑线性切换系统

$$\begin{cases}\dot{x}=A_\sigma x\\ y=C_\sigma x\end{cases} \tag{4.20}$$

如果$\ker(C_p)\subseteq\ker(A_p)$，$\forall p\in\mathcal{P}$，那么假设4.3成立。

证明 令$\Psi=\sup\limits_{t\in[t_{k_1},t_{k_2+1}],p\in\mathcal{P}}\|e^{A_pt}\|$，$\varphi=[T/\tau]+1$并且$p_1,p_2,\cdots,p_s$为在时间区间$[t_{k_1},t]$，$\forall t\in[t_{k_1},t_{k_2+1}]$，内的模态序列，其持续时间分别为$l_1,l_2,\cdots,l_s$。可以看出，对于任意的$\varepsilon>0$，存在$\delta=\varepsilon/\Psi^\varphi$使得如果$\|x(t_{k_1})-\rho\|<\delta$，那么

$$\|x(t)-\rho\|=\|e^{A_{p_s}l_s}\cdots e^{A_{p_1}l_1}x(t_{k_1})-\rho\|=\|e^{A_{p_s}l_s}\cdots e^{A_{p_1}l_1}(x(t_{k_1})-\rho)\|<\Psi^\varphi\delta=\varepsilon \tag{4.21}$$

证毕。

4.1.4 数值例子及应用

本节给出两个例子来说明理论结果的有效性并且给出理论结果在多智能体系统一致性当中的应用。

1. 数值例子

例 1 考虑具有两个子系统的切换系统

$$\begin{cases}f_1(x)=\begin{pmatrix}-x_2\\ x_1-x_2^{1.2}-1\end{pmatrix}\\ h_1(x)=x_2\end{cases}\qquad\begin{cases}f_2(x)=\begin{pmatrix}x_2\\ -x_1-x_2^{1.2}+1\end{pmatrix}\\ h_2(x)=|x_2|\end{cases}$$

切换时间序列为$t_1=0$，$t_k=t_{k-1}+2.5$，因此系统具有驻留时间$\tau=2.5$。状态初始值取为$x_1=1.5$和$x_2=0.9$。显然，$\bigcup\limits_{p=1}^{2}\{x^*:h_p(x^*)=0\}=(\mathbb{R},0)^{\mathrm{T}}$。容易验证$(\mathbb{R},0)^{\mathrm{T}}$的最大弱不变集是$(1,0)^{\mathrm{T}}$。观测函数的积分为$\int_0^\infty|y|\mathrm{d}t=1.22<\infty$。根据并集弱不变原理，$x=(x_1,x_2)^{\mathrm{T}}$收敛于$\bigcup\limits_{p=1}^{2}\{x^*:h_p(x^*)=0\}$的最大弱不变集

$(1,0)^{\mathrm{T}}$。图 4.1 所示的切换系统状态相应显示了并集弱不变原理的有效性。

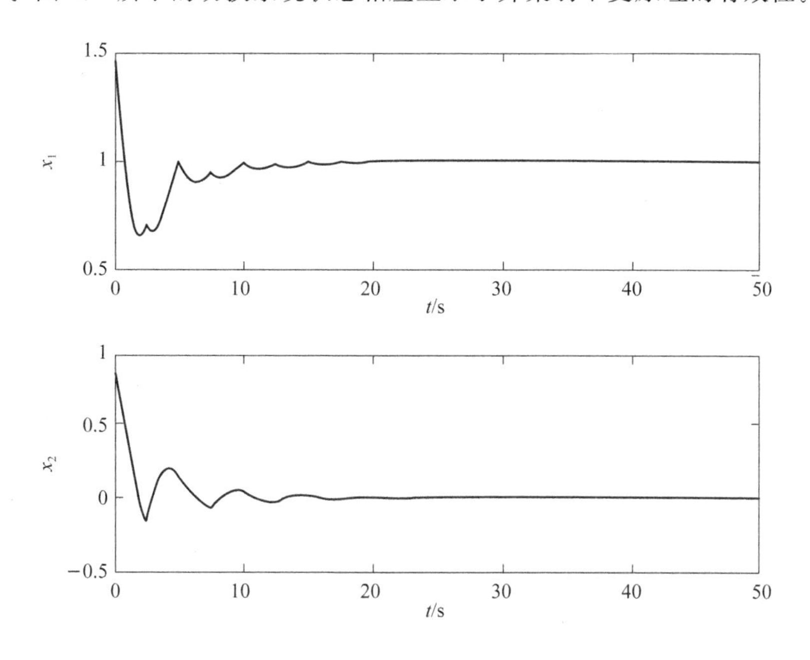

图 4.1 例 1 的状态响应

例 2 考虑具有两个子系统的切换系统：

$$\begin{cases} f_1(x)=\dfrac{1}{7}\begin{pmatrix} -x_1-x_2 \\ x_1-x_2^2 \end{pmatrix} \\ h_1(x)=|x_1|+|x_2| \end{cases} \quad \begin{cases} f_2(x)=\dfrac{1}{7}\begin{pmatrix} -x_1+x_2 \\ -x_1-x_2^2 \end{pmatrix} \\ h_2(x)=|x_1-x_2|+|x_2| \end{cases}$$

切换时间序列为 $t_1=0, t_k=t_{k-1}+2.5$，初始状态取为 $x_1=1$，$x_2=-0.2$。容易看出该例子满足假设 4.1 和假设 4.2，为了应用交集弱不变原理，需要验证假设 4.3。通过简单计算可知命题 4.1 的条件成立，因此假设 4.3 成立。观测函数积分为 $\int_0^{\infty}|y|\,\mathrm{d}t=6.9896<\infty$，如图 4.2 所示，$x=(x_1,x_2)^{\mathrm{T}}$ 收敛于 $\bigcap\limits_{p=1}^{2}\{x^*: h_p(x^*)=0\}$ 的最大弱不变集 $(0,0)^{\mathrm{T}}$，从而说明了交集弱不变原理的有效性。

2. 在多智能体系统中的应用

考虑多智能体系统

$$\dot{x}_i=-\sum_{j=1}^{N}a_{ij}^{\sigma}(x_i-x_j) \tag{4.22}$$

其中，x_i 是智能体 i 的状态，$i\in\mathcal{I}=\{1,\cdots,N\}$，$\sigma:[0,\infty)\to\mathcal{P}$ 是切换信号。本节将给

出多智能体系统达到一致的条件，即$\lim_{t\to\infty}\|x_i(t)-x_j(t)\|=0$，$\forall i,j\in\mathcal{I}$。

用无向切换图来描述多智能体系统的内部结构。无向切换图有下面的性质。

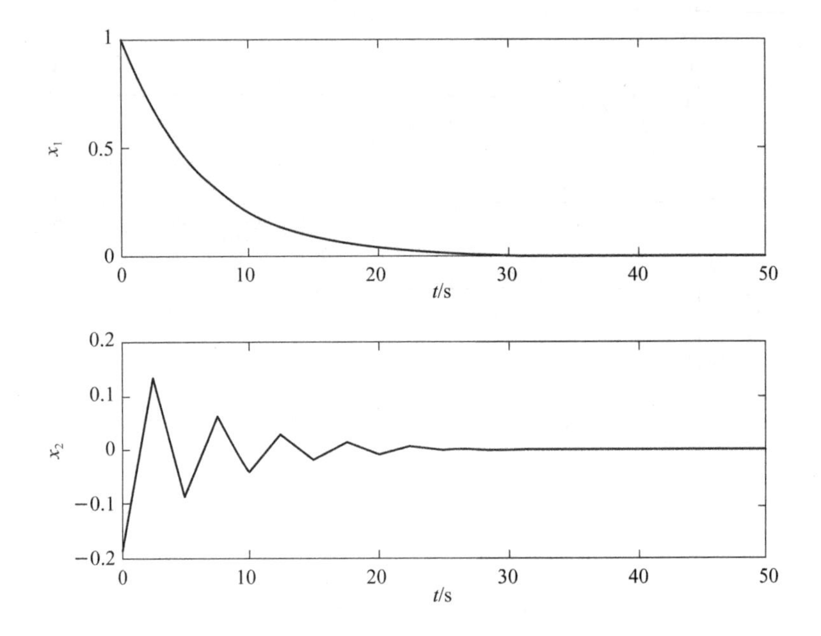

图 4.2　例 2 的状态响应

如果联合图$\mathcal{G}_{\mathcal{P}}=(\nu,\bigcup_{p\in\mathcal{P}}\varepsilon_p)$是联合连通的，那么

$$\bigcap_{p\in\mathcal{P}}\{\ker(L_p)\}=\operatorname{span}\{\mathbf{1}_N\}\tag{4.23}$$

本节的主要结论如下。

定理 4.3　考虑多智能体系统(4.22)式，假设 4.1、假设 4.2 成立。如果联合图$\mathcal{G}_{\mathcal{P}}$是联合连通的，那么系统可达到一致。

证明　多智能体系统(4.22)式可以写为如下紧凑形式：

$$\dot{x}=-L_\sigma x\tag{4.24}$$

其中，$x=(x_1,\cdots,x_N)^{\mathrm{T}}\in\mathbb{R}^N$是状态向量，$L_\sigma\in\mathbb{R}^{N\times N}$是时变 Laplacian 矩阵。容易验证$\frac{\mathrm{d}}{\mathrm{d}t}(\|x(t)\|^2)=-2x^{\mathrm{T}}(t)L_{\sigma(t)}x(t)\leqslant0$，从而$x$有界。由引理 4.3 可知$x$一致连续。定义$y=-L_\sigma^{\frac{1}{2}}x$，其中$(L_\sigma^{\frac{1}{2}})^{\mathrm{T}}L_\sigma^{\frac{1}{2}}=L_\sigma$。注意$\ker(L_p^{\frac{1}{2}})=\ker(L_p)$，$\forall p\in\mathcal{P}$。取$A_\sigma=-L_\sigma$和$C_\sigma=-L_\sigma^{\frac{1}{2}}$，应用命题 4.2 可知假设 4.3 成立。另外，

$$\begin{aligned}0\leqslant\int_0^\infty\|y(t)\|^2\mathrm{d}t&=\int_0^\infty x^{\mathrm{T}}(t)L_{\sigma(t)}x(t)\mathrm{d}t\\&=\frac{1}{2}(\|x(0)\|^2-\|x(\infty)\|^2)\leqslant\frac{1}{2}\|x(0)\|^2\end{aligned}\tag{4.25}$$

即，$y\in\mathcal{L}_2$。因此，根据交集弱不变原理可得 x 收敛于 $\bigcap_{p\in\mathcal{P}}\{\ker(L_p^{\frac{1}{2}})\}$ 的最大弱不变集。进一步，由引理 4.4 可知 $\bigcap_{p\in\mathcal{P}}\{\ker(L_p^{\frac{1}{2}})\}=\bigcap_{p\in\mathcal{P}}\{\ker(L_p)\}=\mathrm{span}\{\mathbf{1}_N\}$。因此，当 $t\to\infty$ 时 $x(t)\to\mathrm{span}\{\mathbf{1}_N\}$，即系统实现一致。

4.2 弱不变原理的几何分析及其推广

4.2.1 问题描述

考虑如下切换系统：

$$\begin{cases}\dot{x}(t)=f_{\sigma(t)}(x(t))\\ y(t)=h_{\sigma(t)}(x(t))\end{cases}\tag{4.26}$$

其中，$\sigma(t):[0,\infty)\to\mathcal{P}$是右端连续的分段函数。对于任意的 $p\in\mathcal{P}$，$f_p(x)$和$h_p(x)$为$\mathbb{R}^n$空间的 Lipschiz 连续函数，满足 $f_p(0)=0$ 和 $h_p(0)=0$。切换时间序列定义为$\{\tau_i:i\in\mathbb{N}\}$。连续的分段光滑曲线 $x(t):\mathcal{I}\to\mathbb{R}^n$ 叫作系统在时间区间$\mathcal{I}$的解，如果对于 $t\in[\tau_i,\tau_{i+1})\cap\mathcal{I}$有 $\dot{x}(t)=f_{\sigma(t)}(x(t))$。本节考虑向前完整的解，即$\mathcal{I}=[0,\infty)$，并记 $x(t,x_0)$为初始值为 x_0 的向前完整解。对于任意的 $p\in\mathcal{P}$，令 $\sigma|p=\{\tau_{p_1},\tau_{p_1+1},\tau_{p_2},\tau_{p_2+1},\cdots\}$ 为模态 p 切入和断开的时间点，$\Phi_p=\bigcup_{i\in\mathbb{N}}[\tau_{p_i},\tau_{p_i+1})$为模态 p 总共的运行时间。

本节中我们沿用假设 4.1，并记$\{\tau_i:i\in\mathbb{N}\}$为切换时间点，记具有非消失驻留时间的切换系统的所有解的集合记为 δ_{dwell}。除此之外有以下假设。

假设 4.4 存在 $\overline{T}>0$ 使得对于任意的 $t\geqslant0$，切换信号 $\sigma(t)$ 在时间区间$[t,t+\overline{T}]$内满足 $\sigma(t)\neq\sigma(\bar{t})$。

初步的定义和结果列举如下(作为本节结论的参考)。

定义 4.2 如果对于任意的 $\varepsilon>0$ 存在时间点 $T>0$ 使得当 $t\geqslant T$ 时，$x(t,x_0)\in\mathcal{B}(\mathcal{M},\varepsilon)$，其中$\mathcal{B}(x,\varepsilon)$是以 x 为中心以 ε 为半径的开球，$\mathcal{B}(\mathcal{M},\varepsilon)=\bigcup_{x\in\mathcal{M}}\mathcal{B}(x,\varepsilon)$，那么称连续曲线 $x(t,x_0)$收敛于紧集$\mathcal{M}$。

定义 4.3 如果$\psi(t)$是 $\dot{x}=f_p(x)$在$[\gamma,\delta]$上的解，那么称对于 $\forall\, p\in\mathcal{P}$，函数$\psi(t)$在区间$[\gamma,\delta]$上满足特性$(p)$。

定义 4.4 如果对于任意的 $a\in\mathcal{W}$，存在指数 $p\in\mathcal{P}$和实数 $b>0$ 使得方程 $\dot{x}=$

$f_p(x)$的解 $x(t,x_0)$对 $t\in[-b,0]$或者$[0,b]$满足 $x(t,x_0)\in\mathcal{W}$,那么称紧集$\mathcal{W}$关于系统(4.26)式是弱不变的。

引理 4.5 令 $x(t,x_0)$为切换系统(4.26)式的一个有界解,τ 为假设 4.1 的驻留时间,那么对于任意的 $a\in\omega^+(x_0)$,存在指数 $p'\in\mathcal{P}$,区间 $[\gamma,\delta]$ $(0\in[\gamma,\delta],\delta-\gamma\geqslant\tau/2)$和发散序列$\{t_i:i\in\mathbb{N}\}$使得:

(1) $\sigma(t+t_i)=p',\forall t\in[\gamma,\delta],\forall i\in\mathbb{N}$;

(2) 在区间 $[\gamma,\delta]$上,$\forall i\in\mathbb{N}$,$\psi_i(t):=x(t+t_i,x_0)$满足性质(p')并且 $\lim\limits_{i\to\infty}\psi_i(0)=a$。

引理 4.6 令 $x(t,x_0)\in\delta_{\text{dwell}}$为切换系统(4.26)式的一个有界解。那么$\omega^+(x_0)$是弱不变的非空的紧集。进一步,$x(t,x_0)$收敛于 $\omega^+(x_0)$。

引理 4.7 令 $\lambda:[a,b]\to\mathbb{R}$ 为连续函数,$\mu:[a,b]\to\mathbb{R}$ 为非负连续函数。如果连续函数 $y:[a,b]\to\mathbb{R}$ 对 $a\leqslant t\leqslant b$ 满足 $y(t)\leqslant\lambda(t)+\int_a^t\mu(s)y(s)\mathrm{d}s$,那么在区间 $a\leqslant t\leqslant b$ 上,$y(t)\leqslant\lambda(t)+\int_a^t\lambda(s)\mu(s)\exp\left(\int_s^t\mu(\tau)\mathrm{d}\tau\right)\mathrm{d}s$。尤其,如果$\lambda(t)\equiv\lambda$ 是常数,那么 $y(t)\leqslant\lambda\exp\left(\int_a^t\mu(\tau)\mathrm{d}\tau\right)$。如果 $\mu(t)\equiv\mu\geqslant0$ 是正常数,那么 $y(t)\leqslant\lambda\exp(\mu)(t-a)$。

4.2.2 具有时不变子系统的切换系统

1. 拓展不变原理

本节建立了非线性切换系统的拓展不变集原理,其中每一个子系统都是时不变的。共同 Lyapunov 函数和多 Lyapunov 函数是解决切换系统稳定性的有效工具,但是对于一般的非线性系统来说,Lyapunov 函数难以构造。因此,本节只依赖输出函数给出了拓展的不变原理并且证明了基于 Lyapunov 函数的判定方法可以作为本节中不变原理的一个特例。

下面的引理揭示了极限集和输出函数的关系。

引理 4.8 令假设 4.1 成立,$x(t,x_0)\in\delta_{\text{dwell}}$为非线性系统(4.26)式的一个有界解,$\omega^+(x_0)$为 $x(t,x_0)$的极限集。如果 $y(t)$是弱不变的,那么有 $\omega^+(x_0)\subseteq\bigcup\limits_{p\in\mathcal{P}}\{x:h_p(x)=0\}$。

证明 由引理 4.5 可知,对于任意的 $a\in\omega^+(x_0)$,存在指数 $p'\in\mathcal{P}$,区间$[\gamma,\delta]$

$(0\in[\gamma,\delta],\delta-\gamma\geqslant\tau/2)$和序列$\{\psi_i(t)=x(t+t_i,x_0):i\in\mathbb{N}\}$使得：

$$\dot{\psi}_i(t)=f_{p'}(\psi_i(t)),\quad \forall t\in[\gamma,\delta] \tag{4.27}$$

其中，$\lim\limits_{i\to\infty}\psi_i(0)=a$。因此可以得到：

$$\psi_i(t)=\psi_i(0)+\int_0^t f_{p'}(\psi_i(s))\mathrm{d}s,\quad \forall t\in[\gamma,\delta] \tag{4.28}$$

令 $l_{p'}>0$ 为满足$\|f_{p'}(x)-f'_p(y)\|\leqslant l_{p'}\|x-y\|,x,y\in\mathbb{R}^n$的 Lipschitz 常数。由于$\lim\limits_{i\to\infty}\psi_i(0)=a$，那么对于任意的 $\varepsilon>0$，存在 $K>0$ 使得对于任意的 $i,j>K$ 有：

$$\|\psi_i(0)-\psi_j(0)\|<\varepsilon\exp(-l_{p'}(\delta-\gamma)) \tag{4.29}$$

由引理 4.7 可得对于任意的 $t\in[\gamma,\delta]$有：

$$\begin{aligned}\|\psi_i(t)-\psi_j(t)\|&\leqslant\|\psi_i(0)-\psi_j(0)\|+\left\|\int_0^t(f_{p'}(\psi_i(s))-f_{p'}(\psi_j(s)))\mathrm{d}s\right\|\\&\leqslant\varepsilon\exp(-l_{p'}(\delta-\gamma))+l_{p'}\int_0^t\|\psi_i(s)-\psi_j(s)\|\mathrm{d}s\\&\leqslant\varepsilon\exp(-l_{p'}(\delta-\gamma))\exp(l_{p'}t)\\&\leqslant\varepsilon\exp(-l_{p'}(\delta-\gamma))\exp(l_{p'}(\delta-\gamma))<\varepsilon\end{aligned} \tag{4.30}$$

由此可得$\{\psi_i(t):i\in\mathbb{N}\}$在区间$[\gamma,\delta]$上一致收敛到连续函数 $\psi(t)$，其中 $\psi(0)=\lim\limits_{i\to\infty}\psi_i(0)=a$。接下来，我们证明 $a\in\bigcup\limits_{p\in\mathcal{P}}\{x:h_p(x)=0\}$。反设 $a\notin\bigcup\limits_{p\in\mathcal{P}}\{x:h_p(x)=0\}$，那么可以定义 $\rho=\min\limits_{p\in\mathcal{P}}\|h_p(a)\|>0$。由于 $h_{p'}(\psi(t))$关于 t 连续并且 $h_{p'}(\psi(0))=h_{p'}(a)\neq0$，那么存在区间$[\hat{\gamma},\hat{\delta}]$ $(0\in[\hat{\gamma},\hat{\delta}]\subseteq[\gamma,\delta])$使得对于任意的 $t\in[\hat{\gamma},\hat{\delta}]$ 有$\|h_{p'}(\psi(t))\|\geqslant\frac{1}{2}\|h_{p'}(\psi(0))\|\geqslant\frac{1}{2}\rho>0$。注意到在区间$[\gamma,\delta]$上，有$\lim\limits_{i\to\infty}\psi_i(t)=\psi(t)$。因此对于常数 $\frac{1}{3}\rho$，存在 $K'>0$ 使得如果 $i>K'$，那么$\|h_{p'}(\psi_i(t))-h_{p'}(\psi(t))\|<\frac{1}{3}\rho,t\in[\hat{\gamma},\hat{\delta}]$。从而对于任意的 $i>K'$和任意的 $t\in[\hat{\gamma},\hat{\delta}]$，有：

$$\begin{aligned}\|h_{p'}(\psi_i(t))\|&=\|h_{p'}(\psi(t))+h_{p'}(\psi_i(t))-h_{p'}(\psi(t))\|\\&\geqslant\|h_{p'}(\psi(t))\|-\|h_{p'}(\psi_i(t))-h_{p'}(\psi(t))\|\\&>\frac{1}{2}\rho-\frac{1}{3}\rho=\frac{1}{6}\rho\end{aligned} \tag{4.31}$$

令 $I_i=[t_i+\hat{\gamma},t_i+\hat{\delta}],i\in\mathbb{N}$，那么可以得到：

$$\lim_{i\to\infty}(\inf_{t\in I_i}\|y(t)\|)=\lim_{i\to\infty}(\inf_{t\in I_i}\|h_{\sigma(t)}(x(t,x_0))\|)$$

$$= \lim_{i\to\infty}\left(\inf_{t\in[\hat{\gamma},\hat{\delta}]} \| h_{p'}(\psi_i(t)) \| \right) \geqslant \lim_{i\to\infty}\left(\frac{1}{6}\rho\right) = \frac{1}{6}\rho > 0 \tag{4.32}$$

与 $y(t)$ 弱不变矛盾。因此可得 $\omega^+(x_0) \subseteq \bigcup_{p\in\mathcal{P}} \{x: h_p(x)=0\}$。

由引理 4.8 可以得出下面的定理。

定理 4.4 考虑非线性切换系统(4.26)式,令假设 4.1 成立并且输出函数 $y(t)$ 弱不足。那么每一个有界解 $x(t,x_0)\in\delta_{\text{dwell}}$ 收敛于 $\bigcup_{p\in\mathcal{P}}\{x: h_p(x)=0\}$ 的最大弱不变集。

证明 由引理 4.6 可得 $x(t,x_0)\in\delta_{\text{dwell}}$ 收敛于 $\omega^+(x_0)$ 并且 $\omega^+(x_0)$ 是弱不变的。由引理 4.8 可得 $\omega^+(x_0)\subseteq\bigcup_{p\in\mathcal{P}}\{x: h_p(x)=0\}$。那么,$x(t,x_0)\in\delta_{\text{dwell}}$ 收敛于 $\bigcup_{p\in\mathcal{P}}\{x: h_p(x)=0\}$ 的最大弱不变集。

基于定理 4.4,可以得到如下更为精细的几何定理。

定理 4.5 考虑非线性切换系统(4.26)式,令假设 4.1、假设 4.4 成立,输出函数 $y(t)$ 弱不足,并且 $\Omega\in\mathbb{R}^n$ 为满足$(\{x: h_k(x)=0\}\backslash\Omega)\cap(\{x: h_l(x)=0\}\backslash\Omega)=\varnothing$,$\forall k,l\in\mathcal{P}(k\neq l)$的紧集。如果 $\forall p\in\mathcal{P}$,有$\{x: h_p(x)=0\}\subseteq\{x: f_p(x)=0\}$,那么每一个有界解 $x(t,x_0)\in\delta_{\text{dwell}}$ 收敛于 Ω 的最大弱不变集。

证明 由引理 4.6 可知,$x(t,x_0)$收敛于 $\omega^+(x_0)$并且 $\omega^+(x_0)$是弱不变的。因此只需证明 $\omega^+(x_0)\subseteq\Omega$。反设 $\omega^+(x_0)\not\subseteq\Omega$。由引理 4.8 可知 $\omega^+(x_0)\subseteq\bigcup_{p\in\mathcal{P}}\{x: h_p(x)=0\}$。令 $E(p)=(\{x: h_p(x)=0\}\backslash\Omega)$,$\forall p\in\mathcal{P}$。那么存在 $\alpha\in\omega^+(x_0)$满足 $\alpha\in\bigcup_{p\in\mathcal{P}}E(p)$。定义$\partial\left(\bigcup_{p\in\mathcal{P}}E(p)\right)$为集合 $\bigcup_{p\in\mathcal{P}}E(p)$的边界,$\left(\bigcup_{p\in\mathcal{P}}E(p)\right)^\circ$为 $\bigcup_{p\in\mathcal{P}}E(p)$的内部,那么根据 α 的位置考虑如下两种情形。

情形 1:$\alpha\in\left(\bigcup_{p\in\mathcal{P}}E(p)\right)^\circ$。

在该情形下,存在 $\hat{p}\in\mathcal{P}$和 $\lambda>0$ 使得$\mathbb{B}_\lambda(\alpha)\subseteq E(\hat{p})$。由引理 4.8 的证明可知,对于 $\alpha\in\omega^+(x_0)$,存在 $\check{p}\in\mathcal{P}$,区间 $[\gamma,\delta]$ $(0\in[\gamma,\delta],\delta-\gamma\geqslant\tau/2)$,序列$\{\psi_i(t)=x(t+t_i,x_0): i\in\mathbb{N}\}$ 和连续函数 $\psi(t)$ 使得$\{\psi_i(t): i\in\mathbb{N}\}$在区间 $[\gamma,\delta]$上一致收敛于 $\psi(t)$,其中 $\psi(0)=\alpha$ 并且 $\sigma(t+t_i)=\check{p}$,$\forall i\in\mathbb{N}$,$\forall t\in[\gamma,\delta]$。由于 $\psi(t)$连续,所以存在区间$[\gamma',\delta']\subseteq[\gamma,\delta]$ $(0\in[\gamma',\delta'])$满足 $\psi(t)\in\mathbb{B}_{\lambda/2}(\alpha)$,$\forall t\in[\gamma',\delta']$。注意到 $\{\psi_i(t): i\in\mathbb{N}\}$在区间$[\gamma,\delta]$上一致收敛于 $\psi(t)$。那么存在 $I>0$ 使得 $\forall i>I$ 和 $\forall t\in[\gamma',\delta']$,$\|\psi_i(t)-\psi(t)\|<\lambda/2$。因此可得 $\forall i>I$ 和 $\forall t\in[\gamma',\delta']$有:

$$\|\psi_i(t)-\alpha\| = \|\psi_i(t)-\psi(t)+\psi(t)-\alpha\|$$

$$\leqslant \|\psi_i(t)-\psi(t)\|+\|\psi(t)-\alpha\|<\frac{\lambda}{2}+\frac{\lambda}{2}=\lambda \tag{4.33}$$

即，$\psi_i(t)\in\mathbb{B}_\lambda(\alpha)\subseteq E(\hat{p})$，$\forall i>I$，$\forall t\in[\gamma',\delta']$。如果 $\hat{p}\neq\check{p}$，那么$(\{x:h_{\hat{p}}(x)=0\}\setminus\Omega)\cap(\{x:h_{\check{p}}(x)=0\}\setminus\Omega)=\varnothing$，从而 $\nu:=\min\limits_{x\in\mathbb{B}_\lambda(\alpha)}\{h_{\check{p}}(x)\}>0$。令 $I_i=[t_i+\gamma',t_i+\delta']$，$i\in\mathbb{N}$，有：

$$\lim_{i\to\infty}\left(\inf_{t\in I_i}\|y(t)\|\right)=\lim_{i\to\infty}\left(\inf_{t\in I_i}\|h_{\sigma(t)}(x(t,x_0))\|\right)$$

$$=\lim_{i\to\infty}\left(\inf_{t\in[\gamma',\delta']}\|h_{\check{p}}(\psi_i(t))\|\right)\geqslant\lim_{i\to\infty}\nu>0 \tag{4.34}$$

与 $y(t)$弱不足矛盾。如果 $\hat{p}=\check{p}$，那么$\forall i>I$ 和$\forall t\in[\gamma',\delta']$，有 $h_{\check{p}}(\psi_i(t))=0$。由于 $h_{\check{p}}(\psi_i(t))=0\Rightarrow f_{\check{p}}(\psi_i(t))=0$，所以$\forall i>I$ 和$\forall t\in[\gamma',\delta']$，有 $\dot{\psi}_i(t)=f_{\sigma(t+t_i)}(\psi_i(t))=f_{\check{p}}(\psi_i(t))=0$。由假设 4.4 可得$\forall i>I$，$\psi_i(t)=\psi_i(\gamma')$直到下一个模态$p_i\in\mathcal{P}(p_i\neq\check{p})$在时刻 $t_i+\tilde{t}_i$ 被激发。因此，对于时间序列$\{\tilde{t}_i:i>I\}$ 有 $\sigma(t_i+\tilde{t}_i)=p_i$ 和 $\psi_i(\tilde{t}_i)=\psi_i(\gamma')=\psi_i(0)\in\mathbb{B}_\lambda(\alpha)\subseteq E(\check{p})$。由于$\mathcal{P}$是有限的，因此存在指数 $p''\in\mathcal{P}$ $(p''\neq\check{p})$和$\{t_i+\tilde{t}_i:i>I\}$的子序列$\{t_{i_j}+\tilde{t}_{i_j}:j\in\mathbb{N}\}$使得 $\sigma(t_{i_j}+\tilde{t}_{i_j})=p''$。注意到 $x(t,x_0)$有界，$f_{p''}(x)$连续，所以存在 $\mu>0$ 和 $\kappa>0$ 使得$\|x(t,x_0)\|\leqslant\mu$ 和$\kappa=\sup_{\|x\|\leqslant\mu}\|f_{p''}(x)\|$。令 $\theta=\min\left\{\frac{\lambda}{2\kappa},\tau\right\}$，其中 τ 为驻留时间。从而可得对于 $0\leqslant t\leqslant\theta$ 有：

$$\|\psi_{i_j}(t+\tilde{t}_{i_j})-\psi_{i_j}(\tilde{t}_{i_j})\|=\left\|\int_{t_{i_j}+\tilde{t}_{i_j}}^{t+t_{i_j}+\tilde{t}_{i_j}}f_{\sigma(s+t_{i_j}+\tilde{t}_{i_j})}(\psi_{i_j})s+\tilde{t}_{i_j}))\mathrm{d}s\right\|$$

$$\leqslant\int_{t_{i_j}+\tilde{t}_{i_j}}^{t+t_{i_j}+\tilde{t}_{i_j}}\|f_{\sigma(s+t_{i_j}+\tilde{t}_{i_j})}(\psi_{i_j}(s+\tilde{t}_{i_j}))\|\mathrm{d}s$$

$$\leqslant\int_{t_{i_j}+\tilde{t}_{i_j}}^{\frac{\lambda}{2\kappa}+t_{i_j}+\tilde{t}_{i_j}}\|f_{p''}(\psi_{i_j}(s+\tilde{t}_{i_j}))\|\mathrm{d}s\leqslant\kappa\frac{\lambda}{2\kappa}=\frac{\lambda}{2} \tag{4.35}$$

由于$\lim\limits_{j\to\infty}\psi_{i_j}(\tilde{t}_{i_j})=\lim\limits_{j\to\infty}\psi_{i_j}(\gamma')=\lim\limits_{j\to\infty}\psi_{i_j}(0)=\psi(0)=\alpha$，所以存在 J 使得$\forall j>J$

$$\psi_{i_j}(\tilde{t}_{i_j})=\psi_{i_j}(\gamma')=\psi_{i_j}(0)\in\mathbb{B}_{\lambda/2}(\alpha) \tag{4.36}$$

结合(4.35)式和(4.36)式可得$\forall j>J$ 和 $0\leqslant t\leqslant\theta$ 有：

$$\|\psi_{i_j}(t+\tilde{t}_{i_j})-\alpha\|\leqslant\|\psi_{i_j}(t+\tilde{t}_{i_j})-\psi_{i_j}(\tilde{t}_{i_j})\|+\|\psi_{i_j}(\tilde{t}_{i_j})-\alpha\|\leqslant\frac{\lambda}{2}+\frac{\lambda}{2}=\lambda \tag{4.37}$$

由于 $p''\neq\check{p}$，所以$(\{x:h_{p''}(x)=0\}\backslash\Omega)\cap(\{x:h_{\check{p}}(x)=0\}\backslash\Omega)=\varnothing$。因此，可以定义 $\xi:=\min\limits_{x\in\mathbb{B}_{\lambda}(\alpha)}\{h_{p''}(x)\}>0$。令 $I_{i_j}=[t_{i_j}+\tilde{t}_{i_j},\theta+t_{i_j}+\tilde{t}_{i_j}]$，$j>J$，那么

$$\lim_{j\to\infty}\left(\inf_{t\in I_{i_j}}\|y(t)\|\right)=\lim_{j\to\infty}\left(\inf_{t\in I_{i_j}}\|h_{\sigma(t)}(x(t))\|\right)$$
$$=\lim_{j\to\infty}\left(\inf_{t\in[0,\theta]}\|h_{p''}(\psi_{i_j}(t+\tilde{t}_{ij}))\|\right)\geqslant\lim_{j\to\infty}\xi>0\quad(4.38)$$

与 $y(t)$弱不足矛盾。

情形 2：$\alpha\in\partial\left(\bigcup\limits_{p\in\mathcal{P}}E(p)\right)$。

假设 $\alpha\in\partial(E(p_1))$，其中 $p_1\in\mathcal{P}$。由于 $\forall k,l\in\mathcal{P}(k\neq l)$，有 $E(k)\cap E(l)=\varnothing$。那么 $\forall p\in\mathcal{P},p\neq p_1$，有 $\alpha\notin E(p)$（如图 4.3 所示）。令 $\eta_1=\mathrm{dist}(\alpha,\Omega)$，$\eta_2=\min\limits_{p\in\mathcal{P},p\neq p_1}\mathrm{dist}(\alpha,E(p))$，$\eta=\min\{\eta_1,\eta_2\}$。类似于情形 1 的证明可得存在 $\bar{I}>0$，$\{\psi_i(t):i>\bar{I}\}$，$p_2\in\mathcal{P}[\bar{\gamma},\bar{\delta}]$ 使得 $\forall i>\bar{I}$ 和 $\forall t\in[\bar{\gamma},\bar{\delta}]$，有 $\psi_i(t)\in\mathbb{B}_{\eta/2}(\alpha)$ 和 $\sigma(t+t_i)=p_2$，其中$\{\psi_i(t):i>\bar{I}\}$ 在 $[\bar{\gamma},\bar{\delta}]$上一致收敛于 $\psi(t)$并且 $\psi(0)=\alpha$。如果 $\{\psi_i(t):i>\bar{I},t\in[\bar{\gamma},\bar{\delta}]\}$无限次离开$E(p_1)$，那么存在 $\alpha'\in\omega^+(x_0)$使得 $\alpha'\notin\bigcup\limits_{p\in\mathcal{P}}\{x:h_p(x)=0\}$，与引理 4.8 矛盾。如果$\{\psi_i(t):i>\bar{I},t\in[\bar{\gamma},\bar{\delta}]\}$ 进入集合 $E(p_1)$无限次，那么存在 $\alpha''\in\omega^+(x_0)$使得 $\alpha''\in(E(p_1))^o$。由情形 1 的证明可以看到这种情况与 $y(t)$弱不足矛盾。

因此可以假设存在 $\bar{I}'>\bar{I}>0$ 使得 $\forall i>\bar{I}'$ 和 $\forall t\in[\bar{\gamma},\bar{\delta}]$，有 $\psi_i(t)\in\mathbb{B}_{\eta/2}(\alpha,\partial)\subseteq E(p_1)$，其中 $\mathbb{B}_{\eta/2}(\alpha,\partial)=\mathbb{B}_{\eta/2}(\alpha)\cap\partial(E(p_1))$。根据与情形 1 类似的分析可得这种情形同样与 $y(t)$弱不足矛盾。

综上可以得出 $\omega^+(x_0)\subseteq\Omega$，从而 $x(t,x_0)\in\delta_{\mathrm{dwell}}$收敛于 Ω 的最大弱不变集。

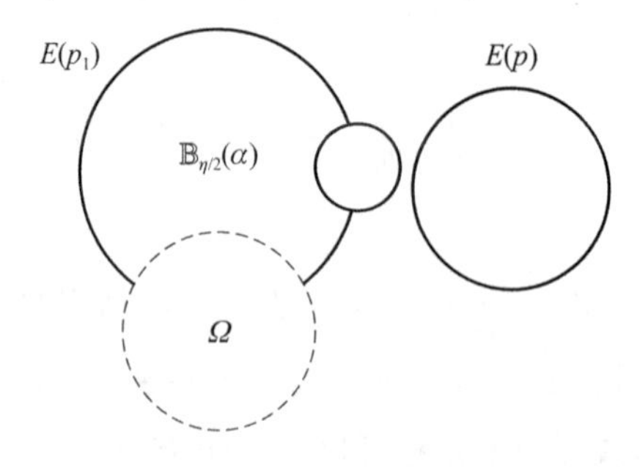

图 4.3　情形 2 的集合说明

我们借助图 4.4 来说明定理 4.5 的结论。考虑具有 3 个子系统的切换系统，

$\mathcal{P}=\{1,2,3\}$。令 $H_i=\{x:h_i(x)=0\}$，$i=1,2,3$，如图 4.4(a)所示。那么收敛区域为 $\Omega=\{H_1\cap H_2\}$，如图 4.4(b)所示。可以看出 Ω 是无界的，因此由定理 4.5 得不到精确的收敛区域。为了得到对收敛区域更好的估计，需要加强对切换信号的约束。

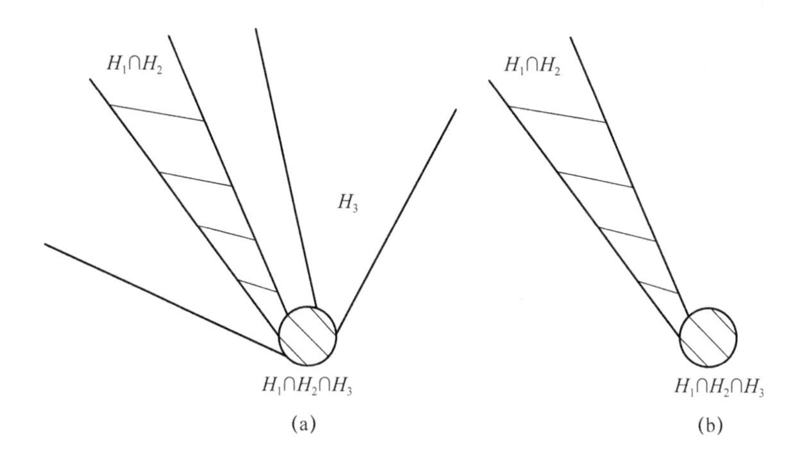

图 4.4 定理 4.5 的几何说明

假设 4.5 存在 $\overline{T}>0$ 使得 $\forall\,\bar{t}\geqslant 0$，切换信号 $\sigma(t)$ 满足：

$$\{t:\sigma(t)=p\}\cap[\bar{t},\bar{t}+\overline{T}]\neq\varnothing,\quad \forall\,p\in\mathcal{P} \tag{4.39}$$

注释 4.4 可以看出假设 4.5 加强了假设 4.4 的约束。假设 4.4 要求在周期 $\overline{T}$ 内至少两个模态被激发，假设 4.5 要求在周期 $\overline{T}$ 内每一个模态都要被激发。

引理 4.9 考虑切换系统(4.26)式，如果 $\forall p\in\mathcal{P}$，有 $\{x:h_p(x)=0\}\subseteq\{x:f_p(x)=0\}$，那么 $\bigcap\limits_{p\in\mathcal{P}}\{x:h_p(x)=0\}$ 是弱不变的。

证明 $\forall\,v\in\bigcap\limits_{p\in\mathcal{P}}\{x:h_p(x)=0\}$ 和 $\forall\,p\in\mathcal{P}$，有 $\dot{x}(t)=f_p(x(t))\equiv 0$，$x_0=v$。因此 $x(t)\equiv v\in\bigcap\limits_{p\in\mathcal{P}}\{x:h_p(x)=0\}$，从而 $\bigcap\limits_{p\in\mathcal{P}}\{x:h_p(x)=0\}$ 是弱不变的。

定理 4.6 考虑非线性切换系统(4.26)式，令假设 4.1、假设 4.5 成立，输出方程 $y(t)$ 是弱不足的。如果 $\forall\,p\in\mathcal{P}$，有 $\{x:h_p(x)=0\}\subseteq\{x:f_p(x)=0\}$，那么每一个有界解 $x(t,x_0)\in\delta_{\mathrm{dwell}}$ 收敛于 $\bigcap\limits_{p\in\mathcal{P}}\{x:h_p(x)=0\}$。

证明 为不失一般性，参考图 4.4 来证明定理 4.6。由 $\omega^+(x_0)$ 的定义可知，我们只需证明 $\omega^+(x_0)\subseteq\bigcap\limits_{p\in\mathcal{P}}\{x:h_p(x)=0\}$。由引理 4.9 可知，$\bigcap\limits_{p\in\mathcal{P}}\{x:h_p(x)=0\}$ 是弱不变集。考虑以下情形。

情形 1：存在 $t'\geqslant 0$ 使得 $x(t',x_0)\in\bigcap\limits_{p\in\mathcal{P}}\{x:h_p(x)=0\}$。

注意 $\forall\,p\in\mathcal{P}$，有 $\{x:h_p(x)=0\}\subseteq\{x:f_p(x)=0\}$。由引理 4.9，如果对于时间点 $t'\geqslant 0$，有 $x(t',x_0)\in\bigcap\limits_{p\in\mathcal{P}}\{x:h_p(x)=0\}$，那么 $\forall\,t\geqslant t'$，$x(t,x_0)\equiv x(t',x_0)$，从而

$\omega^{+}(x_0)=x(t',x_0)\subseteq\bigcap_{p\in\mathcal{P}}\{x:h_p(x)=0\}$。证毕。

情形 2：$\forall t\geqslant 0$，有 $x(t,x_0)\notin\bigcap_{p\in\mathcal{P}}\{x:h_p(x)=0\}$。

由定理 4.5 可得 $x(t,x_0)$ 收敛于 Ω。令 $\gamma=\Omega\backslash\left(\bigcap_{p\in\mathcal{P}}\{x:h_p(x)=0\}\right)$，如图 4.5 所示。可以看出 $\omega^{+}(x_0)\subseteq\gamma$。定义 $\varsigma=\mathrm{dist}(\omega^{+}(x_0),H_3))>0$，$\Lambda(x_0)=\left\{x:\mathrm{dist}(x,\omega^{+}(x_0))<\frac{\varsigma}{2}\right\}$，$\upsilon=\min_{x\in\Lambda(x_0)}\{h_3(x)\}$。那么存在 $t''>0$ 使得 $x(t,x_0)\in\Lambda(x_0)$，$\forall t\geqslant t''$。由假设 4.5 可得子系统 3 在时间周期 $\overline{T}$ 内被激发。因此，对于 $\Phi_3''=\bigcup_{i\geqslant i''}[\tau_{3_i},\tau_{3_i+1})$，$\tau_{3_{i''}}\geqslant t''$ 有

$$\lim_{t\to\infty}\left(\inf_{t\in\Phi_3''}\|y(t)\|\right)=\lim_{t\to\infty}\left(\inf_{t\in\Phi_3''}\|h_3(x(t,x_0))\|\right)\geqslant\lim_{t\to\infty}\upsilon>0 \tag{4.40}$$

与 $y(t)$ 弱不足矛盾。

综上，$x(t,x_0)\in\delta_{\mathrm{dwell}}$ 收敛于 $\bigcap_{p\in\mathcal{P}}\{x:h_p(x)=0\}$。

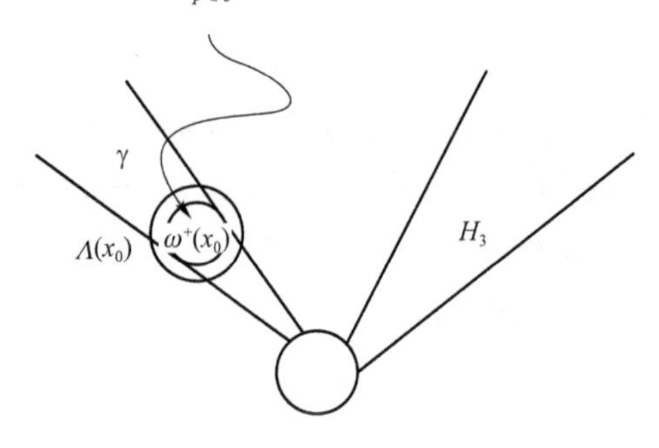

图 4.5　定理 4.6 的几何说明

注释 4.5　对于非线性切换系统(4.26)式，如果 $\int_0^{\infty}\|y(t)\|\mathrm{d}t<\infty$，那么 $y(t)$ 是弱不足的。这一点可用反证法证明。假设 $y(t)$ 不是弱不足的，那么存在 $\varepsilon>0$ 和一组闭区间 $\{I_i:i\in\mathbb{N}\}$，$\chi=\inf_{i\in\mathbb{N}}\mu(I_i)>0$，使得 $\forall i\in\mathbb{N}$，有 $\inf_{t\in I_i}\|y(t)\|\geqslant\varepsilon$，从而 $\int_0^{\infty}\|y(t)\|\mathrm{d}t\geqslant\varepsilon\sum_{i=1}^{\infty}\mu(I_i)=\infty$。因此，$y(t)$ 是弱不足的。

推论 4.4　考虑非线性切换系统(4.26)式，令假设 4.1、假设 4.5 成立并且 $\int_0^{\infty}\|y(t)\|\mathrm{d}t<\infty$。如果 $\{x:h_p(x)=0\}\subseteq\{x:f_p(x)=0\}$，$\forall p\in\mathcal{P}$，那么每一个有界解 $x(t,x_0)\in\delta_{\mathrm{dwell}}$ 收敛于 $\bigcap_{p\in\mathcal{P}}\{x:h_p(x)=0\}$。

推论 4.5　考虑系统(4.26)式，其中 $\sigma(t)\equiv 1$，$\forall t\geqslant 0$。如果 $\int_0^{\infty}\|y(t)\|\mathrm{d}t<\infty$，

那么每一个有界解 $x(t,x_0)$ 收敛于$\{x:h_1(x)=0\}$。

注释 4.6 文献[138]提出了非线性切换系统的交集弱不变原理，它要求 $1-M\overline{T}>0$，其中 $\overline{T}$是时间周期，M 满足 $\|f_p(x)-f_p(y)\|\leqslant M\|x-y\|$，$\forall p\in\mathcal{P}$，$\forall x$，$y\in\mathbb{R}^n$。本节的结果去掉了这样的限制，拓展了交集弱不变原理。

2. Lyapunov 方法

基于以上的拓展不变集原理，本节给出依赖于 Lyapunov 函数的定理，从中可以得出精确的收敛区域。

定义 4.5 令 $V(x):\mathbb{R}^n\to\mathbb{R}$ 为$\mathcal{C}^1$函数。如果 $V(x)$ 正定并且满足：

$$\nabla V(x)f_p(x)\leqslant 0 \tag{4.41}$$

$\forall x\in\mathbb{R}^n$，$\forall p\in\mathcal{P}$，那么称 $V(x)$为非线性切换系统(4.26)式的共同弱 Lyapunov 函数。如果(4.38)式严格成立，那么称 $V(x)$为非线性切换系统(4.26) 式的严格共同 Lyapunov 函数。

定理 4.7 考虑非线性切换系统(4.26)式，令假设 4.1 成立，$V(x):\mathbb{R}^n\to\mathbb{R}$ 为系统(4.26)式的共同弱 Lyapunov 函数，$C_p=\{x:\nabla V(x)f_p(x)=0\}$，$\forall p\in\mathcal{P}$。那么每一个解 $x(t,x_0)\in\delta_{\text{dwell}}$都收敛于 $\bigcup\limits_{p\in\mathcal{P}}C_p$ 的最大弱不变集。

证明 注意到 $V(x(t,x_0))$非增有界，因此存在 $c\geqslant 0$ 使得$\lim\limits_{t\to\infty}V(x(t,x_0))=c$。定义输出函数 $y(t)=-\dot{V}(x(t,x_0))$，有 $y(t)\geqslant 0$，$\forall t\geqslant 0$，并且

$$0\leqslant\int_0^{\infty}y(\tau)\mathrm{d}\tau=-\int_0^{\infty}\dot{V}(x(\tau,x_0))\mathrm{d}\tau=V(x_0)-c<\infty \tag{4.42}$$

由注释 4.5 可知 $y(t)$是弱不足的。轨迹 $x(t,x_0)$的有界性可由 $V(x(t,x_0))$的非增得到。由定理 4.4 可得 $x(t,x_0)\in\delta_{\text{dwell}}$收敛于 $\bigcup\limits_{p\in\mathcal{P}}C_p$ 的最大弱不变集。

定理 4.8 考虑非线性切换系统(4.26)式，令假设 4.1、假设 4.4 成立，$V(x)$：$\mathbb{R}^n\to\mathbb{R}$ 为系统(4.26)式的共同弱 Lyapunov 方程，$C_p=\{x:\nabla V(x)f_p(x)=0\}$，$\forall p\in\mathcal{P}$ 并且 $\Omega\in\mathbb{R}^n$ 为满足$(C_k\backslash\Omega)\cap(C_l\backslash\Omega)=\varnothing$，$\forall k,l\in\mathcal{P}(k\neq l)$的紧集。如果 $C_p\subseteq\{x:f_p(x)=0\}$，$\forall p\in\mathcal{P}$，那么每一个解 $x(t,x_0)\in\delta_{\text{dwell}}$收敛于 Ω 的最大弱不变集。

证明 证明类似于定理 4.7 的证明，证略。

定理 4.9 考虑非线性切换系统(4.26)式，令假设 4.1、假设 4.5 成立，$V(x)$：$\mathbb{R}^n\to\mathbb{R}$ 为系统(4.26)式的共同弱 Lyapunov 函数，$C_p=\{x:\nabla V(x)f_p(x)=0\}$，$\forall p\in\mathcal{P}$。如果$C_p\subseteq\{x:f_p(x)=0\}$，$\forall p\in\mathcal{P}$，那么每一个有界解 $x(t,x_0)\in\delta_{\text{dwell}}$收敛于$\bigcap\limits_{p\in\mathcal{P}}C_p$。

证明 证明类似于定理 4.7 的证明，证略。

定义 4.6 令 $V_p(x):\mathbb{R}^n\to\mathbb{R}$，$p\in\mathcal{P}$为一组$\mathcal{C}^1$函数。如果以下条件成立，那么称$\{V_p(x):p\in\mathcal{P}\}$为系统(4.26)式的多 Lyapunov 函数：

(1) $V_p(x)$，$\forall p\in\mathcal{P}$是正定的；

(2) $\nabla V_p(x)f_p(x)\leqslant 0,\forall x\in\mathbb{R}^n,\forall p\in\mathcal{P}$;

(3) 对于一对切换时间 $\tau_i<\tau_j$,满足 $\sigma(\tau_i)=\sigma(\tau_j)=p,p\in\mathcal{P}$,有 $V_p(x(\tau_{i+1},x_0))\geqslant V_p(x(\tau_j,x_0))$。

定理 4.10 考虑非线性切换系统(4.26)式,令假设 4.1 成立,$V_p(x):\mathbb{R}^n\to\mathbb{R}$,$\forall p\in\mathcal{P}$为系统(4.26)式的多 Lyapunov 函数,$\zeta_p=\{x:\nabla V_p(x)f_p(x)=0\},\forall p\in\mathcal{P}$。那么每一个解 $x(t,x_0)\in\delta_{\mathrm{dwell}}$收敛于 $\bigcup_{p\in\mathcal{P}}\zeta_p$ 的最大弱不变集。

证明 令 $\sigma|p=\{\tau_{p_1},\tau_{p_1+1},\tau_{p_2},\tau_{p_2+1},\cdots,\tau_{p_k},\tau_{p_k+1}\}$ 为模态 p 切入和断开的时间点,其中 $p_k<\infty$或者 $p_k=\infty$,并且令 $\Phi_p=\bigcup_{i\in\mathbb{N}}[\tau_{p_i},\tau_{p_i+1})$为模态 p 运行的总时间。那么,根据定义 4.6 可知,$\forall p\in\mathcal{P},V_p(x(\tau_{p_i+1},x_0))$是不增的。因此,可以定义 $\rho_p=V_p(x(\tau_{p_k+1},x_0))$,$\forall p\in\mathcal{P}$。令 $y(t)=-\dot{V}_{\sigma(t)}(x(t,x_0))\geqslant 0$,有

$$
\begin{aligned}
0&\leqslant\int_0^\infty y(\tau)\mathrm{d}\tau=-\int_0^\infty\dot{V}_{\sigma(\tau)}(x(\tau,x_0))\mathrm{d}\tau\\
&=\sum_{p\in\mathcal{P}}\sum_{i=0}^{k}(V_p(x(\tau_{p_i},x_0))-V_p(x(\tau_{p_i+1},x_0)))\\
&\leqslant\sum_{p\in\mathcal{P}}(V_p(x(\tau_{p_1},x_0))-V_p(x(\tau_{p_k+1},x_0)))\\
&=\sum_{p\in\mathcal{P}}V_p(x(\tau_{p_1},x_0))-\sum_{p\in\mathcal{P}}\rho_p<\infty
\end{aligned}\tag{4.43}
$$

从而可知 $y(t)$是弱不足的。另外,容易验证 $x(t,x_0)$有界。根据定理 4.4,可得 $x(t,x_0)\in\delta_{\mathrm{dwell}}$ 收敛于 $\bigcup_{p\in\mathcal{P}}\zeta_p$ 的最大弱不变集。

定理 4.11 考虑非线性切换系统(4.26)式,令假设 4.1、假设 4.4 成立,$V_p(x):\mathbb{R}^n\to\mathbb{R}$,$\forall p\in\mathcal{P}$为系统(4.26)式的多 Lyapunov 函数,$\varsigma_p=\{x:\nabla V_p(x)f_p(x)=0\},\forall p\in\mathcal{P}$,并且 $\Omega\in\mathbb{R}^n$ 为满足$(\varsigma_k\backslash\Omega)\cap(\zeta_l\backslash\Omega)=\varnothing,\forall k,l\in\mathcal{P}(k\neq l)$ 的紧集。如果$\zeta_p\subseteq\{x:f_p(x)=0\},\forall p\in\mathcal{P}$,那么每一个有界解 $x(t,x_0)\in\delta_{\mathrm{dwell}}$收敛于 Ω 的最大弱不变集。

证明 证明类似于定理 4.10 的证明,证略。

定理 4.12 考虑非线性切换系统(4.26)式,令假设 4.1、假设 4.5 成立,$V_p(x):\mathbb{R}^n\to\mathbb{R}$,$\forall p\in\mathcal{P}$为系统(4.26)式的多 Lyapunov 函数,$\zeta_p=\{x:\nabla V_p(x)f_p(x)=0\}$,$\forall p\in\mathcal{P}$。如果$\zeta_p\subseteq\{x:f_p(x)=0\},\forall p\in\mathcal{P}$,那么每一个有界解 $x(t,x_0)\in\delta_{\mathrm{dwell}}$收敛于$\bigcap_{p\in\mathcal{P}}\zeta_p$。

证明 证明类似于定理 4.10 的证明,证略。

注释 4.7 文献[111]提出了切换系统的不变集原理,证明了 $x(t,x_0)$收敛于 $Z=\{x:\exists p\in\mathcal{P},\nabla V_p(x)f_p(x)=0\}$ 的最大弱不变集。通常 Z 是无界的,所以收敛域估计方法有待改进。另外,如何验证弱不变集也没有统一有效的方法。引理4.9

证明了 $\bigcap_{p\in\mathcal{P}}\{x:\nabla V_p(x)f_p(x)=0\}$ 是弱不变的，然后定理 4.12 提出了 $x(t,x_0)$ 收敛于 $\bigcap_{p\in\mathcal{P}}\{x:\nabla V_p(x)f_p(x)=0\}$ 的充分条件。可以看出，定理 4.12 的结果比文献[111]的结果具有更好的收敛域。

以下给出两个例子来说明结果的有效性。

例 3 考虑具有两个子系统的切换系统

$$f_1(x)=\begin{pmatrix}-x_1-2x_2\\x_1\end{pmatrix},\quad f_2(x)=\begin{pmatrix}-x_2\\x_1\end{pmatrix}$$

切换信号为：

$$\sigma(t)=\begin{cases}1, & x_1(t)<0\\2, & x_1(t)\geqslant 0\end{cases}$$

原点是第一个子系统的稳定焦点，是第二个子系统的中心，并且两个子系统的轨迹都是逆时针转动。由文献[111]例 3 的分析可知系统具有常值驻留时间。考虑多 Lyapunov 方程 $V_1(x)=x_1^2+2x_2^2$ 和 $V_2(x)=x_1^2+x_2^2$. $V_1(x)$ 和 $V_2(x)$ 的导数分别为 $\nabla V_1(x)f_1(x)=-2x_1^2$ 和 $\nabla V_2(x)f_2(x)=0$。容易验证 $\bigcup_{p\in\{1,2\}}\zeta_p=\{x:x_1=0\}$ 并且集合 $\{x:x_1=0\}$ 的最大弱不变集是 $x=(0,0)^{\mathrm{T}}$。由定理 4.10 可知切换系统的原点是渐进稳定的。图 4.6 给出了初值为 $x_0=(0.7,0.9)^{\mathrm{T}}$ 的系统响应。

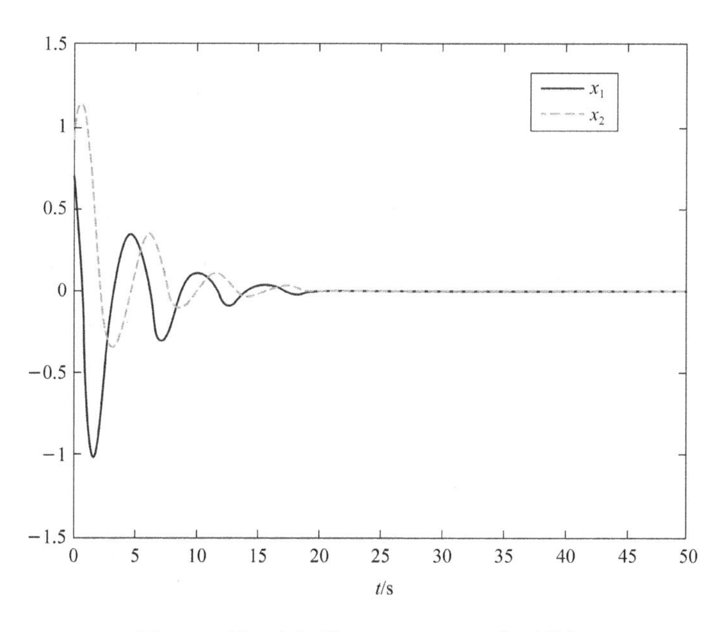

图 4.6 例 3 在初值 $x_0=(0.7,0.9)^{\mathrm{T}}$ 下的解

图 4.6 的彩图

例 4 考虑具有 3 个子系统的切换系统：

$$f_1(x)=\begin{pmatrix} -3x_2-2x_3 \\ 3x_1-9x_2-5x_3 \\ -3x_1+9x_2+5x_3 \end{pmatrix},\quad f_2(x)=\begin{pmatrix} -4x_1+3x_2+x_3 \\ -6x_1+5x_2+2x_3 \\ 8x_1-7x_2-3x_3 \end{pmatrix}$$

$$f_3(x)=\begin{pmatrix} 4x_1-6x_2-2x_3 \\ 8x_1-12x_2-4x_3 \\ -9x_1+12x_2+3x_3 \end{pmatrix}$$

其中，切换时间满足 $\tau_{i+1}=\tau_i+0.5, i=1,2,\cdots$ 取 $V_i(x)=x^{\mathrm{T}}Px, i=1,2,3$，其中 $P=\begin{pmatrix} 5 & -4 & -1 \\ -4 & 6 & 3 \\ -1 & 3 & 2 \end{pmatrix}>0$。求导可得 $\dot{V}_i(x)=-x^{\mathrm{T}}Q_ix\leqslant 0$，$Q_1=\begin{pmatrix} -18 & 21 & 8 \\ 21 & -30 & -13 \\ 8 & -13 & -6 \end{pmatrix}$，$Q_2=\begin{pmatrix} -8 & 6 & 2 \\ 6 & -6 & -3 \\ 2 & -3 & -2 \end{pmatrix}$，$Q_3=\begin{pmatrix} -6 & 11 & 5 \\ 11 & -24 & -13 \\ 5 & -13 & -8 \end{pmatrix}$。容易验证 $\zeta_1=\{x: x_2=2x_1, x_3=-3x_1\}$，$\zeta_2=\{x: x_2=2x_1, x_3=-2x_1\}$，$\zeta_3=\{x: x_2=x_1\ x_3=-x_1\}$，$\bigcap_{p\in\{1,2,3\}}\zeta_p=(0,0,0)^{\mathrm{T}}$ 并且 $\zeta_p\subseteq\{x: f_p(x)=0\}$，$\forall p\in\{1,2,3\}$。由定理 4.12 可知，每一个解 $x(t,x_0)\in\delta_{\mathrm{dwell}}$ 收敛于 $\bigcap_{p\in\{1,2,3\}}\zeta_p=(0,0,0)^{\mathrm{T}}$。图 4.7 给出了初值为 $x_0=(0.6,1,0.5)^{\mathrm{T}}$ 的系统响应。

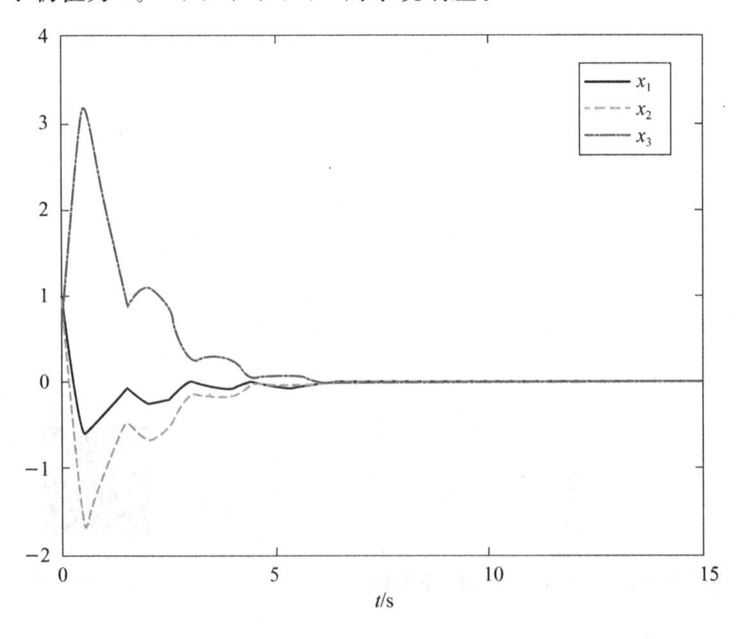

图 4.7 例 4 在初值 $x_0=(0.6,1,0.5)^{\mathrm{T}}$ 下的解

图 4.7 的彩图

4.2.3　具有时变子系统的切换系统

1. 拓展不变集原理

考虑如下具有时变子系统的切换系统：

$$\begin{cases}\dot{x}(t)=f_{\sigma(t)}(t,x(t))\\ y(t)=h_{\sigma(t)}(t,x(t))\end{cases}\tag{4.44}$$

其中，$\sigma(t):[0,\infty)\rightarrow P$ 是切换信号。$\forall p\in\mathcal{P}$，$f_p(t,x)$ 和 $h_p(t,x)$ 连续且满足 $f_p(t,0)\equiv 0$ 和 $h_p(t,0)\equiv 0$。本节通过研究子系统的极限系统提出拓展不变原理。首先给出以下假设和定义。

假设 4.6　存在 $\overline{T}>0$ 使得 $\forall\bar{t}\geqslant 0$，切换信号 $\sigma(t)$ 满足 $\{t:\sigma(t)=p\}\cap[0,\overline{T}]\neq\varnothing$，$\forall p\in\mathcal{P}$，并且 $\sigma(\bar{t}+\overline{T})=\sigma(\bar{t})$。

注释 4.8　假设 4.6 比假设 4.5 提出了更强的限制。假设 4.5 要求任意子系统 $p\in\mathcal{P}$都在周期 $\overline{T}>0$ 内被激发，但是子系统激发的顺序和持续的时间没有限制。在假设 4.6 中，子系统激发的顺序和时间都是固定的。

定义 4.7　如果 $\forall p\in\mathcal{P}$，存在连续函数 $\bar{f}_p(x):\mathbb{R}^n\rightarrow\mathbb{R}^n$ 和 $\bar{h}_p(x):\mathbb{R}^n\rightarrow\mathbb{R}^n$ 使得 $\forall x\in\mathbb{R}^n$，有 $\lim\limits_{t\to\infty}f_p(t,x)=\bar{f}_p(x)$ 和 $\lim\limits_{t\to\infty}h_p(t,x)=\bar{h}_p(x)$，那么具有时变子系统的非线性切换系统(4.44)称为容许的。函数 $\bar{f}_p(x)$ 和 $\bar{h}_p(x)$ 分别叫作 $f_p(t,x)$ 和 $h_p(t,x)$ 的极限函数。

定义 4.8　令(4.44)式为容许的非线性切换系统。注意 $\forall p\in\mathcal{P}$，$\sigma|p=\{\tau_{p_1},\tau_{p_1+1},\tau_{p_2},\tau_{p_2+1},\cdots\}$ 为子系统 p 切入和断开的时间序列。$\forall p\in\mathcal{P}$，定义以下对应的时不变子系统：

$$\begin{cases}\dot{x}(t)=\bar{f}_{\sigma(t+\tau_{p_1})}(x(t))\\ y(t)=\bar{h}_{\sigma(t+\tau_{p_1})}(x(t))\end{cases}\tag{4.45}$$

为(4.44)式的 p 极限系统。所有极限系统的集合

$$\begin{cases}\dot{x}(t)=\bar{f}_{\sigma(t+\tau_{1_1})}(x(t))\\ y(t)=\bar{h}_{\sigma(t+\tau_{1_1})}(x(t))\end{cases}$$

$$\vdots$$

$$\begin{cases}\dot{x}(t)=\bar{f}_{\sigma(t+\tau_{N_1})}(x(t))\\ y(t)=\bar{h}_{\sigma(t+\tau_{N_1})}(x(t))\end{cases}\tag{4.46}$$

叫作(4.44)的极限系统集，记作 $\Psi(\bar{f}_\sigma,\bar{h}_\sigma)$。所有具有相同极限系统集 $\Psi(\bar{f}_\sigma,\bar{h}_\sigma)$ 的非线性切换系统叫作 $\Psi(\bar{f}_\sigma,\bar{h}_\sigma)$ 的导出集，记作$\Pi|_{\Psi(\bar{f}_\sigma,\bar{h}_\sigma)}$。如果$\pi_i,\pi_j\in\Pi|_{\Psi(\bar{f}_\sigma,\bar{h}_\sigma)}$，那么非线性切换系统 π_i 和π_j叫作同构的。

下面给出两个例子来说明定义 4.8。

例 5 考虑如下非线性切换系统：

$$\begin{cases} f_1(x)=\begin{pmatrix}\left(-1+\dfrac{\sin t}{1+t^2}\right)x_1+x_2\\ \left(1+\dfrac{\sin t}{1+t^2}\right)x_1\end{pmatrix}\\ h_1(x)=\left(1+\dfrac{\sin t}{1+t^2}\right)(x_1^2+x_2^2)\end{cases},\quad \begin{cases} f_2(x)=\begin{pmatrix}\dfrac{\sin t}{1+t^2}x_2\\ \dfrac{\sin t}{1+t^2}x_1-x_2\end{pmatrix}\\ h_2(x)=\left(1+\dfrac{\sin t}{1+t^2}\right)(|x_1|+|x_2|)\end{cases} \tag{4.47}$$

切换信号为：

$$\sigma(t)=\begin{cases}1, & t\in[0+k,0.5+k)\\ 2, & t\in[0.5+k,1+k),\quad k=0,1,\cdots\end{cases} \tag{4.48}$$

容易看出 $\tau_{1_1}=0,\tau_{2_1}=0.5$ 并且

$$\begin{cases}\bar{f}_1(x)=\begin{pmatrix}-x_1+x_2\\ x_1\end{pmatrix}\\ \bar{h}_1(x)=x_1^2+x_2^2\end{cases},\quad \begin{cases}\bar{f}_2(x)=\begin{pmatrix}0\\ -x_2\end{pmatrix}\\ \bar{h}_2(x)=|x_1|+|x_2|\end{cases} \tag{4.49}$$

因此非线性切换系统(4.47)的极限系统集为：

$$\Psi(\bar{f}_\sigma,\bar{h}_\sigma)=\begin{cases}\begin{cases}\dot{x}(t)=\bar{f}_{\sigma(t)}(x(t))\\ y(t)=\bar{h}_{\sigma(t)}(x(t))\end{cases}\\ \begin{cases}\dot{x}(t)=\bar{f}_{\sigma(t+0.5)}(x(t))\\ y(t)=\bar{h}_{\sigma(t+0.5)}(x(t))\end{cases}\end{cases} \tag{4.50}$$

考虑另一个非线性切换系统：

$$\begin{cases} f_1(x)=\begin{pmatrix}(-1+e^{-t})x_1+(1+e^{-t})x_2\\ (1+e^{-t})x_1\end{pmatrix}\\ h_1(x)=x_1^2+x_2^2\end{cases},\quad \begin{cases} f_2(x)=\begin{pmatrix}e^{-t}x_2\\ -x_2\end{pmatrix}\\ h_2(x)=(1+e^{-t})(|x_1|+|x_2|)\end{cases} \tag{4.51}$$

切换信号同样为(4.48)式。可以看到非线性切换系统(4.51)式的极限系统集为

(4.50)式。因此,称(4.47)式和(4.51)式是同构的。

定理4.13 考虑容许的非线性切换系统(4.44)式,令假设4.1、假设4.6成立,$x_p(t)$为p极限系统的解。如果存在紧集Γ满足$\forall p\in\mathcal{P}$,有$\lim\limits_{t\to\infty}\mathrm{dist}(x_p(t),\Gamma)=0$,那么(4.44)式的每一个有界解$x(t,x_0)\in\delta_{\mathrm{dwell}}$收敛于$\Gamma$。

证明 反设$\lim\limits_{t\to\infty}\mathrm{dist}(x(t,x_0),\Gamma)\neq 0$。那么存在$\varepsilon>0$和发散序列$\{t_i:i\in\mathbb{N}\}$使得$\mathrm{dist}(x(t_i,x_0),\Gamma)\geqslant\varepsilon$。由于$\mathcal{P}$是有限的,所以存在$\{t_i:i\in\mathbb{N}\}$的子序列$\{\tau_{p_{k_j}}:j\in\mathbb{N}\}$和$\{\tau_{p_k}:k\in\mathbb{N}\}$的子序列$\{\tau_{p_{k_j}}:j\in\mathbb{N}\}$使得$t_{i_j}\in[\tau_{p_{k_j}},\tau_{p_{k_j}+1})$。令$\psi_{k_j}(t)=x(t+\tau_{p_{k_j}},x_0)$。由于$\{\psi_{k_j}(t):j\in\mathbb{N}\}$是一致有界的,所以由Arzela-Ascoli引理可得存在连续函数$\psi(t)$和$\{\psi_{k_j}(t):j\in\mathbb{N}\}$的子序列$\{\psi_{k_{j_l}}(t)=x(t+\tau_{p_{k_{j_l}}},x_0):l\in\mathbb{N}\}$使得$\{\psi_{k_{j_l}}(t):l\in\mathbb{N}\}$一致收敛于$\psi(t)$。注意$\sigma(t+\tau_{p_{k_{j_l}}})=\sigma(t+\tau_{p_1})$,$\forall t\geqslant 0$。那么可得:

$$
\begin{aligned}
\psi(t)&=\lim_{l\to\infty}x(t+\tau_{p_{k_{j_l}}},x_0)\\
&=\lim_{l\to\infty}x(\tau_{p_{k_{j_l}}},x_0)+\lim_{l\to\infty}\int_0^t f_{\sigma(\tau+\tau_{p_{k_{j_l}}})}(\tau+\tau_{p_{k_{j_l}}},x(\tau+\tau_{p_{k_{j_l}}},x_0))\mathrm{d}\tau\\
&=\psi(0)+\int_0^t\overline{f}_{\sigma(\tau+\tau_{p_1})}(\psi(\tau))\mathrm{d}\tau
\end{aligned}
\tag{4.52}
$$

因此,$\psi(t)$是非线性切换系统(4.44)式的p极限系统的一个解。由于$\lim\limits_{t\to\infty}\mathrm{dist}(\psi(t),\Gamma)=0$,那么存在$T>0$使得$\forall t\geqslant T$,有$\mathrm{dist}(\psi(t),\Gamma)<\varepsilon/2$。注意到$\{\psi_{k_{j_l}}(t):l\in\mathbb{N}\}$一致收敛于$\psi(t)$,可知存在$\gamma>0$满足$\|\psi_{k_{j_l}}(t)-\psi(t)\|<\varepsilon/2$,$\forall l\geqslant\gamma$和$\forall t\geqslant 0$。从而$\forall l\geqslant\gamma$和$\forall t\geqslant T$,有

$$
\mathrm{dist}(x(t+\tau_{k_{j_l}},x_0),\Gamma)\leqslant\mathrm{dist}(x(t+\tau_{k_{j_l}},x_0),\psi(t))+\mathrm{dist}(\psi(t),\Gamma)<\frac{\varepsilon}{2}+\frac{\varepsilon}{2}=\varepsilon
\tag{4.53}
$$

与存在发散序列$\{t_i:i\in\mathbb{N}\}$使得$\mathrm{dist}(x(t_i,x_0),\Omega)\geqslant\varepsilon$矛盾。因此可得系统(4.44)式的每一个有界解$x(t,x_0)\in\delta_{\mathrm{dwell}}$都收敛于$\Omega$。

注释4.9 本节给出了容许非线性切换系统的分类方法,即同构性分类,并且给出了导出集的定义。从证明中可以看到属于同一导出集的切换系统具有相同的稳定性。

2. Lyapunov方法

从定理4.13可以看出解的有界性需要验证。本节将给出共同Lyapunov有界函数和多Lyapunov有界函数的定义,并提出切换系统解有界性的判定方法。

定义 4.9 如果它是严格递增的并且 $\varphi(0)=0$,那么连续函数 $\varphi:[0,a)\to\mathbb{R}$ 称为$\mathcal{K}$类函数。如果 $a=\infty$ 并且当 $r\to\infty$时 $\varphi(r)\to\infty$,那么称为$\mathcal{K}_\infty$类函数。

定义 4.10 令 $V:\mathbb{R}\times\mathbb{R}^n\to\mathbb{R}$ 为连续可微函数。如果以下条件成立,那么称 $V(t,x)$ 为非线性切换系统(4.44)的一个共同 Lyapunov 有界函数:

(1) $\varphi(\|x\|)\leqslant V(t,x),\varphi\in\mathcal{K}_\infty$;

(2) $\dfrac{\partial V}{\partial t}+\dfrac{\partial V}{\partial x}f_p(t,x)\leqslant w_p(t)\eta(V(t,x)),\forall p\in\mathcal{P}$;

(3) $\int_0^t w_{\sigma(\tau)}(\tau)\mathrm{d}\tau<\infty,\forall t\in\mathbb{R}\cup\infty$;

(4) $\eta(t)\geqslant 0,\forall t\geqslant 0$ 并且 $\int_0^\infty \dfrac{1}{\eta(t)}\mathrm{d}t=\infty$。

定理 4.14 考虑容许的非线性切换系统(4.44),令假设 4.1、假设 4.6 成立,$x_p(t)$为 p 极限系统的解,$V:\mathbb{R}\times\mathbb{R}^n\to\mathbb{R}$ 为(4.44)式的共同 Lyapunov 有界函数。如果存在紧集 Γ 使得对于 $\forall p\in\mathcal{P}$,有$\lim\limits_{t\to\infty}\mathrm{dist}(x_p(t),\Gamma)=0$,那么(4.44)式的每一个 解 $x(t,x_0)\in\delta_{\mathrm{dwell}}$收敛于 Γ。

证明 只需证明在存在共同 Lyapunov 有界函数 $V(t,x)$的情况下 $x(t,x_0)$是有界的。令 $E(s)=\int_0^s\dfrac{1}{\eta(t)}\mathrm{d}t$ 并且 $\gamma=\max\left\{\int_0^s w_{\sigma(t)}(t)\mathrm{d}t,\forall s\in\mathbb{R}\cup\infty\right\}$。由于 $\eta(t)\geqslant 0$, $\forall t\geqslant 0$,并且 $E(\infty)=\int_0^\infty\dfrac{1}{\eta(t)}\mathrm{d}t=\infty$,那么存在 $\overline{V}>0$ 满足:

$$E(\overline{V})=E(V(0,x_0))+\gamma \tag{4.54}$$

因此,

$$E(\overline{V})-E(V(0,x_0))=\gamma\geqslant\int_0^s w_{\sigma(t)}(t)\mathrm{d}t,\quad \forall s\in\mathbb{R}\cup\infty \tag{4.55}$$

可以断定:

$$V(t,x(t,x_0))\leqslant\overline{V},\quad \forall t\geqslant 0 \tag{4.56}$$

否则将会存在 $t_1>0$ 满足:

$$V(t_1,x(t_1,x_0))>\overline{V} \tag{4.57}$$

从而

$$E(\overline{V})=\int_0^{\overline{V}}\frac{1}{\eta(t)}\mathrm{d}t<\int_0^{V(t_1,x(t_1,x_0))}\frac{1}{\eta(t)}\mathrm{d}t=E(V(t_1,x(t_1,x_0))) \tag{4.58}$$

由定义 4.10 可知:

$$
\begin{aligned}
E(V(t_1,x(t_1,x_0)))-E(V(0,x_0)) &= \int_{V(0,x_0)}^{V(t_1,x(t_1,x_0))} \frac{1}{\eta(t)}\mathrm{d}t \\
&= \int_0^{t_1} \frac{1}{\eta(V(t,x(t,x_0)))}\mathrm{d}(V(t,x(t,x_0))) \\
&\leqslant \int_0^{t_1} w_{\sigma(t)}(t)\mathrm{d}t
\end{aligned}
\tag{4.59}
$$

结合(4.55)式、(4.58)式和(4.59)式可得：

$$
\begin{aligned}
E(\overline{V}) < E(V(t_1,x(t_1,x_0))) &\leqslant E(V(0,x_0))+\int_0^{t_1} w_{\sigma(t)}(t)\mathrm{d}t \\
&\leqslant E(V(0,x_0))+(E(\overline{V})-E(V(0,x_0)))=E(\overline{V})
\end{aligned}
\tag{4.60}
$$

从而导出矛盾。由此可得 $\varphi(\|x(t,x_0)\|)\leqslant V(t,x(t,x_0))\leqslant \overline{V}$，$\forall t\geqslant 0$。意味着 $\|x(t,x_0)\|\leqslant \varphi^{-1}(\overline{V})$，$\forall t\geqslant 0$。由定理 4.13 立即可得 $x(t,x_0)\in\delta_{\text{dwell}}$ 收敛于 Γ。

定义 4.11 令 $\{V_p:\mathbb{R}\times\mathbb{R}^n\to\mathbb{R},\forall p\in\mathcal{P}\}$ 为一组连续可微函数。如果下面条件成立，那么称 $\{V_p(t,x),\forall p\in\mathcal{P}\}$ 为非线性切换系统(4.44) 的多 Lyapunov 有界函数：

(1) $\varphi_p(\|x\|)\leqslant V_p(t,x)$，$\varphi_p\in\mathcal{K}_\infty$，$\forall p\in\mathcal{P}$；

(2) $\dfrac{\partial V_p}{\partial t}+\dfrac{\partial V_p}{\partial x}f_p(t,x)\leqslant w_p(t)\eta(V_p(t,x))$，$\forall p\in\mathcal{P}$；

(3) $\int_0^t w_{\sigma(\tau)}(\tau)\mathrm{d}\tau<\infty$，$\forall t\in\mathbb{R}\cup\infty$；

(4) $\eta(t)\geqslant 0$，$\forall t\geqslant 0$，并且 $\int_0^\infty \dfrac{1}{\eta(t)}\mathrm{d}t=\infty$；

(5) 对于任意一组满足 $\sigma(\tau_i)=\sigma(\tau_j)=p$ 的切换时间点 $\tau_i<\tau_j$，$\forall p\in\mathcal{P}$，有 $V_p(\tau_{i+1},x(\tau_{i+1},x_0))\geqslant V_p(\tau_j,x(\tau_j,x_0))$。

定理 4.15 考虑容许的非线性切换系统(4.44)式令假设 4.1、假设 4.6 成立，$x_p(t)$ 为 p 极限系统的解，$\{V_p(t,x),\forall p\in\mathcal{P}\}$ 为(4.44)式的一组多 Lyapunov 有界函数。如果存在紧集 Γ 使得 $\forall p\in\mathcal{P}$，$\lim\limits_{t\to\infty}\operatorname{dist}(x_p(t),\Gamma)=0$，那么系统(4.44)式的解 $x(t,x_0)\in\delta_{\text{dwell}}$ 收敛于 Γ。

证明 只需证明在存在多 Lyapunov 有界函数 $\{V_p(t,x),\forall p\in\mathcal{P}\}$ 的情况下，$x(t,x_0)$ 是有界的。令 $E(s)=\int_0^s \dfrac{1}{\eta(t)}\mathrm{d}t$ 并且 $\gamma=\max\left\{\int_0^s w_{\sigma(t)}(t)\mathrm{d}t,\forall s\in\mathbb{R}\cup\infty\right\}$。由于 $\eta(t)\geqslant 0$，$\forall t\geqslant 0$，并且 $E(\infty)=\int_0^\infty \dfrac{1}{\eta(t)}\mathrm{d}t=\infty$，所以存在 $\overline{V}>0$ 满足：

$$E(\overline{V}) = E(V_{\sigma(0)}(0,x_0)) + \gamma + \sum_{p\in\mathcal{P}} E(V_p(\tau_{p_1},x(\tau_{p_1},x_0))) \tag{4.61}$$

因此，

$$E(\overline{V}) - E(V_{\sigma(0)}(0,x_0)) = \gamma + \sum_{p\in\mathcal{P}} E(V_p(\tau_{p_1},x(\tau_{p_1},x_0)))$$

$$\geqslant \int_0^s w_{\sigma(t)}(t)\mathrm{d}t + \sum_{p\in\mathcal{P}} E(V_p(\tau_{p_1},x(\tau_{p_1},x_0))), \quad \forall s \in \mathbb{R} \cup \infty \tag{4.62}$$

可以断定：

$$V_{\sigma(t)}(t,x(t,x_0)) \leqslant \overline{V}, \quad \forall t \geqslant 0 \tag{4.63}$$

否则将存在 $t_1 > 0$ 满足：

$$V_{\sigma(t_1)}(t_1,x(t_1,x_0)) > \overline{V} \tag{4.64}$$

从而

$$E(\overline{V}) = \int_0^{\overline{V}} \frac{1}{\eta(t)}\mathrm{d}t < \int_0^{V_{\sigma(t_1)}(t_1,x(t_1,x_0))} \frac{1}{\eta(t)}\mathrm{d}t = E(V_{\sigma(t_1)}(t_1,x(t_1,x_0))) \tag{4.65}$$

注意到 $\{0=\tau_0,\tau_1,\tau_2,\cdots\}$ 为切换时间点并且根据假设 4.6 切换信号 $\sigma(t)$ 是周期的。假设 $t_1 \in [\tau_k,\tau_{k+1})$。由定义 4.11 可得：

$$\begin{aligned}
& E(V_{\sigma(t_1)}(t_1,x(t_1,x_0))) - E(V_{\sigma(0)}(0,x_0)) \\
= & \sum_{i=0}^{k-1} \int_{\tau_i}^{\tau_{i+1}} \frac{1}{\eta(V_{\sigma(\tau_i)}(t,x(t,x_0)))} \mathrm{d}(V_{\sigma(\tau_i)}(t,x(t,x_0))) + \\
& \int_{\tau_k}^{t_1} \frac{1}{\eta(V_{\sigma(\tau_k)}(t,x(t,x_0)))} \mathrm{d}(V_{\sigma(\tau_k)}(t,x(t,x_0))) + \\
& \sum_{i=0}^{k-1} (E(V_{\sigma(\tau_{i+1})}(\tau_{i+1},x(\tau_{i+1},x_0))) - E(V_{\sigma(\tau_i)}(\tau_{i+1},x(\tau_{i+1},x_0)))) \\
\leqslant & \int_0^{t_1} \omega_{\sigma(t)}(t)\mathrm{d}t + \sum_{p\in\mathcal{P}} (E(V_p(\tau_{p_1},x(\tau_{p_1},x_0))) + \\
& \sum_{1\leqslant i\leqslant \left[\frac{k}{N}\right]+1} (E(V_p(\tau_{p_{(i+1)}},x(\tau_{p_{(i+1)}},x_0))) - E(V_p(\tau_{p_i+1},x(\tau_{p_i+1},x_0)))) \\
\leqslant & \int_0^{t_1} \omega_{\sigma(t)}(t)\mathrm{d}t + \sum_{p\in\mathcal{P}} E(V_p(\tau_{p_1},x(\tau_{p_1},x_0)))
\end{aligned} \tag{4.66}$$

结合(4.62)式、(4.65)式、(4.66)式可得：

$$
\begin{aligned}
E(\overline{V}) &< E(V_{\sigma(t_1)}(t_1, x(t_1, x_0))) \\
&\leqslant E(V_{\sigma(0)}(0, x_0)) + \int_0^{t_1} w_{\sigma(t)}(t)\mathrm{d}t + \sum_{p\in\mathcal{P}} E(V_p(\tau_{p_1}, x(\tau_{p_1}, x_0))) \\
&\leqslant E(V_{\sigma(0)}(0, x_0)) + (E(\overline{V}) - E(V_{\sigma(0)}(0, x_0))) = E(\overline{V})
\end{aligned}
\tag{4.67}
$$

从而引出矛盾。因此可以断定 $V_{\sigma(t)}(t,x(t,x_0))\leqslant\overline{V}$，$\forall t\geqslant 0$。令 $\varphi(\|x(t,x_0)\|)=\min\limits_{p\in\mathcal{P}}\varphi_p(\|x(t,x_0)\|)$并且 $\underline{V}(t,x(t,x_0))=\min\limits_{p\in\mathcal{P}}V_p(t,x(t,x_0))$，$\forall t\geqslant 0$。那么可以看出 $\varphi\in\mathcal{K}_\infty$ 并且 $\varphi(\|x(t,x_0)\|)\leqslant\underline{V}(t,x(t,x_0))\leqslant\overline{V}$，$\forall t\geqslant 0$，因此$\|x(t,x_0)\|\leqslant\varphi^{-1}(\overline{V})$，$\forall t\geqslant 0$。

由定理 4.13 立即可得 $x(t,x_0)\in\delta_{\text{dwell}}$收敛于 Γ。

注释 4.10 区别于 Lyapunov 函数，本节定义的 Lyapunov 有界函数放宽了单调递减的要求，它容许函数的导数为正。

注释 4.11 时变非线性切换系统稳定性的判定比时不变非线性切换系统稳定性的判定复杂。以下给出了一个详细的判定步骤。

(1) 验证时变非线性切换系统是否是允许的；

(2) 用共同 Lyapunov 有界函数/多 Lyapunov 有界函数验证解 $x(t,x_0)$的有界性；

(3) 计算极限系统集 $\Psi(\overline{f}_\sigma,\overline{h}_\sigma)$；

(4) 寻找 $x_p(t)$收敛的紧集 Γ。

例 6 考虑如下切换系统：

$$
f_1(x)=\begin{pmatrix}\left(-1+\dfrac{\sin(10t+\pi)}{1+t^2}\right)x_1+\dfrac{\sin(10t+\pi)}{1+t^2}x_2\\ \dfrac{\cos(10t+\pi)}{1+t^2}x_1+\left(-1+\dfrac{\sin(10t+\pi)}{1+t^2}\right)x_2\end{pmatrix},\quad f_2(x)=\begin{pmatrix}-\dfrac{\cos 10t}{1+t^2}x_2\\ \dfrac{\sin 10t}{1+t^2}x_2\end{pmatrix}
\tag{4.68}
$$

其中，切换时间满足 $\tau_{i+1}=\tau_i+0.2\pi, i=1,2,\cdots$ $\left(令 V_1(x)=V_2(x)=\dfrac{1}{2}(x_1^2+x_2^2)\right)$。容易验证$\nabla V_1(x)f_1(x)\leqslant 2\dfrac{\sin(10t+\pi)}{1+t^2}V_1(x)$，$\nabla V_2(x)f_2(x)=0$。那么可以选择 $\omega_1(t)=2\dfrac{\sin(10t+\pi)}{1+t^2}$，$\omega_2(t)=0$，$\eta(t)=1$。从而$\int_0^t\omega_{\sigma(\tau)}(\tau)\mathrm{d}\tau<\infty$，$\int_0^\infty\dfrac{1}{\eta(t)}\mathrm{d}t=\infty$。同样可以验证 $V_p(\tau_{i+1},x(\tau_{i+1},x_0))\geqslant V_p(\tau_j,x(\tau_j,x_0))$，$\forall\sigma(\tau_i)=\sigma(\tau_j)=p$，$p\in\{1,2\}$。因此切换系统(4.68)式的解是有界的。由于

$$\overline{f}_1(x)=\begin{pmatrix}-x_1\\-x_2\end{pmatrix},\quad \overline{f}_2(x)=\begin{pmatrix}0\\0\end{pmatrix} \tag{4.69}$$

因此每一个 p 极限系统都是渐进稳定的。由定理 4.15 可知每一个解 $x(t,x_0)\in\delta_{\mathrm{dwell}}$ 收敛于$(0,0)^{\mathrm{T}}$。图 4.8 展示了初值为 $x_0=(0.6,-0.3)^{\mathrm{T}}$ 的切换系统(4.68)式的解的轨迹。

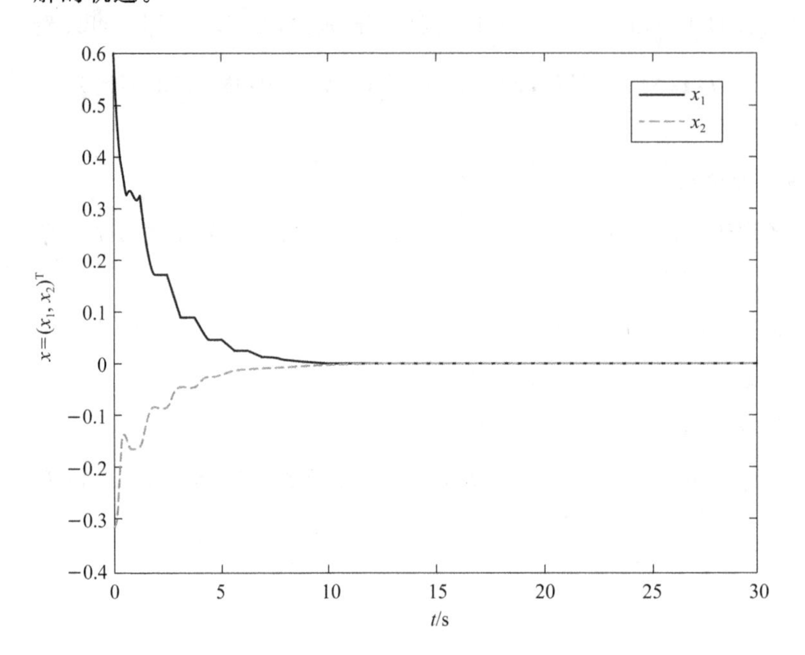

图 4.8　例 6 在初值 $x_0=(0.6,-0.3)^{\mathrm{T}}$ 下的解

图 4.8 的彩图

例 7　考虑如下切换系统：

$$f_1(x)=\begin{pmatrix}-2\mathrm{e}^{-t}x_1-x_2\\(1+2\mathrm{e}^{-t})x_1-2x_2\end{pmatrix},\quad f_2(x)=\begin{pmatrix}-\mathrm{e}^{-t}x_1+x_2\\-(1-2\mathrm{e}^{-t})x_1-\mathrm{e}^{-t}x_2\end{pmatrix} \tag{4.70}$$

其中，切换时间点满足 $\tau_{i+1}=\tau_i+0.5,i=1,2,\cdots\left(\text{令 } V_1(x)=V_2(x)=\frac{1}{2}(x_1^2+x_2^2)\right)$，那么可得 $\nabla V_1(x)f_1(x)\leqslant-2\mathrm{e}^{-t}V_1(x),\nabla V_2(x)f_2(x)\leqslant0$。选择 $\omega_1(t)=-2\mathrm{e}^{-t}$，$\omega_2(t)=0,\eta(t)=1$，从而 $\int_0^t\omega_{\sigma(\tau)}(\tau)\mathrm{d}\tau<\infty,\int_0^\infty\frac{1}{\eta(t)}\mathrm{d}t=\infty$。容易验证 $V_p(\tau_{i+1},x(\tau_{i+1},x_0))\geqslant V_p(\tau_j,x(\tau_j,x_0)),\sigma(\tau_i)=\sigma(\tau_j)=p,p\in\{1,2\}$。因此由定理 4.15 可得非线性切换系统(4.70)式的解是有界的。系统(4.70)式的极限子系统为：

$$\overline{f}_1(x)=\begin{pmatrix}-x_2\\x_1-2x_2\end{pmatrix},\quad \overline{f}_2(x)=\begin{pmatrix}x_2\\-x_1\end{pmatrix} \tag{4.71}$$

选择 $\overline{V}_1(x)=\overline{V}_2(x)=\frac{1}{2}(x_1^2+x_2^2)$，那么其导数分别为 $\nabla\overline{V}_1(x)\overline{f}_1(x)=-2x_2^2$，$\overline{V}_2(x)\overline{f}_2(x)=0$。容易验证 $\bigcup_{p\in\{1,2\}}\zeta_p=\{x:x_2=0\}$ 并且 $\{x:x_2=0\}$ 的最大弱不变集为 $x=(0,0)^{\mathrm{T}}$。由定理 4.10 可知所有的极限子系统都是渐进稳定的。因此，切换系统(4.70) 式是渐进稳定的。图 4.9 展示了初值为 $x_0=(0.5,0.2)^{\mathrm{T}}$ 的切换系统(4.70)式的状态相应。

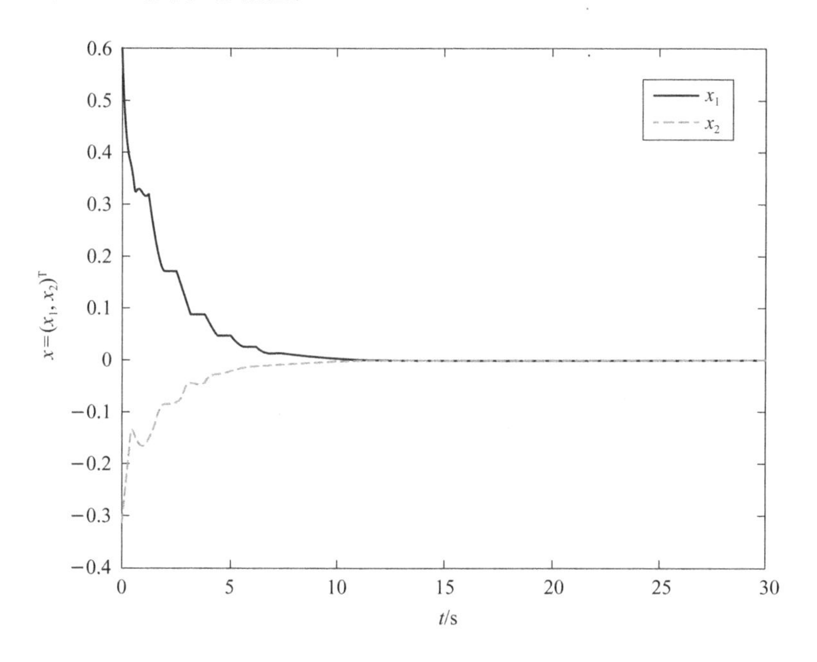

图 4.9 例 7 在初值 $x_0=(0.5,0.2)^{\mathrm{T}}$ 下的解

图 4.9 的彩图

4.3 切换拓扑一般线性多智能体系统一致性控制

4.3.1 问题描述

考虑具有一般线性动力学特性的多智能体系统：

$$\dot{x}_i = Ax_i + Bu_i,\quad i \in \mathcal{I} = \{1, \cdots, N\} \tag{4.72}$$

其中，$x_i \in \mathbb{R}^n$ 是第 i 个智能体的状态，$u_i \in \mathbb{R}^m$ 是第 i 个智能体的输入。无领导者多智能体系统一致性的具体定义如下所示。

定义 4.12 如果 $\forall i \in \mathcal{I}$ 存在局部状态反馈 u_i 使得 $\lim\limits_{t\to\infty}(x_i(t) - x_j(t)) = 0, \forall i, j \in \mathcal{I}$，那么称无领导者多智能体系统实现了一致。

对于有领导者的多智能体系统，领导者动态取为：

$$\dot{x}_0 = Ax_0 \tag{4.73}$$

其中，$x_0 \in \mathbb{R}^n$ 是领导者状态，$x_0 \in \mathbb{R}^n$ 只能被有限的跟随者得到。

定义 4.13 如果 $\forall i \in \mathcal{I}$ 存在局部状态反馈 u_i 使得 $\lim\limits_{t\to\infty}(x_i(t) - x_0(t)) = 0$，那么称多智能体系统实现了有领导者的一致性。

在本节以下内容中令假设 4.2 成立，并且假设 4.7 成立。

假设 4.7 开环系统是 Lyapunov 稳定的，即存在正定矩阵 P 满足：

$$PA + A^{\mathrm{T}}P \leqslant 0 \tag{4.74}$$

注释 4.12 对于固定拓扑多智能体系统的一致性问题，假设 4.7 是不必要的。然而当考虑切换拓扑情形时，假设 4.7 是必要的。满足假设 4.7 的一个典型系统是振荡器，其中 $A = \begin{pmatrix} 0 & 1 \\ -w^2 & 0 \end{pmatrix}$，$P = \begin{pmatrix} -w^2 & 0 \\ 0 & 1 \end{pmatrix}$。

4.3.2 无领导者一致性问题

1. 一致性判据

本节考虑具有切换拓扑 $\mathcal{G}_{\sigma(t)}$ 的无领导者一致性问题。对于智能体 i，分布式控制协议取为：

$$u_i = K \sum_{j \in \mathcal{N}_i(t)} a_{ij}(t)(x_j - x_i),\quad i = 1, \cdots, N \tag{4.75}$$

其中，$\boldsymbol{K} \in \mathbb{R}^{m\times n}$ 是反馈矩阵。令 $\chi(t) = \dfrac{1}{N}\sum\limits_{i=1}^{N} x_i(t)$ 为智能体的中心。由于 $\mathcal{G}_{\sigma(t)}$ 是无向的，所以

$$\dot{\chi}(t) = \frac{1}{N}\sum_{i=1}^{N} \dot{x}_i(t) = \frac{1}{N}\sum_{i=1}^{N} Ax_i(t) = A\chi(t) \tag{4.76}$$

令 $P > 0$ 为(4.74)式的解，$\eta_i(t) = x_i(t) - \chi(t)$，$\eta(t) = [\eta_1^{\mathrm{T}}(t), \cdots, \eta_N^{\mathrm{T}}(t)]^{\mathrm{T}}$，$\omega(t) =$

$(I_N\otimes P^{\frac{1}{2}})\eta(t)$，$\widetilde{A}=P^{\frac{1}{2}}AP^{-\frac{1}{2}}$，$\widetilde{B}=P^{\frac{1}{2}}B$。则如果 $K=B^{\mathrm{T}}P$，那么(4.72)式、(4.75)式和(4.76)式的闭环系统可写为：

$$\dot{\omega}(t)=(I_N\otimes\widetilde{A}-L_{\sigma(t)}\otimes\widetilde{B}\widetilde{B}^{\mathrm{T}})\omega(t) \tag{4.77}$$

其中，$L_{\sigma(t)}$ 是$\mathcal{G}_{\sigma(t)}$ 的时变 Laplacian 矩阵。定义

$$I_N\otimes(\widetilde{A}+\widetilde{A}^{\mathrm{T}})-L_p\otimes(2\widetilde{B}\widetilde{B}^{\mathrm{T}})=-Q_p,\quad \forall\, p\in\mathcal{P} \tag{4.78}$$

由于 $\widetilde{A}+\widetilde{A}^{\mathrm{T}}\leqslant 0$，$L_{\sigma(t)}\geqslant 0$，那么可以知道 $Q_p\geqslant 0$，$\forall\, p\in\mathcal{P}$。

为了得到主要结论，首先介绍下面的引理。

引理 4.10 闭环系统(4.77)式的状态 $\omega(t)$ 直交于 $\mathbf{1}_N\otimes I_n$，$\forall\, t\geqslant 0$。

证明 通过直接计算可得：

$$\begin{aligned}(\mathbf{1}_N\otimes I_n)^{\mathrm{T}}\omega(t)&=(\mathbf{1}_N\otimes I_n)^{\mathrm{T}}(I_N\otimes P^{\frac{1}{2}})\eta(t)\\&=P^{\frac{1}{2}}\sum_{i=1}^{N}(x_i(t)-\chi(t))=0\end{aligned} \tag{4.79}$$

证毕。

引理 4.11 令 $V:[0,\infty)\to\mathbb{R}$ 为正定分段可微的函数并且$\{t_i,i=0,1,2,\cdots\}$为时间序列，满足 $t_0=0$，$t_{i+1}-t_i\geqslant\tau>0$。假设

- $\dot{V}(t)$是负半定的；
- $\ddot{V}(t)$是一致有界的，即存在正实数 Θ 满足

$$|\ddot{V}(t)|\leqslant\Theta,\quad \forall\, t\in[t_i,t_{i+1}),\quad \forall\, i=0,1,2\cdots$$

那么当 $t\to\infty$ 时，有 $\dot{V}(t)\to 0$。

证明 反设当 $t\to\infty$ 时，$\dot{V}(t)\nrightarrow 0$。那么存在 $\varepsilon>0$ 和无限序列$\{\tau_j:j\in\mathbb{N}\}$，$\tau_j\in[t_{i_j},t_{i_j+1})$，满足

$$|\dot{V}(\tau_j)|\geqslant\varepsilon \tag{4.80}$$

注意 $t_{i_j+1}-t_{i_j}\geqslant\tau$。那么有$\left[\tau_j,\tau_j+\frac{\tau}{2}\right]\subseteq[t_{i_j},t_{i_j+1})$ 或者$\left[\tau_j-\frac{\tau}{2},\tau_j\right]\subseteq[t_{i_j},t_{i_j+1})$。为不失一般性，下文中假设 $\left[\tau_j,\tau_j+\frac{\tau}{2}\right]\subseteq[t_{i_j},t_{i_j+1})$。令 $\Psi=\min\{\frac{\tau}{2},\frac{\varepsilon}{2\Theta}\}$。由于在每段区间$[t_i,t_{i+1})$中有$|\ddot{V}(t)|\leqslant\Theta$，所以$\forall\,\tau_j\leqslant t\leqslant\tau_j+\Psi$，有：

$$|\dot{V}(t)-\dot{V}(\tau_j)|=\left|\int_{\tau_j}^{t}\ddot{V}(s)\mathrm{d}s\right|\leqslant\Theta(t-\tau_j)\leqslant\frac{\varepsilon}{2} \tag{4.81}$$

由于 $\dot{V}(t)$ 是负半定的，所以 $V(t)$ 有界。然而，从(4.80)式和(4.81)式可知：

$$\begin{aligned}V(\infty)&=V(0)+\int_0^{\infty}\dot{V}(s)\mathrm{d}s\\&=V(0)-\int_0^{\infty}|\dot{V}(s)|\mathrm{d}s\\&\leqslant V(0)-\sum_{j=1}^{\infty}\int_{\tau_j}^{\tau_j+\Psi}|\dot{V}(s)|\mathrm{d}s\\&=V(0)-\sum_{j=1}^{\infty}\int_{\tau_j}^{\tau_j+\Psi}|\dot{V}(\tau_j)+\dot{V}(s)-\dot{V}(\tau_j)|\mathrm{d}s\\&\leqslant V(0)-\sum_{j=1}^{\infty}\int_{\tau_j}^{\tau_j+\Psi}(|\dot{V}(\tau_j)|-|\dot{V}(s)-\dot{V}(\tau_j)|)\mathrm{d}s\\&\leqslant V(0)-\sum_{j=1}^{\infty}\frac{\varepsilon\Psi}{2}=-\infty\end{aligned}\tag{4.82}$$

与 $V(t)$ 的有界性矛盾。因此可得当 $t\rightarrow\infty$ 时，$\dot{V}(t)\rightarrow 0$。

令 Z_p 为 $\boldsymbol{Q}_p$ 的零空间，$\forall\, p\in\mathcal{P}$，并且 $\perp_{(1_N\otimes I_n)^{\mathrm{T}}}=\{\omega\in\mathbb{R}^{Nn}:(\mathbf{1}_N\otimes I_n)^{\mathrm{T}}\omega=0\}$ 为 $(\mathbf{1}_N\otimes I_n)^{\mathrm{T}}$ 的正交空间，那么可得以下定理。

定理 4.16 考虑多智能体系统(4.72)式，令假设 4.2、假设 4.7 成立。如果 $\left\{\left(\bigcup_{p\in\mathcal{P}}Z_p\right)\cap\left(\perp_{(1_N\otimes I_n)^{\mathrm{T}}}\right)\right\}\backslash\{0\}$ 不连通，那么分布式控制协议(4.75)式可实现无领导者一致性问题，其中 $K=B^{\mathrm{T}}P$。

证明 轨迹误差由(4.77)式给出。考虑 Lyapunov 函数

$$V(\omega(t))=\omega^{\mathrm{T}}(t)\omega(t)\tag{4.83}$$

沿着系统(4.77)式求 $V(\omega(t))$ 的导数可得：

$$\begin{aligned}\dot{V}(\omega(t))&=\omega^{\mathrm{T}}(t)(I_N\otimes(\widetilde{A}+\widetilde{A}^{\mathrm{T}})-L_{\sigma(t)}\otimes(2\widetilde{B}\widetilde{B}^{\mathrm{T}}))\omega(t)\\&=-\omega^{\mathrm{T}}(t)Q_{\sigma(t)}\omega(t)\leqslant 0\end{aligned}\tag{4.84}$$

因此 $V(\omega(t))=\|\omega(t)\|^2$ 是非增有下界的。令 $\lim\limits_{t\rightarrow\infty}\|\omega(t)\|=\Lambda$，其中 $\Lambda\geqslant 0$。接下来我们只需证明 $\Lambda=0$。反设 $\Lambda>0$，那么可得：

$$0<\Lambda\leqslant\|\omega(t)\|\leqslant\|\omega(0)\|,\quad\forall\, t\geqslant 0\tag{4.85}$$

由(4.77)式可知 $\|\dot{\omega}(t)\|$ 是有界的，因此 $\ddot{V}(\omega(t))$ 有界。由引理 4.11 可得 $\lim\limits_{t\rightarrow\infty}\dot{V}(\omega(t))=0$，从而

$$\lim_{t\rightarrow\infty}\omega^{\mathrm{T}}(t)Q_{\sigma(t)}\omega(t)=0\tag{4.86}$$

$\forall p\in\mathcal{P}$,令 $\sigma|p=\{t_{p_1},t_{p_1+1},t_{p_2},t_{p_2+1},\cdots\}$为子系统 p 切入和断开的时间点,$I_p=\bigcup_{i\in\mathbb{N}}[t_{p_i},t_{p_i+1})$为子系统 p 运行的总时间。那么,由(4.86)式可得 $\forall p\in\mathcal{P}$,

$$\lim_{t\in I_p,t\to\infty}\omega^{\mathrm{T}}(t)Q_p\omega(t)=0,\quad \lim_{t\in I_p,t\to\infty}\mathrm{dist}(\omega(t),Z_p)=0 \tag{4.87}$$

另外,由引理 4.10 和(4.85)式可得 $\omega(t)\in\perp_{(\mathbf{1}_N\otimes I_n)^{\mathrm{T}}}$ 和 $\|\omega(t)\|\geqslant\Lambda$, $\forall t\geqslant 0$。$\forall p\in\mathcal{P}$,定义 $\Phi_p=\{\omega\in\mathbb{R}^{Nn}:\omega\in Z_p,\omega\in\perp_{(\mathbf{1}_N\otimes I_n)^{\mathrm{T}}},\|\omega\|\geqslant\Lambda\}$。从而

$$\lim_{t\in I_p,t\to\infty}\mathrm{dist}(\omega(t),\Phi_p)=0 \tag{4.88}$$

由于$\left\{\left(\bigcup_{p\in\mathcal{P}}Z_p\right)\cap\left(\perp_{(\mathbf{1}_N\otimes I_n)^{\mathrm{T}}}\right)\right\}\backslash\{0\}$ 是不连通的,那么可以将 $\bigcup_{p\in\mathcal{P}}\Phi_p$ 分为 $r(r\geqslant 2)$个连通的部分。令

$$\Phi^1=\bigcup_{p\in\mathcal{J}_1}\Phi_p,\Phi^2=\bigcup_{p\in\mathcal{J}_2}\Phi_p,\cdots,\Phi^r=\bigcup_{p\in\mathcal{J}_r}\Phi_p \tag{4.89}$$

其中,$\bigcup_{i=1}^{r}\mathcal{J}_i=\mathcal{P}$,$\mathcal{J}_i\cap\mathcal{J}_j=\varnothing$,$\Phi^i\cap\Phi^j=\varnothing$,$\forall i,j\in\{1,\cdots,r\}$。并且令 $\Omega=\min\{\mathrm{dist}(\Phi^i,\Phi^j),\forall i,j\in\{1,\cdots,r\}\}>0$,$\Psi^i=\{\omega\in\mathbb{R}^{Nn}:\mathrm{dist}(\omega,\Phi^i)<\Omega/4\}$,$\forall i\in\{1,\cdots,r\}$。那么可得 $\mathrm{dist}(\Psi^i,\Psi^j)\geqslant\Omega/2$,$\forall i,j\in\{1,\cdots,r\}$。(由图 4.10 可以可以看出各个集合的位置关系。)由假设 4.2 可得 $\forall p\in\mathcal{P}$都会在周期 T 内运行。由此可得 $\omega(t)$穿越 Ψ^1, Ψ^2, $\cdots$, Ψ^r 无限次。将 $\omega(t)$ 分解成$\omega(t)=\omega_{\sigma(t)}(t)+\omega_{\sigma(t)}^{\perp}(t)$,其中 $\omega_{\sigma(t)}(t)\in Z_{\sigma(t)}$,$\omega_{\sigma(t)}^{\perp}(t)\in Z_{\sigma(t)}^{\perp}$。那么,当 $\omega(t)$运行在 Ψ^i,$i\in\{1,\cdots,r\}$之间时,

$$\begin{aligned}\dot{V}&=-(\omega_{\sigma(t)}(t)+\omega_{\sigma(t)}^{\perp}(t))^{\mathrm{T}}Q_{\sigma(t)}(\omega_{\sigma(t)}(t)+\omega_{\sigma(t)}^{\perp}(t))\\&=-(\omega_{\sigma(t)}^{\perp}(t))^{\mathrm{T}}Q_{\sigma(t)}(\omega_{\sigma(t)}^{\perp}(t))\leqslant-\lambda\|\omega_{\sigma(t)}^{\perp}(t)\|^2\leqslant-\lambda\left(\frac{\Omega}{4}\right)^2\end{aligned} \tag{4.90}$$

其中,$\lambda=\min_{p\in\mathcal{P}}\{Q_p$ 的非零特征值$\}$。由于$\|\omega(t)\|$有界,从(4.77)式可以得出$\|\dot{\omega}(t)\|$有界。从而可以定义$\|\dot{\omega}(t)\|\leqslant\theta$。注意到 $\mathrm{dist}(\Psi^i,\Psi^j)\geqslant\Omega/2$,$\forall i,j\in\{1,\cdots,r\}$。因此可知 $\omega(t)$穿越 Ψ^i 和 Ψ^j 的时间间隔满足 $\Delta t_{ij}\geqslant\frac{\Omega}{2\theta}$。由此可知,存在$H>0$使得当 $h\geqslant H$ 时,

$$V((h+1)T)-V(hT)\leqslant-r\frac{\Omega}{2\theta}\lambda\left(\frac{\Omega}{4}\right)^2=-\frac{r\lambda\Omega^3}{32\theta} \tag{4.91}$$

其中,T 是假设 4.2 中定义的时间周期。令 $k=\left[\frac{32\theta(\|\omega(HT)\|^2-\Lambda^2)}{r\lambda\Omega^3}\right]+1$,那么可知$\|\omega((H+k)T)\|=V((H+k)T)^{\frac{1}{2}}<\Lambda$,与(4.85)式矛盾。因此推得 $\Lambda=0$,即$\lim_{t\to\infty}\|\omega(t)\|=0$。

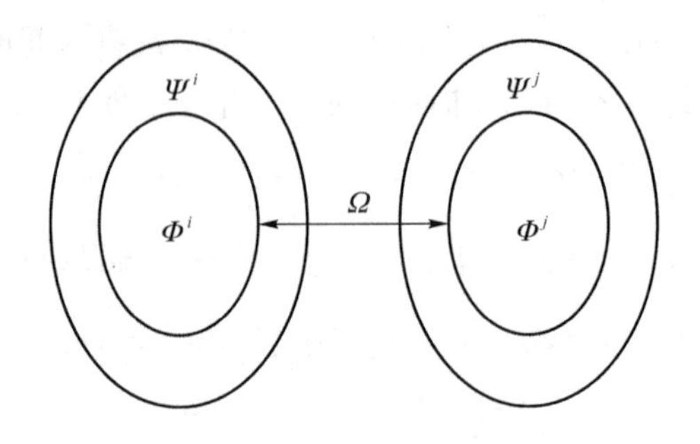

图 4.10　集合的几何位置关系

对于无领导者一致性问题，由文献[138]中的不变集原理可得另外的代数判据。

定理 4.17　考虑多智能体系统(4.72)式，其中 $A=A^{\mathrm{T}}$。令假设 4.2、假设 4.7 成立。如果$\left(\bigcap\limits_{p\in\mathcal{P}} Z_p\right)\cap\perp_{(\mathbf{1}_N\otimes I_n)^{\mathrm{T}}}=\{0\}$，那么分布式协议(4.75)式可解决无领导者一致性问题，其中反馈矩阵 $K=B^{\mathrm{T}}P$。

证明　对于闭环系统(4.77)式，考虑 Lyapunov 函数 $V(\omega(t))=\omega^{\mathrm{T}}(t)\omega(t)$。由(4.84)式可知 $\dot{V}(\omega(t))=-\omega^{\mathrm{T}}(t)Q_{\sigma(t)}\omega(t)$。令 $y(t)=Q_{\sigma(t)}^{\frac{1}{2}}\omega(t)$ 和 $\gamma_p=\{\omega: Q_p^{\frac{1}{2}}\omega=0\}$，$p\in\mathcal{P}$，那么 $\forall\omega\in\gamma_p$，有 $\omega^{\mathrm{T}}Q_p\omega=0$，即，$\omega^{\mathrm{T}}(I_N\otimes(\widetilde{A}+\widetilde{A}^{\mathrm{T}})-L_p\otimes(2\widetilde{B}\widetilde{B}^{\mathrm{T}}))\omega=0$。注意 $\widetilde{A}=\widetilde{A}^{\mathrm{T}}$，那么 $\omega^{\mathrm{T}}(I_N\otimes\widetilde{A}-L_p\otimes\widetilde{B}\widetilde{B}^{\mathrm{T}})\omega=0$，从而 $(I_N\otimes\widetilde{A}-L_p\otimes\widetilde{B}\widetilde{B}^{\mathrm{T}})\omega=0$。因此，文献[138]中的命题 2 成立并且 $\int_0^{\infty}\|y(t)\|^2\mathrm{d}t<\infty$。由文献[138]推论 3 可知，$\omega(t)$收敛于$\bigcap\limits_{p\in\mathcal{P}} Z_p$。注意到 $\omega(t)$ 直交于$(\mathbf{1}_N\otimes I_n)^{\mathrm{T}}$，$\forall t\geqslant 0$。则如果$\left(\bigcap\limits_{p\in\mathcal{P}} Z_p\right)\cap\perp_{(\mathbf{1}_N\otimes I_n)^{\mathrm{T}}}=\{0\}$，那么有$\lim\limits_{t\to\infty}\|\omega(t)\|=0$。

注释 4.13　LaSalle 不变原理能够有效地解决固定拓扑一致性问题，但是它不能直接用来解决切换拓扑一致性问题。文献[138]提出了两类切换系统弱不变集原理，定理 4.17 的结果可以看作是弱不变集原理在多智能体系统中的应用。

2. 进一步讨论

本节将讨论定理 4.17 中的前提$\left(\bigcap\limits_{p\in\mathcal{P}} Z_p\right)\cap\perp_{(\mathbf{1}_N\otimes I_n)^{\mathrm{T}}}=\{0\}$成立的条件。

命题 4.3　考虑多智能体系统(4.72)式，其中 $A=A^{\mathrm{T}}$。假设图$\mathcal{G}_{\sigma(t)}$是联合连通的。如果对于任意向量 $\alpha\in\mathbb{R}^{Nn}$ 和 $\beta\in\mathbb{R}^m$，有

$$\begin{cases}(\mathbf{1}_N\otimes I_n)^{\mathrm{T}}\alpha=0\\(I_N\otimes\widetilde{B}^{\mathrm{T}})\alpha=\mathbf{1}_N\otimes\beta\Rightarrow\alpha=0\\(I_N\otimes\widetilde{A})\alpha=0\end{cases}\tag{4.92}$$

那么可得$\left(\bigcap_{p\in\mathcal{P}} Z_p\right)\cap\perp_{(\mathbf{1}_N\otimes I_n)^{\mathrm{T}}}=\{0\}$。

证明 反设存在非零向量$\gamma\in\left(\bigcap_{p\in\mathcal{P}} Z_p\right)\cap\perp_{(\mathbf{1}_N\otimes I_n)^{\mathrm{T}}}$。由于$\sum_{p\in\mathcal{P}} L_p$半正定，因此$\left(\sum_{p\in\mathcal{P}} L_p\right)^{\frac{1}{2}}$有意义。从而可得：

$$\begin{aligned}0&=\gamma^{\mathrm{T}}\left(\sum_{p\in\mathcal{P}} Q_p\right)\gamma=\gamma^{\mathrm{T}}\left(\rho I_N(\widetilde{A}+\widetilde{A}^{\mathrm{T}})-\left(\sum_{p\in\mathcal{P}} L_p\right)\otimes(2\widetilde{B}\widetilde{B}^{\mathrm{T}})\right)\gamma\\&\leqslant-2\gamma^{\mathrm{T}}\left(\left(\sum_{p\in\mathcal{P}} L_p\right)\otimes(\widetilde{B}\widetilde{B}^{\mathrm{T}})\right)\gamma\\&=-2\left\|\left(\left(\sum_{p\in\mathcal{P}} L_p\right)^{\frac{1}{2}}\otimes\widetilde{B}^{\mathrm{T}}\right)\gamma\right\|^2\leqslant 0\end{aligned}\tag{4.93}$$

可以得出$\left(\left(\sum_{p\in\mathcal{P}} L_p\right)^{\frac{1}{2}}\otimes\widetilde{B}^{\mathrm{T}}\right)\gamma=0$。从而

$$\left(\sum_{p\in\mathcal{P}} L_p\otimes I_m\right)(I_N\otimes\widetilde{B}^{\mathrm{T}})\gamma=\left(\left(\sum_{p\in\mathcal{P}} L_p\right)^{\frac{1}{2}}\otimes I_m\right)\left(\left(\sum_{p\in\mathcal{P}} L_p\right)\right)^{\frac{1}{2}}\otimes\widetilde{B}^{\mathrm{T}}\right)\gamma=0\tag{4.94}$$

因为$\mathcal{G}_{\sigma(t)}$是联合连通的，所以

$$(I_N\otimes\widetilde{B}^{\mathrm{T}})\gamma=\mathbf{1}_N\otimes\delta\tag{4.95}$$

其中，$\delta\in\mathbb{R}^m$是任意向量。另外

$$\begin{aligned}0&=-\left(\sum_{p\in\mathcal{P}} Q_p\right)\gamma=\left(\rho I_N\otimes(\widetilde{A}+\widetilde{A}^{\mathrm{T}})-\left(\sum_{p\in\mathcal{P}} L_p\right)\otimes(2\widetilde{B}\widetilde{B}^{\mathrm{T}})\right)\gamma\\&=\rho(I_N\otimes(\widetilde{A}+\widetilde{A}^{\mathrm{T}}))\gamma=2\rho(I_N\otimes\widetilde{A})\gamma\end{aligned}\tag{4.96}$$

综上可得：

$$\begin{cases}(\mathbf{1}_N\otimes I_n)^{\mathrm{T}}\gamma=0\\(I_N\otimes\widetilde{B}^{\mathrm{T}})\gamma=\mathbf{1}_N\otimes\delta\\(I_N\otimes\widetilde{A})\gamma=0\end{cases}\tag{4.97}$$

与(4.79)式矛盾。因此可得$\left(\bigcap_{p\in\mathcal{P}} Z_p\right)\cap(\perp_{\mathbf{1}_N\otimes I_n})=\{0\}$。

4.3.3 有领导者一致性问题

1. 一致性判据

本节将提出有领导者多智能体系统一致性判据。控制协议设计为：

$$\mu_i=K\left(\sum_{j\in\mathcal{N}_i(t)} a_{ij}(t)(x_j-x_i)+b_i(t)(x_{N+1}-x_i)\right),\quad i=1,\cdots,N\tag{4.98}$$

其中，$K\in\mathbb{R}^{m\times n}$ 为反馈矩阵。

令 $P>0$ 为(4.74)的解，$\mu_i(t)=x_i(t)-x_{N+1}(t)$，$\mu(t)=[\mu_1^{\mathrm{T}}(t),\cdots,\mu_N^{\mathrm{T}}(t)]^{\mathrm{T}}$，$\phi(t)=(I_N\otimes P^{\frac{1}{2}})\mu(t)$，$\widetilde{A}=P^{\frac{1}{2}}AP^{-\frac{1}{2}}$，$\widetilde{B}=P^{\frac{1}{2}}B$。那么如果反馈矩阵 K 取为 $K=B^{\mathrm{T}}P$，那么(4.72)式、(4.67)式和(4.98)式的闭环系统可以写为：

$$\dot{\phi}(t)=(I_N\otimes\widetilde{A}-\mathcal{M}_{\sigma(t)}\otimes\widetilde{B}\widetilde{B}^{\mathrm{T}})\phi(t)\tag{4.99}$$

其中，$\mathcal{M}_{\sigma(t)}=L_{\sigma(t)}+E_{\sigma(t)}$。定义

$$I_N\otimes(\widetilde{A}+\widetilde{A}^{\mathrm{T}})-\mathcal{M}_p\otimes(2\widetilde{B}\widetilde{B}^{\mathrm{T}})=-W_p,\quad\forall p\in\mathcal{P}\tag{4.100}$$

由于 $\widetilde{A}+\widetilde{A}^{\mathrm{T}}\leqslant 0$，$\mathcal{M}_{\sigma(t)}\geqslant 0$，那么可知 $W_p\geqslant 0$，$\forall p\in\mathcal{P}$。

定理 4.18 考虑多智能体系统(4.66)式和(4.67)式。令假设 4.2、假设 4.7 成立，R_p 为 W_p 的零空间，$\forall p\in\mathcal{P}$。如果 $\left(\bigcup_{p\in\mathcal{P}}R_p\right)\backslash\{0\}$ 不连通，那么分布式控制协议(4.98)式可实现有领导者一致性问题，其中反馈矩阵 $K=B^{\mathrm{T}}P$。

证明 对于闭环系统(4.99)式，考虑 Lyapunov 函数 $V(\phi(t))=\phi^{\mathrm{T}}(t)\phi(t)$。沿着系统(4.99)式求 $V(\phi(t))$ 的导数可得：

$$\dot{V}(\phi(t))=\phi^{\mathrm{T}}(t)(I_N\otimes(\widetilde{A}+\widetilde{A}^{\mathrm{T}})-\mathcal{M}_{\sigma(t)}\otimes(2\widetilde{B}\widetilde{B}^{\mathrm{T}}))\phi(t)=-\phi^{\mathrm{T}}(t)W_{\sigma(t)}\phi(t)\leqslant 0\tag{4.101}$$

然后类似于定理 4.16 的分析可得 $\lim\limits_{t\to\infty}\|\phi(t)\|=0$。因此，协议实现了有领导者一致性问题。

根据文献[138]中的弱不变原理可得下面的定理。

定理 4.19 考虑多智能体系统(4.66)式和(4.67)式，其中 $A=A^{\mathrm{T}}$。令假设4.2、假设 4.7 成立。

如果 $\bigcap_{p\in\mathcal{P}}R_p=\{0\}$，那么分布式控制协议(4.98)式可实现有领导者的一致性问题，其中反馈矩阵 $K=B^{\mathrm{T}}P$。

证明 对闭环系统(4.99)式，考虑 Lyapunov 函数 $V(\phi(t))=\phi^{\mathrm{T}}(t)\phi(t)$。由(4.101)式可知 $\dot{V}(\phi(t))=-\phi^{\mathrm{T}}(t)W_{\sigma(t)}\phi(t)$。令 $y(t)=W_{\sigma(t)}^{\frac{1}{2}}\phi(t)$ 和 $\Pi_p=\{\phi:W_p^{\frac{1}{2}}\phi=0\}$，$p\in\mathcal{P}$。那么 $\forall\phi\in\Pi_p$，有 $\phi^{\mathrm{T}}W_p\phi=0$，即 $\phi^{\mathrm{T}}(I_N\otimes(\widetilde{A}+\widetilde{A}^{\mathrm{T}})-\mathcal{M}_p\otimes(2\widetilde{B}\widetilde{B}^{\mathrm{T}}))\phi=0$。注意到 $\widetilde{A}=\widetilde{A}^{\mathrm{T}}$。那么有 $\phi^{\mathrm{T}}(I_N\otimes\widetilde{A}-\mathcal{M}_p\otimes\widetilde{B}\widetilde{B}^{\mathrm{T}})\phi=0$，从而 $(I_N\otimes\widetilde{A}-\mathcal{M}_p\otimes\widetilde{B}\widetilde{B}^{\mathrm{T}})\phi=0$。因此，文献[138]的命题 2 成立并且 $\int_0^{\infty}\|y(t)\|^2\mathrm{d}t<\infty$。由文献[138]的推论 3 可得 $\phi(t)$ 收敛于 $\bigcap_{p\in\mathcal{P}}R_p$。由于 $\bigcap_{p\in\mathcal{P}}R_p=\{0\}$，因此可得 $\lim\limits_{t\to\infty}\|\phi(t)\|=0$，从而实现了一致性。

2. 进一步讨论

本节将要讨论实现 $\bigcap_{p\in\mathcal{P}} R_p=\{0\}$ 的充分条件。

命题 4.4 考虑多智能体系统(4.66)式和(4.67)式,其中 $A=A^{\mathrm{T}}$。假设图 $\overline{\mathcal{G}}_{\sigma(t)}$ 是联合连通的。如果对于任意向量 $\alpha\in\mathbb{R}^{Nn}$ 有

$$\begin{cases}(I_N\otimes\widetilde{A})\alpha=0\\(I_N\otimes\widetilde{B}^{\mathrm{T}})\alpha=0\end{cases}\Rightarrow\alpha=0 \tag{4.102}$$

那么可得 $\bigcap_{p\in\mathcal{P}} R_p=\{0\}$。

证明 反设存在非零向量 $\zeta\in\bigcap_{p\in\mathcal{P}} R_p$。由于 $\overline{\mathcal{G}}_{\sigma(t)}$ 是联合连通的,所以 $\sum_{p\in\mathcal{P}}\mathcal{M}_p$ 正定。可得:

$$\begin{aligned}0&=\zeta^{\mathrm{T}}\Big(\sum_{p\in\mathcal{P}}W_p\Big)\zeta=\zeta^{\mathrm{T}}\Big(\rho I_N\otimes(\widetilde{A}+\widetilde{A}^{\mathrm{T}})-\Big(\sum_{p\in\mathcal{P}}\mathcal{M}_p\Big)\otimes(2\widetilde{B}\widetilde{B}^{\mathrm{T}})\Big)\zeta\\&\leqslant-2\zeta^{\mathrm{T}}\Big(\Big(\sum_{p\in\mathcal{P}}\mathcal{M}_p\Big)\otimes(\widetilde{B}\widetilde{B}^{\mathrm{T}})\Big)\zeta\\&=-2\left\|\Big(\Big(\sum_{p\in\mathcal{P}}\mathcal{M}_p\Big)^{\frac{1}{2}}\otimes\widetilde{B}^{\mathrm{T}}\Big)\zeta\right\|^2\leqslant 0\end{aligned} \tag{4.103}$$

从而 $\Big(\Big(\sum_{p\in\mathcal{P}}\mathcal{M}_p\Big)^{\frac{1}{2}}\otimes\widetilde{B}^{\mathrm{T}}\Big)\zeta=0$。由此可得:

$$(I_N\otimes\widetilde{B}^{\mathrm{T}})\zeta=\Big(\Big(\sum_{p\in\mathcal{P}}\mathcal{M}_p\Big)^{-\frac{1}{2}}\otimes I_m\Big)\Big(\Big(\sum_{p\in\mathcal{P}}\mathcal{M}_p\Big)^{\frac{1}{2}}\otimes\widetilde{B}^{\mathrm{T}}\Big)\zeta=0 \tag{4.104}$$

另外有:

$$\begin{aligned}0&=-\Big(\sum_{p\in\mathcal{P}}W_p\Big)\zeta=\Big(\rho I_N\otimes(\widetilde{A}+\widetilde{A}^{\mathrm{T}})-\Big(\sum_{p\in\mathcal{P}}\mathcal{M}_p\Big)\otimes(2\widetilde{B}\widetilde{B}^{\mathrm{T}})\Big)\zeta\\&=\rho(I_N\otimes(\widetilde{A}+\widetilde{A}^{\mathrm{T}}))\zeta=2\rho(I_N\otimes\widetilde{A})\zeta\end{aligned} \tag{4.105}$$

综上可以得出:

$$\begin{cases}(I_N\otimes\widetilde{A})\zeta=0\\(I_N\otimes\widetilde{B}^{\mathrm{T}})\zeta=0\end{cases} \tag{4.106}$$

与(4.102)式矛盾。因此可断定 $\bigcap_{p\in\mathcal{P}} R_p=\{0\}$。

4.3.4 数值例子

本节将给出 4 个数值例子来验证本节定理的有效性。

例 8　考虑由 4 个智能体组成的多智能体系统。系统矩阵取为：

$$A=\begin{pmatrix} 0.4 & -0.6 & -0.2 \\ 0.8 & -1.2 & -0.4 \\ -0.9 & 1.2 & 0.3 \end{pmatrix},\quad B=\begin{pmatrix} 1 \\ 1 \\ -1 \end{pmatrix} \tag{4.107}$$

解方程 $PA+A^{\mathrm{T}}P\leqslant 0$ 可得：

$$P=\begin{pmatrix} 0.5 & -0.4 & -0.1 \\ -0.4 & 0.6 & 0.3 \\ -0.1 & 0.3 & 0.2 \end{pmatrix} \tag{4.108}$$

因此，控制协议(4.75)式的反馈矩阵可取为 $K=B^{\mathrm{T}}P=[2\quad -1\quad 0]$。切换拓扑结构如图 4.11 所示，它沿着顺序$\mathcal{G}_1\to\mathcal{G}_2\to\mathcal{G}_3\to\mathcal{G}_4\to\mathcal{G}_1\to\cdots$运行并且每个状态运行时间为 1 s。智能体的初始值取为 $x_1(0)=(0.2,-0.1,0.3)^{\mathrm{T}}$，$x_2(0)=(0,0.05,0.2)^{\mathrm{T}}$，$x_3(0)=(-0.1,0.1,0)^{\mathrm{T}}$，$x_4(0)=(0.1,-0.05,0.1)^{\mathrm{T}}$。通过简单计算可得$\left\{\left(\bigcup_{p\in\mathcal{P}} Z_p\right)\cap\left(\perp_{(\mathbf{1}_N\otimes I_n)^{\mathrm{T}}}\right)\right\}\setminus\{0\}$ 是不连通的。由定理 4.16 可知协议(4.75)式可实现无领导者一致性问题。轨迹误差如图 4.12～图 4.14 所示。

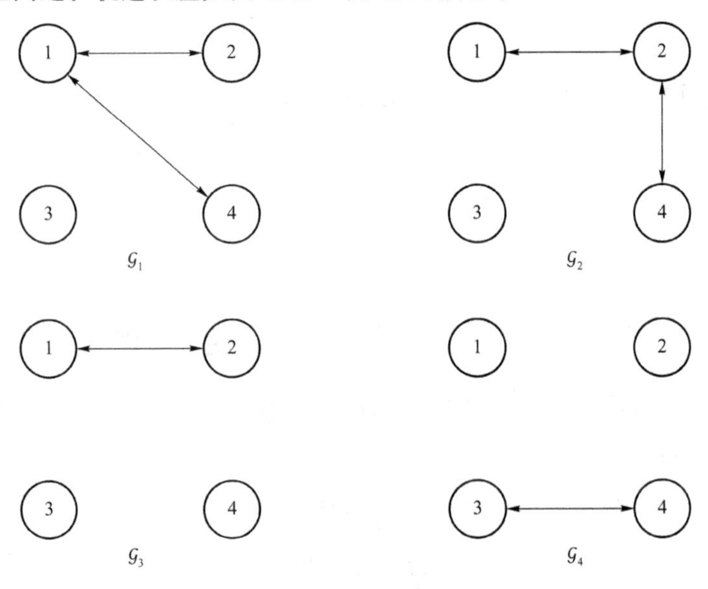

图 4.11　切换拓扑图

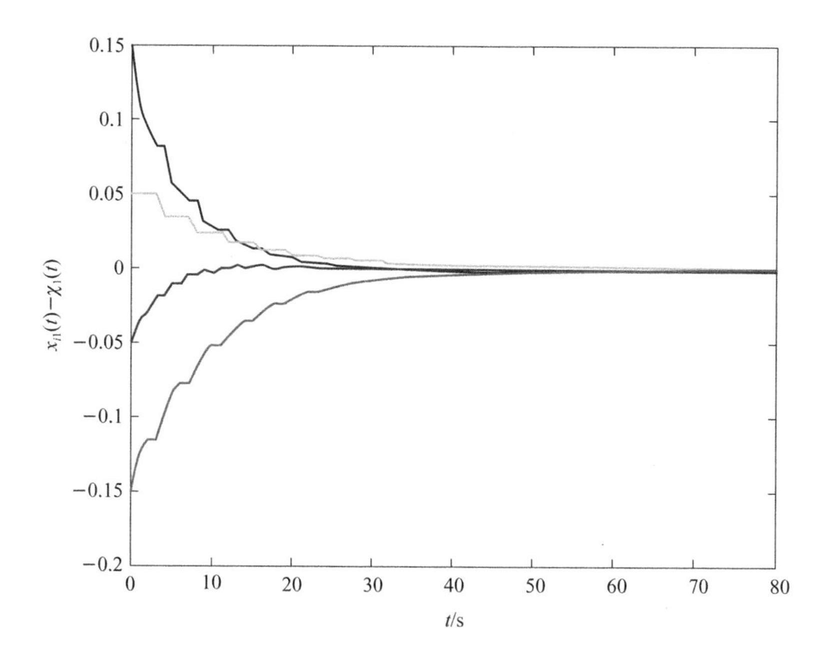

图 4.12　状态误差 $x_{i1}(t)-\chi_1(t)$，$i=1,2,3,4$

图 4.12 的彩图

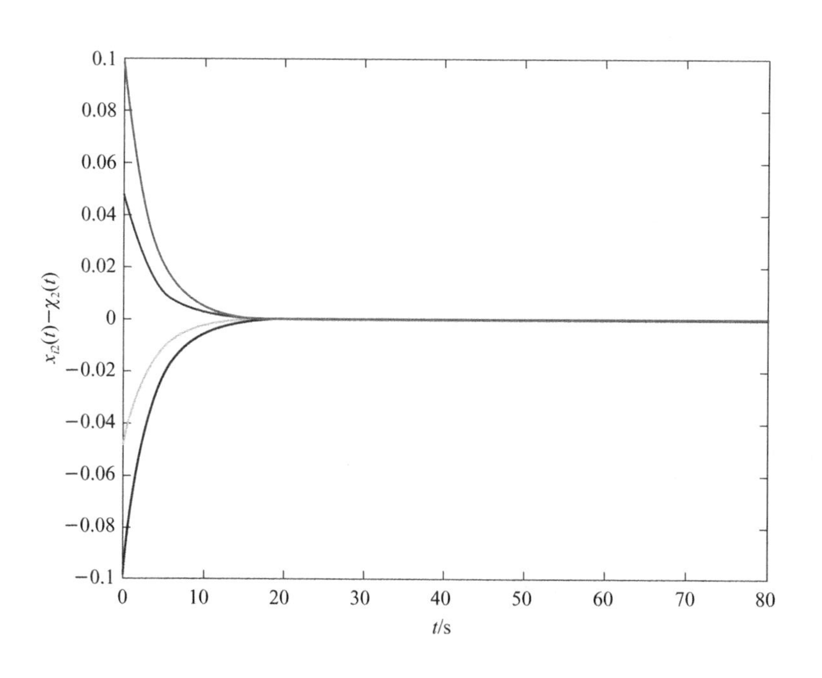

图 4.13　状态误差 $x_{i2}(t)-\chi_2(t)$，$i=1,2,3,4$

图 4.13 的彩图

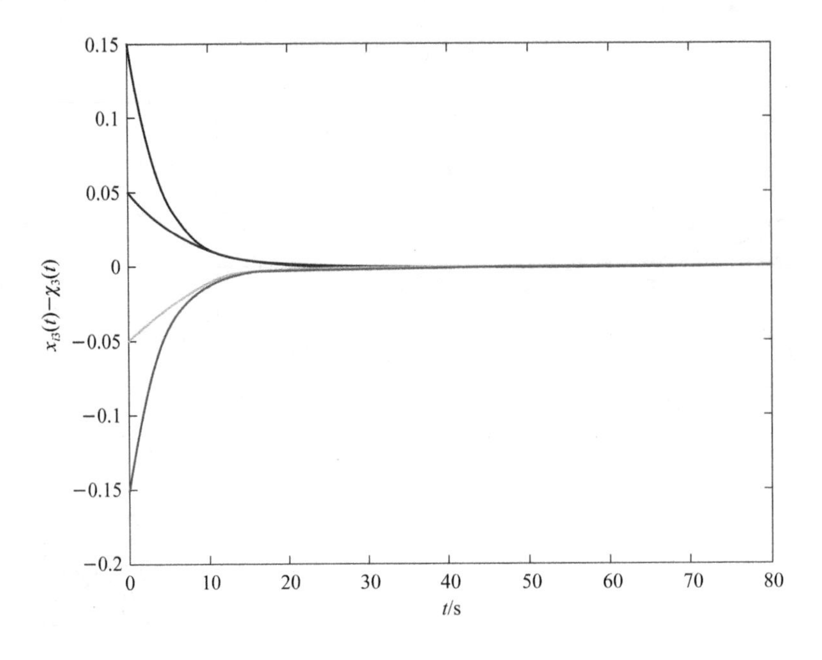

图 4.14　状态误差 $x_{i3}(t)-\chi_3(t), i=1,2,3,4$

图 4.14 的彩图

例 9　考虑由 4 个智能体组成的多智能体系统，系统矩阵取为：

$$A=\begin{pmatrix}-2 & 1.5 & -1\\ 1.5 & -1.5 & 1.5\\ -1 & 1.5 & -2\end{pmatrix},\quad B=\begin{pmatrix}1\\2\\1\end{pmatrix} \tag{4.109}$$

解方程 $PA+A^{\mathrm{T}}P\leqslant 0$ 可得：

$$P=\begin{pmatrix}3.25 & 3 & 2.75\\ 3 & 9 & 3\\ 2.75 & 3 & 3.25\end{pmatrix} \tag{4.110}$$

因此，控制协议(4.75)的反馈矩阵可取为 $K=B^{\mathrm{T}}P=[12\ 24\ 12]$。切换拓扑结构如图 4.15 所示，它沿着顺序 $\mathcal{G}_1\to\mathcal{G}_2\to\mathcal{G}_3\to\mathcal{G}_4\to\mathcal{G}_1\to\cdots$ 运行并且每个状态运行时间为 1 s。系统选取与例 8 相同的初始值。由定理 4.17 可知协议(4.75)式可实现无领导者一致性问题。轨迹误差如图 4.16～图 4.18 所示。

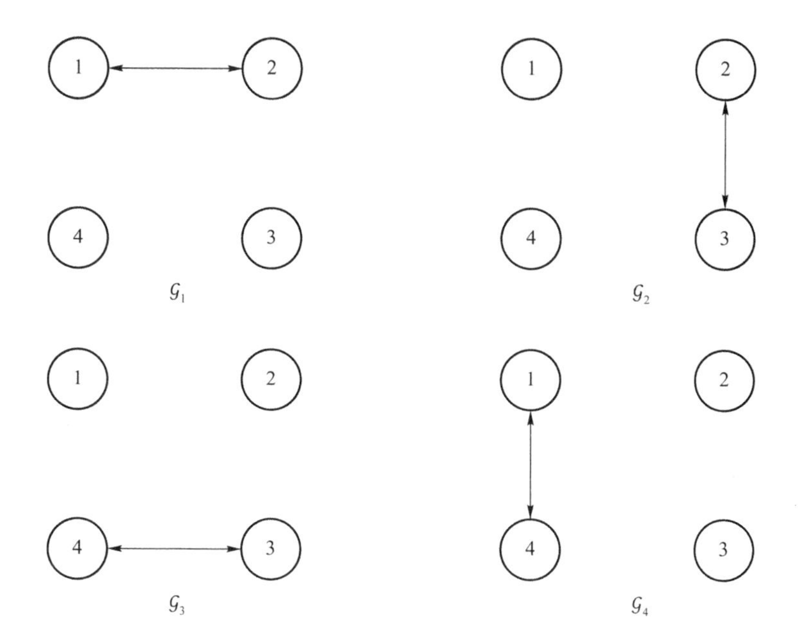

图 4.15　切换拓扑图

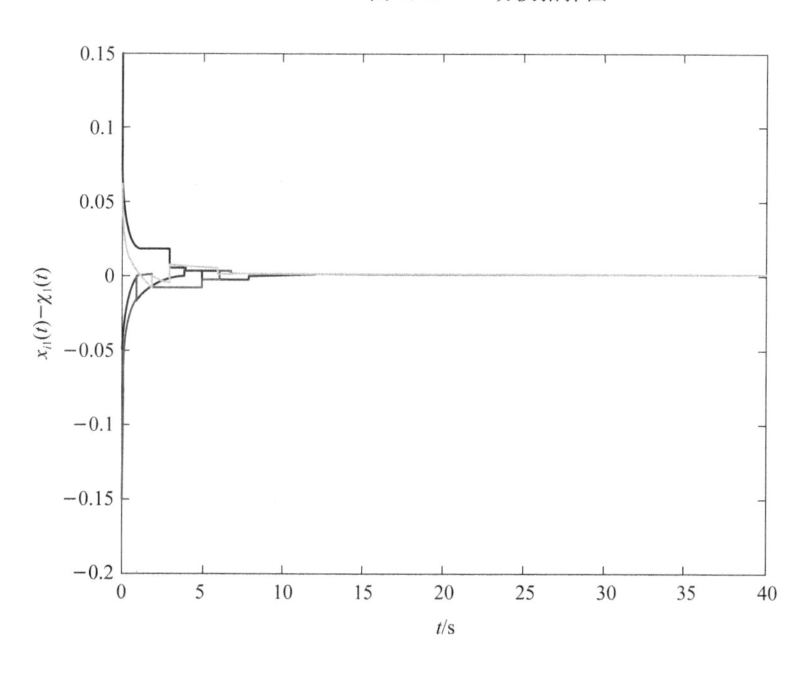

图 4.16　状态误差 $x_{i1}(t)-\chi_1(t), i=1,2,3,4$

图 4.16 的彩图

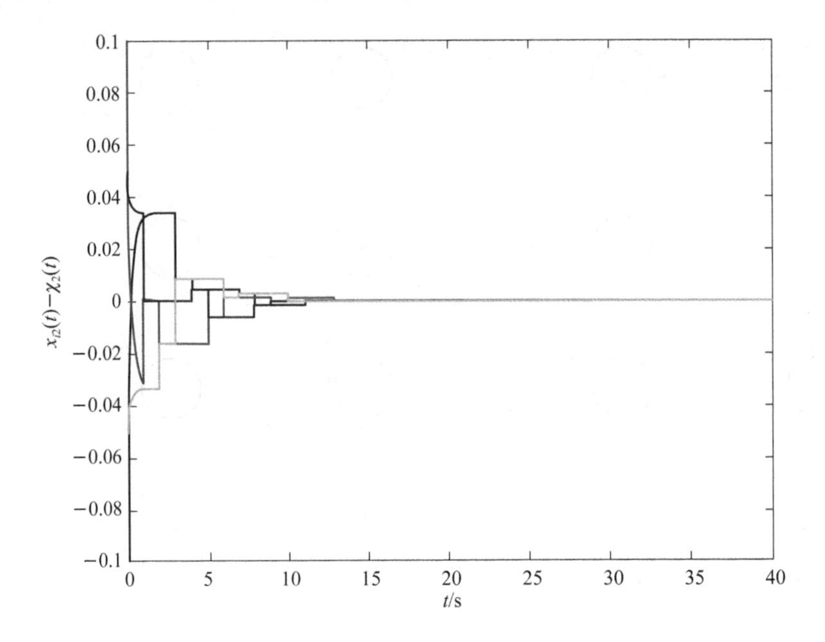

图 4.17　状态误差 $x_{i2}(t)-\chi_2(t), i=1,2,3,4$

图 4.17 的彩图

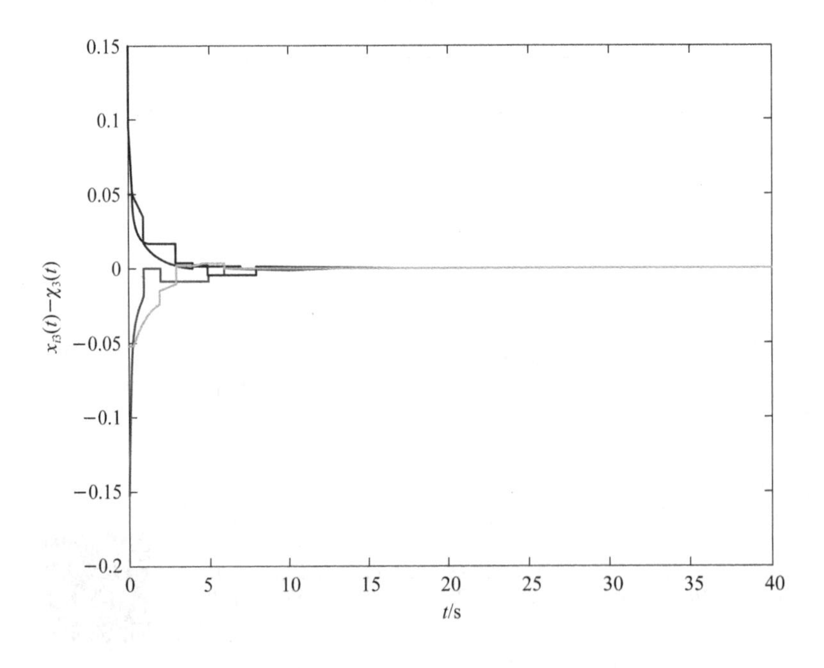

图 4.18　状态误差 $x_{i3}(t)-\chi_3(t), i=1,2,3,4$

图 4.18 的彩图

例 10　考虑由 1 个领导者和 4 个跟随者组成的多智能体系统，系统矩阵取为(4.107)式。4 个跟随者的结构图如图 4.11 所示，领导者在图$\mathcal{G}_1$ 中连接智能体 1。

多智能体系统的初始值取为 $x_0(0)=(0.1,-0.1,0)^{\mathrm{T}}$，$x_1(0)=(-0.1,0,0.3)^{\mathrm{T}}$，$x_2(0)=(0.3,0.15,-0.2)^{\mathrm{T}}$，$x_3(0)=(0,0,0.2)^{\mathrm{T}}$，$x_4(0)=(0.1,0.1,0.2)^{\mathrm{T}}$。容易验证 $(\bigcup_{p\in\mathcal{P}} R_p)\backslash\{0\}$ 不连通。由定理 4.18 可知多智能体系统可实现有领导者的一致性问题，状态误差如图 4.19～图 4.21 所示。

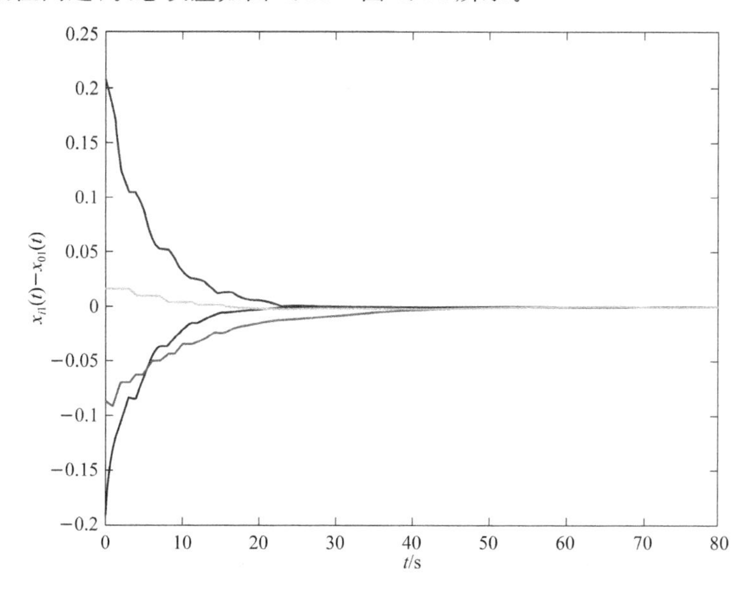

图 4.19 状态误差 $x_{i1}(t)-x_{01}(t)$，$i=1,2,3,4$

图 4.19 的彩图

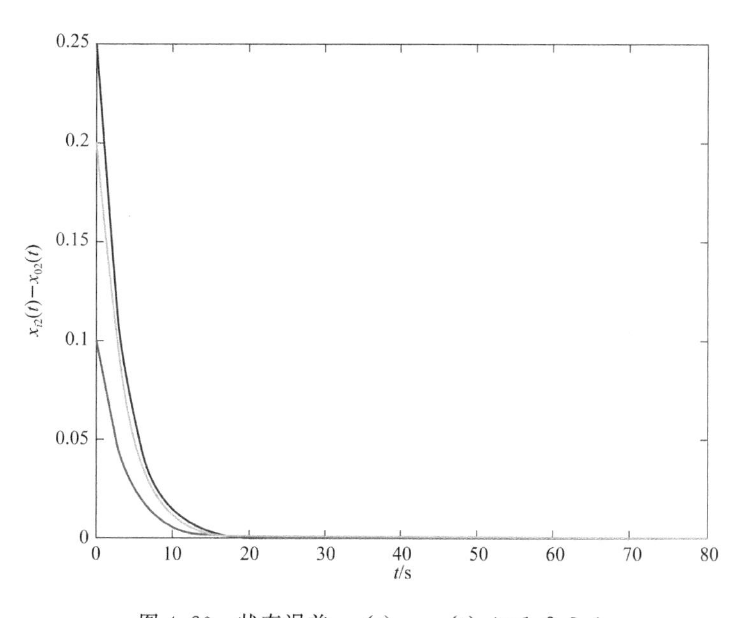

图 4.20 状态误差 $x_{i2}(t)-x_{02}(t)$，$i=1,2,3,4$

图 4.20 的彩图

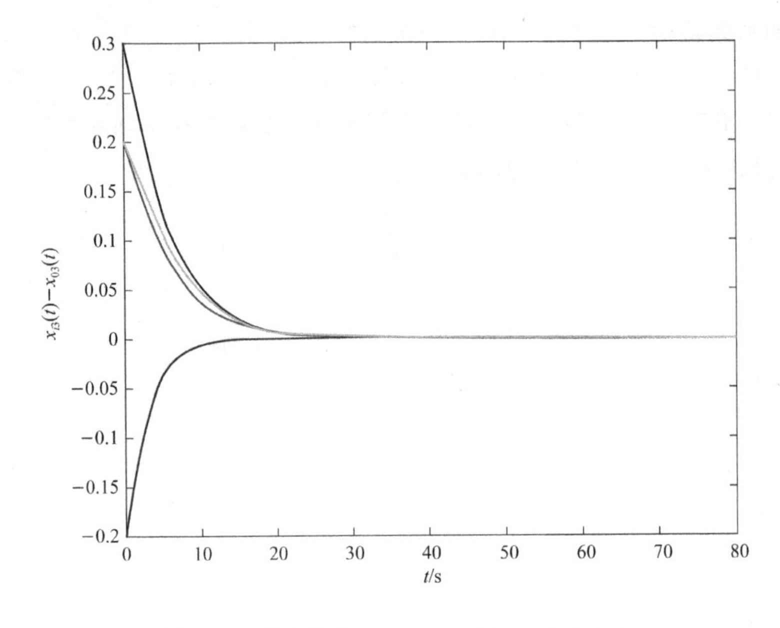

图 4.21　状态误差 $x_{i3}(t)-x_{03}(t)$，$i=1,2,3,4$　　图 4.21 的彩图

例 11　考虑由 1 个领导者和 4 个跟随者组成的多智能体系统，系统矩阵取为(4.107)式。4 个跟随者的结构图如图 4.15 所示，领导者在图$\mathcal{G}_1$ 中连接智能体 1。系统初始值选取与例 10 相同。由定理 4.19 可知跟随者状态收敛于领导者，状态误差如图 4.22～图 4.24 所示。

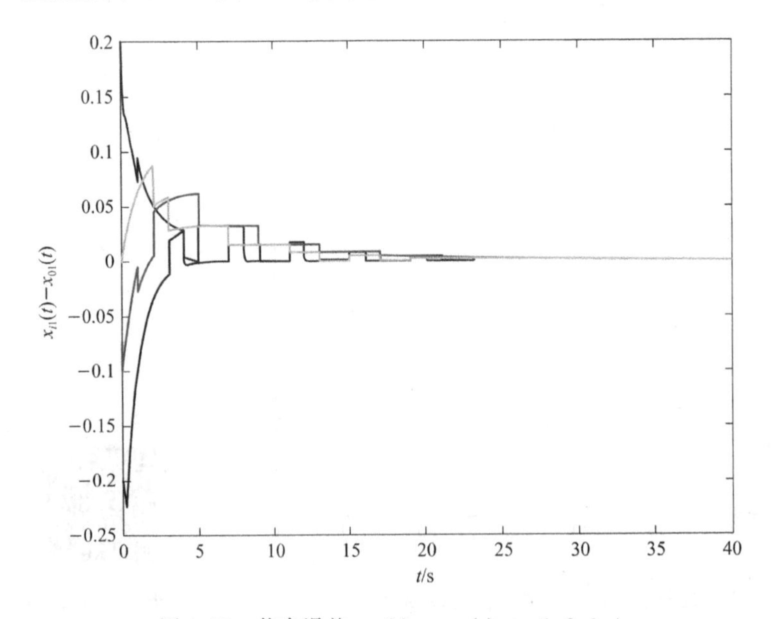

图 4.22　状态误差 $x_{i1}(t)-x_{01}(t)$，$i=1,2,3,4$　　图 4.22 的彩图

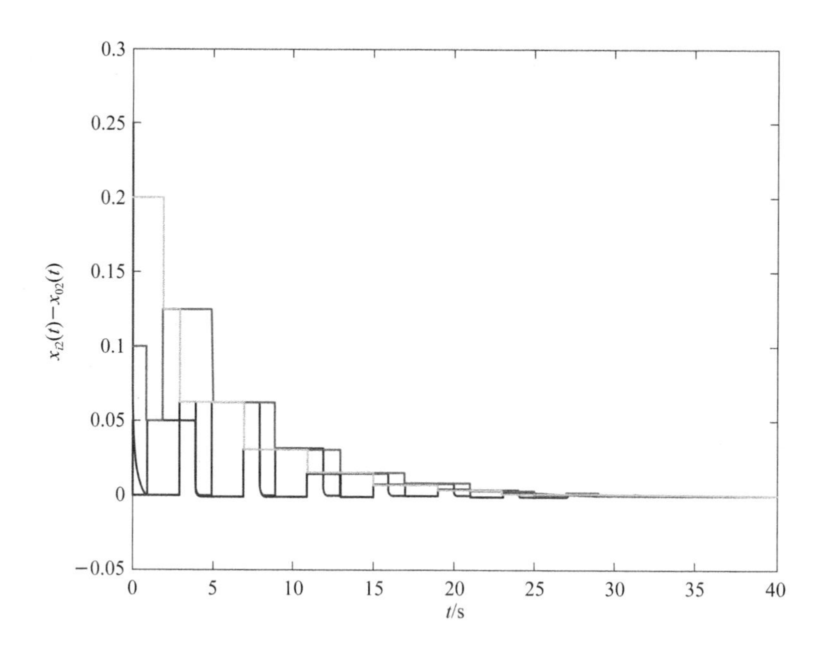

图 4.23 状态误差 $x_{i2}(t)-x_{02}(t), i=1,2,3,4$

图 4.23 的彩图

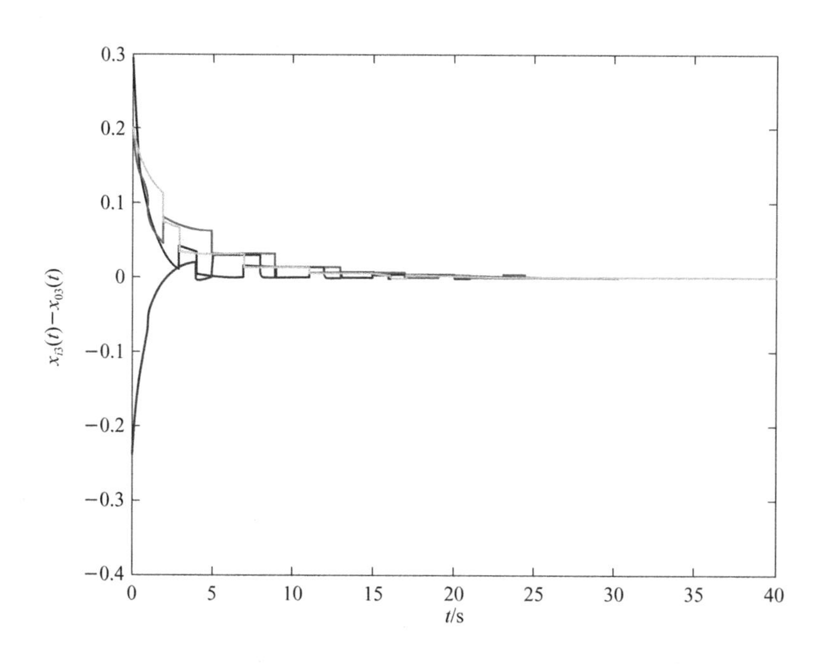

图 4.24 状态误差 $x_{i3}(t)-x_{03}(t), i=1,2,3,4$

图 4.24 的彩图

从以上 4 个例子可以看出本章所提出的基本理论可以方便地用来解决具有切换拓扑的多智能体系统一致性问题,并且判定依据易于验证。

本章小结

本章研究了非线性切换系统的弱不变集原理,提出了并集、交集弱不变原理,并进一步研究了具有时变子系统的切换系统,给出了时变切换系统的一种分类方式,建立了时变与时不变之间的联系,将弱不变原理推广到了时变切换系统中。本章提出的拓展不变集原理成功地用来解决了切换拓扑下一般多智能体系统的一致性问题。

第5章

网络化机械系统的同步控制

从被控对象的角度来讲,目前针对多智能体系统的研究大都集中在一阶或高阶积分器模型,对于实际的非线性物理系统的研究还不充分。由于实际系统相对于线性系统一般具有复杂非线性特性和强耦合特性,因此对于线性多智能体系统常用的矩阵分析手段不再适用。如何解决实际系统的协调控制问题并将理论成果用来解决实际问题是值得深入研究的课题。本章以 Euler-Lagrange 方程为模型,讨论了网络化机械系统的同步控制问题。

本章内容安排如下。

5.1 节探讨了具有参数不确定性和通信时滞的网络化机械系统任务空间同步控制问题。同时该节研究了系统中的运动学与动力学不确定性,建立了关节空间与任务空间之间的关系,定义了一组辅助变量,基于此给出了任务空间分布式自适应控制协议。考虑到时滞信号会有较大的抖动,该节另外建立了一类不依赖于时滞变化律的分布式协议。

5.2 节探讨了网络化机械系统输出反馈控制。该节拓展了传统的非线性观测器结构,去掉了已有结论中观测器状态有界性假设,建立了同时不依赖于邻居集合速度信息和智能体自身速度信息的反馈协议。该节证明了状态估计值能够全局收敛到真实值,并且同步误差全局收敛到零。

5.3 节探讨了基于观测器的网络化机械系统自适应同步控制。该节在 5.2 节的基础上进一步研究了存在未知重力项和不确定静态摩擦项的同步控制问题。该节利用观测器估计状态给出了一类参数更新律,以此建立了滤波向量动态,给出能够实现同步控制的充分条件。同时,利用投影函数给出了在结构参数上界已知情况下的修正参数更新律,得到更精确的参数误差收敛上界。

5.1 参数不确定和通信时滞下的网络化机械系统任务空间同步控制

5.1.1 问题描述

考虑 N 个机械系统，其动力学模型为：

$$M_i(q_i)\ddot{q}_i+C_i(q_i,\dot{q}_i)\dot{q}_i+G_i(q_i)=\tau_i,\quad i\in\mathcal{I}=\{1,2,\cdots,N\} \tag{5.1}$$

其中，$q_i\in\mathbb{R}^n$ 为关节变量，$m_i(q_i)\in\mathbb{R}^{n\times n}$ 为对称的惯性矩阵，$C_i(q_i,\dot{q}_i)\in\mathbb{R}^{n\times n}$ 为向心力和科氏力矩阵，$G_i(q_i)\in\mathbb{R}^n$ 是万有引力矩阵，$\tau_i\in\mathbb{R}^n$ 是输入力矩。

在机械系统中，任务空间和关节空间满足下面的方程：

$$\begin{cases}x_i=F_i(q_i)\\ \dot{x}_i=J_i(q_i)\dot{q}_i\end{cases} \tag{5.2}$$

其中，$x_i\in\mathbb{R}^n$ 和 $\dot{x}_i\in\mathbb{R}^n$ 分别为末端执行器 i 在任务空间中的位置和速度向量，$F_i(q_i):\mathbb{R}^n\to\mathbb{R}^n$ 是从关节空间到任务空间的位置映射矩阵，$J_i(q_i)=\dfrac{\partial F_i(q_i)}{\partial q_i}\in\mathbb{R}^{n\times n}$ 是 Jacobian 矩阵。

机械系统静力学与动力学满足下面几个性质。

性质 5.1 惯性矩阵 $m_i(q_i)$ 是正定的并且有界的，满足：

$$\underline{m}I_n\leqslant M_i(q_i)\leqslant\overline{m}I_n,\quad \forall i\in\mathcal{I} \tag{5.3}$$

其中，$\underline{m}$ 和 $\overline{m}$ 为正实数。

性质 5.2 可以适当选择向心力和科氏力矩阵 $C_i(q_i,\dot{q}_i)$ 使得 $\dot{M}_i(q_i)-2C_i(q_i,\dot{q}_i)$ 为反对称的，即 $\forall\gamma\in\mathbb{R}^n$，有 $\gamma^{\mathrm{T}}(\dot{M}_i(q_i)-2C_i(q_i,\dot{q}_i))\gamma=0$。

性质 5.3 $\forall x,y,z\in\mathbb{R}^n$ 和 $\forall i\in\mathcal{I}$，矩阵 $C_i(q_i,\dot{q}_i)$ 满足：

$$C_i(x,y+z)=C_i(x,y)+C_i(x,z) \tag{5.4}$$

$$C_i(x,y)z=C_i(x,z)y \tag{5.5}$$

$$\|C_i(x,y)\|\leqslant\rho_i\|y\| \tag{5.6}$$

其中，ρ_i 是一个正实数。

性质 5.4 对于任意的可微向量 $\gamma\in\mathbb{R}^n$，机械系统可以线性参数化为：

$$M_i(q_i)\dot{\gamma}+C_i(q_i,\dot{q}_i)\gamma+G_i(q_i)=Y_i(q_i,\dot{q}_i,\gamma,\dot{\gamma})\theta_i \tag{5.7}$$

其中，θ_i 是参数向量，$Y_i(q_i,\dot{q}_i,\gamma,\dot{\gamma})$是回归矩阵。

性质 5.5 从关节空间到任务空间的速度映射可以线性化为：

$$\dot{x}_i=J_i(q_i)\dot{q}_i=H_i(q_i,\dot{q}_i)\varphi_i \tag{5.8}$$

其中，φ_i 是参数向量，$H_i(q_i,\dot{q}_i)$是回归矩阵。

本节将考虑具有参数不确定性和通信时滞的网络化机械系统任务空间同步控制。控制目标是设计任务空间分布式自适应控制协议使得当 $t\to\infty$ 时 $x_i\to x_j$，$\forall i,j\in\mathcal{I}$。以下内容，定义 $T_{ij}(t)$，$\forall i,j\in\mathcal{I}$为第 j 个智能体到第 i 个智能体的时变通信时滞。

5.1.2 依赖延时的同步方案

本节将考虑具有慢变时滞的多智能体系统自适应同步控制。假设时滞 $T_{ij}(t)$ 满足：

$$\dot{T}_{ij}(t)\leqslant\psi_{ij}<1 \tag{5.9}$$

其中，$\psi_{ij}>0$ 是一个正实数。

为了建立控制协议，首先定义辅助变量如下：

$$s_{X,i}=\dot{x}_i+\gamma_i\sum_{k\in\mathcal{N}_i}a_{ik}((d^2+w_i)\tanh(x_i)-d^2\tanh(x_k(t-T_{ik}(t))))+\tanh(\eta_i) \tag{5.10a}$$

$$\dot{q}_{r,i}=-\hat{J}_i^{-1}(q_i)\Big(\gamma_i\sum_{k\in\mathcal{N}_i}a_{ik}(d^2+w_i)\tanh(x_i)-d^2\tanh(x_k(t-T_{ik}(t))))+\tanh(\eta_i)\Big) \tag{5.10b}$$

$$s_i=\dot{q}_i-\dot{q}_{r,i} \tag{5.10c}$$

其中，$\hat{J}_i(q_i)\in\mathbb{R}^{n\times n}$是$J_i(q_i)$的估计，$\gamma_i$ 是引理 2.2 中定义的正实数，$w_i=\dfrac{\alpha}{\gamma_i\sum\limits_{k\in\mathcal{N}_i}a_{ik}}$ 是一个常数，其中 $\alpha>0$，$d^2\leqslant\min\{1-\psi_{ij}:\forall i,j\in\mathcal{I}\}$，$\eta_i\in\mathbb{R}^n$ 是具有如下动力学的辅助变量：

$$\dot{\eta}_i=-\gamma_i\sum_{k\in\mathcal{N}_i}a_{ik}(\tanh(\eta_i)-\tanh(\eta_k))+\tanh(x_i)-s_{X,i} \tag{5.11}$$

令$\dot{\hat{x}}_i=\hat{J}_i(q_i)\dot{q}_i=H_i(q_i,\dot{q}_i)\hat{\phi}_i$，$\tilde{\phi}_i=\hat{\phi}_i-\phi_i$。那么可得：

$$s_{X,i}=\dot{x}_i-\hat{J}_i(q_i)\dot{q}_{r,i}$$

$$= \dot{x}_i + \hat{J}_i(q_i)(s_i - \dot{q}_i)$$

$$= \hat{J}_i(q_i)s_i + \dot{x}_i - \dot{\hat{x}}_i$$

$$= \hat{J}_i(q_i)s_i - H_i(q_i, \dot{q}_i)\tilde{\phi}_i \tag{5.12}$$

其中,估计向量 $\hat{\phi}_i$ 的更新率为:

$$\dot{\hat{\phi}}_i = \Lambda_i H_i^{\mathrm{T}}(q_i, \dot{q}_i)(\tanh(x_i) - \tanh(\eta_i)) \tag{5.13}$$

其中,$\Lambda_i > 0$ 是一个正定矩阵。

利用(5.10)式和(5.11)式中定义的辅助变量,自适应控制协议可设计为:

$$\tau_i = Y_i(q_i, \dot{q}_i, \dot{q}_{r,i}, \ddot{q}_{r,i})\hat{\theta}_i + \hat{J}_i^{\mathrm{T}}(q_i)(-\tanh(x_i) + \tanh(\eta_i)) \tag{5.14}$$

其中,$\hat{\theta}_i$ 是 θ_i 的估计,$\hat{\theta}_i$ 的更新率为:

$$\dot{\hat{\theta}}_i = -\Gamma_i Y_i^{\mathrm{T}}(q_i, \dot{q}_i, \dot{q}_{r,i}, \ddot{q}_{r,i})s_i \tag{5.15}$$

其中,$\Gamma_i > 0$ 为正定矩阵。

将(5.14)式带入(5.1)式可得s_i 的闭环系统为:

$$M_i(q_i)\dot{s}_i + C_i(q_i, \dot{q}_i)s_i = M_i(q_i)\ddot{q}_i + C_i(q_i, \dot{q}_i)\dot{q}_i - (M_i(q_i)\ddot{q}_{r,i} + C_i(q_i, \dot{q}_i)\dot{q}_{r,i})$$

$$= Y_i(q_i, \dot{q}_i, \dot{q}_{r,i}, \ddot{q}_{r,i})\tilde{\theta}_i +$$

$$\hat{J}_i^{\mathrm{T}}(q_i)(-\tanh(x_i) + \tanh(\eta_i)) \tag{5.16}$$

其中,$\tilde{\theta}_i = \hat{\theta}_i - \theta_i$ 是参数误差。

引理 5.1 考虑下面的方程:

$$\dot{\varphi}_i - \dot{\varphi}_j = -\rho(t)(\tanh(\varphi_i) - \tanh(\varphi_j)) + f(t) \tag{5.17}$$

其中,$\varphi_i, \varphi_j \in \mathbb{R}$,$\rho(t)$是满足 $0 < \sigma \leqslant \rho(t) \leqslant \nu$ 的有界参数,$f(t): \mathbb{R} \to \mathbb{R}$ 是一个连续函数。如果 φ_i 和 φ_j是有界的并且$\lim\limits_{t\to\infty} f(t) = 0$,那么有$\lim\limits_{t\to\infty}(\varphi_i(t) - \varphi_j(t)) = 0$。

证明 注意 $\tanh(\varphi_i) - \tanh(\varphi_j) = (1 - \tanh(\varphi_i)\tanh(\varphi_j))\tanh(\varphi_i - \varphi_j)$。由于 φ_i 和 φ_j 是有界的,因此可以定义 $w = \sup\{|\tanh(\varphi_i)|, |\tanh(\varphi_j)|\} < 1$。令 $e = \varphi_i - \varphi_j$,那么(5.17)式可以记为:

$$\dot{e} = -g(t)\tanh(e) + f(t) \tag{5.18}$$

其中,$g(t) = \rho(t)(1 - \tanh(\varphi_i)\tanh(\varphi_j))$。显然,

$$0 < \sigma(1 - \omega^2) \leqslant g(t) \leqslant \nu(1 + \omega^2) \tag{5.19}$$

考虑 Lyapunov 方程

$$V = \ln(\cosh(e)) \tag{5.20}$$

求 V 的导数可得：

$$\begin{aligned}\dot{V}&=-g(t)\tanh(e)\left(\tanh(e)-\frac{f(t)}{g(t)}\right)\\&\leqslant -g(t)|\tanh(e)|\left(|\tanh(e)|-\frac{|f(t)|}{g(t)}\right)\\&\leqslant -\sigma(1-\omega^2)|\tanh(e)|\left(|\tanh(e)|-\frac{|f(t)|}{\sigma(1-\omega^2)}\right)\end{aligned}\tag{5.21}$$

由于$\lim\limits_{t\to\infty}f(t)=0$，所以 $\forall\, 0<\varepsilon<1$，存在 $T>0$ 使得 $|f(t)|\leqslant\sigma(1-\omega^2)\varepsilon,\forall t>T$。由(5.21)式可得在集合 $\left\{e:|\tanh(e)|\leqslant\frac{|f(t)|}{\sigma(1-\omega^2)}=\varepsilon\right\}$外，有 $\dot{V}<0$。因此，e 对 $\{e:|e|\leqslant\tanh^{-1}(\varepsilon)\}$一致有界。由$\in$的任意性以及$\lim\limits_{\in\to 0}\tanh^{-1}(\varepsilon)=0$，可得$\lim\limits_{t\to\infty}e(t)=0$。

定理 5.1 考虑网络化机械系统(5.1)式，其结构图$\mathcal{G}$是强连通的。如果 $\alpha>1,\frac{d^2}{2}+w_i\geqslant\frac{1}{2}$，那么分布式控制协议(5.14)式和自适应更新律(5.13)式和(5.15)式可解决具有慢变时滞(5.9)式的同步控制问题。

证明 将 x_i 和 η_i 写为分量的形式 $x_i=(x_{i1},x_{i2},\cdots,x_{in})^{\mathrm{T}}$ 和 $\eta_i=(\eta_{i1},\eta_{i2},\cdots,\eta_{in})^{\mathrm{T}}$。令

$$\begin{aligned}V=&\sum_{i=1}^{N}\sum_{l=1}^{n}\ln(\cosh(x_{il}))+\sum_{i=1}^{N}\sum_{l=1}^{n}\ln(\cosh(\eta_{il}))+\\&\frac{1}{2}\sum_{i=1}^{N}s_i^{\mathrm{T}}M_i(q_i)s_i+\frac{1}{2}\sum_{i=1}^{N}\tilde{\phi}_i^{\mathrm{T}}\Lambda_i^{-1}\tilde{\phi}_i+\frac{1}{2}\sum_{i=1}^{N}\tilde{\theta}_i^{\mathrm{T}}\Gamma_i^{-1}\tilde{\theta}_i+\\&\frac{1}{2}\sum_{i=1}^{N}\sum_{k\in\mathcal{N}_i}\gamma_i a_{ik}\int_{t-T_{ik}(t)}^{t}\tanh^{\mathrm{T}}(x_k(\tau))\tanh(x_k(\tau))\mathrm{d}\tau\end{aligned}\tag{5.22}$$

求 V 的导数可得：

$$\begin{aligned}\dot{V}=&\sum_{i=1}^{N}\tanh^{\mathrm{T}}(x_i)\dot{x}_i+\sum_{i=1}^{N}\tanh^{\mathrm{T}}(\eta_i)\dot{\eta}_i+\\&\frac{1}{2}\sum_{i=1}^{N}\sum_{k\in\mathcal{N}_i}\gamma_i a_{ik}(\tanh^{\mathrm{T}}(x_k)\tanh(x_k)-\\&(1-\dot{T}_{ik}(t))\tanh^{\mathrm{T}}(x_k(t-T_{ik}(t)))\tanh(x_k(t-T_{ik}(t))))+\\&\sum_{i=1}^{N}s_i^{\mathrm{T}}M_i(q_i)\dot{s}_i+\frac{1}{2}\sum_{i=1}^{N}s_i^{\mathrm{T}}\dot{M}_i(q_i)s_i+\\&\sum_{i=1}^{N}\tilde{\phi}_i^{\mathrm{T}}H_i^{\mathrm{T}}(\tanh(x_i)-\tanh(\eta_i))-\sum_{i=1}^{N}\tilde{\theta}_i^{\mathrm{T}}Y_i^{\mathrm{T}}s_i\end{aligned}$$

$$\leqslant \frac{1}{2}\sum_{i=1}^{N}\sum_{k\in\mathcal{N}_i}\gamma_i a_{ik}(\tanh^{\mathrm{T}}(x_k)\tanh(x_k)-$$

$$d^2\tanh^{\mathrm{T}}(x_k(t-T_{ik}(t)))\tanh(x_k(t-T_{ik}(t))))$$

$$-\sum_{i=1}^{N}\sum_{k\in\mathcal{N}_i}\gamma_i a_{ik}((d^2+w_i)\tanh^{\mathrm{T}}(x_i)\tanh(x_i)-$$

$$d^2\tanh^{\mathrm{T}}(x_i)\tanh(x_k(t-T_{ik}(t))))$$

$$-\sum_{i=1}^{N}\sum_{k\in\mathcal{N}_i}\gamma_i a_{ik}\tanh^{\mathrm{T}}(\eta_i)(\tanh(\eta_i)-\tanh(\eta_k))$$

$$+\sum_{i=1}^{N}(s_{X,i}^{\mathrm{T}}-s_i^{\mathrm{T}}\hat{J}_i^{\mathrm{T}}(q_i)+\tilde{\vartheta}_i^{\mathrm{T}}H_i^{\mathrm{T}})(\tanh(x_i)-\tanh(\eta_i))$$

$$=-\frac{1}{2}\sum_{i=1}^{N}\sum_{k\in\mathcal{N}_i}d^2\gamma_i a_{ik}\|\tanh(x_i)-\tanh(x_k(t-T_{ik}(t)))\|^2$$

$$+\frac{1}{2}\sum_{i=1}^{N}\sum_{k\in\mathcal{N}_i}\gamma_i a_{ik}\tanh^{\mathrm{T}}(x_k)\tanh(x_k)-$$

$$\sum_{i=1}^{N}\sum_{k\in\mathcal{N}_i}\gamma_i a_{ik}\left(\frac{d^2}{2}+w_i\right)\tanh^{\mathrm{T}}(x_i)\tanh(x_i)$$

$$-\frac{1}{2}\sum_{i=1}^{N}\sum_{k\in\mathcal{N}_i}\gamma_i a_{ik}\|\tanh(\eta_i)-\tanh(\eta_k)\|^2-\frac{1}{2}\gamma^{\mathrm{T}}L\tanh^2(\Phi)$$

$$\leqslant-\frac{1}{2}\sum_{i=1}^{N}\sum_{k\in\mathcal{N}_i}d^2\gamma_i a_{ik}\|\tanh(x_i)-\tanh(x_k(t-T_{ik}(t)))\|^2-$$

$$\frac{1}{2}\gamma^{\mathrm{T}}L\tanh^2(X)-\frac{1}{2}\sum_{i=1}^{N}\sum_{k\in\mathcal{N}_i}\gamma_i a_{ik}\|\tanh(\eta_i)-\tanh(\eta_k)\|^2-$$

$$\frac{1}{2}\gamma^{\mathrm{T}}L\tanh^2(\Phi) \tag{5.23}$$

其中，$\tanh^2(X)=(\tanh^{\mathrm{T}}(x_1)\tanh(x_1),\tanh^{\mathrm{T}}(x_2)\tanh(x_2),\cdots,\tanh^{\mathrm{T}}(x_N)\tanh(x_N))^{\mathrm{T}}$，$\tanh^2(\Phi)=(\tanh^{\mathrm{T}}(\eta_1)\tanh(\eta_1)\tanh^{\mathrm{T}}(\eta_2)\tanh(\eta_2),\cdots,\tanh^{\mathrm{T}}(\eta_N)\tanh(\eta_N))^{\mathrm{T}}$。并且(5.23)式中用到了关系式$s_{X,i}^{\mathrm{T}}-s_i^{\mathrm{T}}\hat{J}_i^{\mathrm{T}}(q_i)+\tilde{\vartheta}_i^{\mathrm{T}}H_i^{\mathrm{T}}=0$和$\frac{d^2}{2}+w_i\geqslant\frac{1}{2}$。从引理2.2可知$\gamma^{\mathrm{T}}L=0$，由此可得：

$$\dot{V}\leqslant-\frac{1}{2}\sum_{i=1}^{N}\sum_{k\in\mathcal{N}_i}d^2\gamma_i a_{ik}\|\tanh(x_i)-\tanh(x_k(t-T_{ik}(t)))\|^2$$

$$-\frac{1}{2}\sum_{i=1}^{N}\sum_{k\in\mathcal{N}_i}\gamma_i a_{ik}\|\tanh(\eta_i)-\tanh(\eta_k)\|^2\leqslant 0 \tag{5.24}$$

由此可知$V\in\mathcal{L}_\infty$。注意V正定并且关于x_i，η_i，s_i，$\tilde{\vartheta}_i$和$\tilde{\theta}_i$径向无界。因此，有x_i，η_i，s_i，$\tilde{\vartheta}_i$，$\tilde{\theta}_i\in\mathcal{L}_\infty$。由(5.10a)式和(5.11)式可以看出$\dot{x}_i$，$\dot{\eta}_i\in\mathcal{L}_\infty$，从而$\ddot{V}\in\mathcal{L}_\infty$。根据 Barbalat 引理可得$\lim\limits_{t\to\infty}\dot{V}(t)=0$。由此可知，对于满足$a_{ik}\neq0$的指数$i$和$k$有$\lim\limits_{t\to\infty}(\tanh(x_i(t))-\tanh(x_k(t-T_{ik}(t))))=0$和$\lim\limits_{t\to\infty}(\tanh(\eta_i(t))-\tanh(\eta_k(t)))=0$。由于$\tanh(\cdot)$是严格单调递增的，因此对于满足$a_{ik}\neq0$的指数$i$和$k$有$\lim\limits_{t\to\infty}(x_i(t)-x_k(t-T_{ik}(t)))=0$和$\lim\limits_{t\to\infty}(\eta_i(t)-\eta_k(t))=0$。另外，由$\mathcal{G}$的强连通性可得$\forall i,j\in\mathcal{I}$，存在有向路径$\nu_i=\nu_{k_1},\nu_{k_2},\cdots,\nu_{k_s}=\nu_j$连接$\nu_j$到$\nu_i$。因此可得$\forall i,j\in\mathcal{I}$，有$\lim\limits_{t\to\infty}(\eta_i(t)-\eta_j(t))=\lim\limits_{t\to\infty}\sum\limits_{i=1}^{s-1}(\eta_{k_i}(t)-\eta_{k_{i+1}}(t))=\sum\limits_{i=1}^{s-1}\lim\limits_{t\to\infty}(\eta_{k_i}(t)-\eta_{k_{i+1}}(t))=0$。由此可知：

$$
\begin{aligned}
\dot{x}_i-\dot{x}_j=s_{X,i}&-\tanh(\eta_i)-w_i\gamma_i\sum_{k\in\mathcal{N}_i}a_{ik}\tanh(x_i)-\\
&d^2\gamma_i\sum_{k\in\mathcal{N}_i}a_{ik}(\tanh(x_i)-\tanh(x_k(t-T_{ik}(t))))-\\
&(s_{X,j}-\tanh(\eta_j)-w_j\gamma_j\sum_{k\in\mathcal{N}_j}a_{jk}\tanh(x_j)-\\
&d^2\gamma_j\sum_{k\in\mathcal{N}_j}a_{jk}(\tanh(x_j)-\tanh(x_k)(t-T_{ik}(t))))
\end{aligned}\tag{5.25}
$$

由于$w_i=\dfrac{\alpha}{\gamma_i\sum\limits_{k\in\mathcal{N}_i}a_{ik}}$，$\forall i\in\mathcal{I}$。所以有：

$$
\begin{aligned}
\dot{x}_i-\dot{x}_j=&(s_{X,i}-s_{X,j})-(\tanh(\eta_i)-\tanh(\eta_j))-\alpha(\tanh(x_i)-\tanh(x_j))-\\
&d^2\gamma_i\sum_{k\in\mathcal{N}_i}a_{ik}(\tanh(x_i)-\tanh(x_k(t-T_{ik}(t))))+\\
&d^2\gamma_j\sum_{k\in\mathcal{N}_j}a_{jk}(\tanh(x_j)-\tanh(x_k)(t-T_{ik}(t)))
\end{aligned}\tag{5.26}
$$

将(5.10a)式带入(5.26)式可导出：

$$
\begin{aligned}
&\dot{\eta}_i-\dot{\eta}_j+\dot{x}_i-\dot{x}_j\\
=&-(\alpha-1)(I_n-\tanh(x_i,x_j))(I_n-\tanh(\eta_i,\eta_j))^{-1}(\tanh(\eta_i)-\tanh(\eta_j))\\
&-(\alpha-1)(\tanh(x_i)-\tanh(x_j))+f_{ij}(t)\\
=&-(\alpha-1)(I_n-\tanh(x_i,x_j))(\tanh(\eta_i-\eta_j)+\tanh(x_i-x_j))+f_{ij}(t)\\
=&-(\alpha-1)(I_n-\tanh(x_i,x_j))(I_n+\tanh(\eta_i-\eta_j,x_i-x_j))\\
&\tanh(\eta_i-\eta_j+x_i-x_j)+f_{ij}(t)
\end{aligned}\tag{5.27}
$$

其中，$f_{ij}(t)$为：

$$
\begin{aligned}
f_{ij}(t)=&-\Big(\gamma_i\sum_{k\in\mathcal{N}_i}a_{ik}(\tanh(\eta_i)-\tanh(\eta_k))-\\
&\gamma_j\sum_{k\in\mathcal{N}_j}a_{jk}(\tanh(\eta_j)-\tanh(\eta_k))\Big)+\\
&(\alpha-1)(I_n-\tanh(x_i,x_j))(I_n-\tanh(\eta_i,\eta_j))^{-1}(\tanh(\eta_i)-\\
&\tanh(\eta_j))-(\tanh(\eta_i)-\tanh(\eta_j))-d^2\gamma_i\sum_{k\in\mathcal{N}_i}a_{ik}(\tanh(x_i)-\\
&\tanh(x_k)(t-T_{ik}(t)))+d^2\gamma_j\sum_{k\in\mathcal{N}_j}a_{jk}(\tanh(x_j)-\\
&\tanh(x_k)(t-T_{jk}(t)))
\end{aligned}\tag{5.28}
$$

注意到对于任意满足 $a_{ij}\neq 0$ 的指数 i 和 j，$\lim\limits_{t\to\infty}(x_i(t)-x_j(t-T(t)))=0$，并且 $\forall i,j\in\mathcal{I}$，$\lim\limits_{t\to\infty}(\eta_i(t)-\eta_j(t))=0$。所以有：

$$
\lim_{t\to\infty}f_{ij}(t)=0,\quad \forall i,j\in\mathcal{I}\tag{5.29}
$$

由引理 5.1 可得，$\lim\limits_{t\to\infty}(\eta_i(t)-\eta_j(t)+x_i(t)-x_j(t))=0$。注意到 $\lim\limits_{t\to\infty}(\eta_i(t)-\eta_j(t))=0$，所以 $\lim\limits_{t\to\infty}(x_i(t)-x_j(t))=\lim\limits_{t\to\infty}(\eta_i(t)-\eta_j(t)+x_i(t)-x_j(t))-\lim\limits_{t\to\infty}(\eta_i(t)-\eta_j(t))=0$。证毕。

注释 5.1 根据定理 5.1 的证明不能推断参数的估计值 $\hat{\phi}_i$ 和 $\hat{\theta}_i$ 收敛于真值 ϕ_i 和 θ_i。但是从 V 函数中可以得到参数误差一致有界并且满足 $\sum\limits_{i=1}^{N}\|\tilde{\phi}_i\|^2\leqslant\dfrac{2V(0)}{\min\limits_{i\in\mathcal{I}}\{\lambda_{\min}(\Lambda_i^{-1})\}}$ 和 $\sum\limits_{i=1}^{N}\|\tilde{\theta}_i\|^2\leqslant\dfrac{2V(0)}{\min\limits_{i\in\mathcal{I}}\{\lambda_{\min}(\Gamma_i^{-1})\}}$。要确保得到满意的收敛区域需要增大矩阵 Λ_i^{-1} 和 Γ_i^{-1} 的最小特征值。

注释 5.2 另一个可供选择的辅助变量 η_i 的更新率为：

$$
\dot{\eta}_i=-\mathrm{Cosh}^2(\eta_i)\Big(\sum_{k\in\mathcal{N}_i}a_{ik}(\tanh(\eta_i)-\tanh(\eta_k))-\tanh(x_i)+s_{X,i}\Big)\tag{5.30}
$$

其中，$\cosh^2(\eta_i)$ 为动态反馈参数，增大了收敛速度。选择 Lyapunov 函数

$$
\begin{aligned}
V=&\sum_{i=1}^{N}\sum_{l=1}^{n}\ln(\cosh(x_{il}))+\sum_{i=1}^{N}\sum_{l=1}^{n}\int_0^{\eta_{il}}\tanh(\upsilon)\mathrm{sech}^2(\eta_{il})\mathrm{d}\upsilon+\\
&\frac{\alpha}{2}\sum_{i=1}^{N}\sum_{k\in\mathcal{N}_i}a_{ik}\int_{t-T_{ik}(t)}^{t}\tanh^{\mathrm{T}}(x_k(\tau))\tanh(x_k(\tau))\mathrm{d}\tau+\\
&\frac{1}{2}\sum_{i=1}^{N}s_i^{\mathrm{T}}M_i(q_i)s_i+\frac{1}{2}\sum_{i=1}^{N}\tilde{\phi}_i^{\mathrm{T}}\Lambda_i^{-1}\tilde{\phi}_i+\frac{1}{2}\sum_{i=1}^{N}\tilde{\theta}_i^{\mathrm{T}}\Gamma_i^{-1}\tilde{\theta}_i
\end{aligned}\tag{5.31}
$$

同样可以得到定理 5.1 的结论。

5.1.3 不依赖延时的同步方案

5.1.2 小节结果解决了具有慢变时滞的网络化机械系统自适应同步控制问题。考虑到有时时滞会出现突然的震颤，因此本小节将提出新的对时滞的变化率没有约束的控制方案。考虑如下辅助向量：

$$s'_{X,i}=\dot{x}_i+\gamma_i\sum_{k\in\mathcal{N}_i}a_{ik}\left(\left(1+\frac{\rho}{2}+\frac{\tau^2}{2\rho}\right)\tanh(x_i)-\tanh(x_k(t-T_{ik}(t)))\right)+\tanh(\eta'_i) \tag{5.32a}$$

$$\dot{q}'_{r,i}=-\hat{J}_i^{-1}(q_i)\left(\gamma_i\sum_{k\in\mathcal{N}_i}a_{ik}\left(\left(1+\frac{\rho}{2}+\frac{\tau^2}{2\rho}\right)\mathrm{tank}(x_i)-\tanh(x_k(t-T_{ik}(t)))\right)+\tanh(\eta'_i)\right) \tag{5.32b}$$

$$s'_i=\dot{q}_i-\dot{q}'_{r,i} \tag{5.32c}$$

其中，$\rho>0$ 是正实数，$\tau=\sup\limits_{t\in[0,\infty)}\{T_{ij}(t):\forall i,j\in\mathcal{I}\}$，并且 η'_i 定义为：

$$\eta'_i=-\gamma_i\sum_{k\in\mathcal{N}_i}a_{ik}(\tanh(\eta'_i)-\tanh(\eta'_k))+\tanh(x_i)-s'_{X,i} \tag{5.33}$$

类似于(5.12)式，可以得出：

$$s'_{X,i}=\hat{J}_i(q_i)s'_i-H_i(q_i,\dot{q}_i)\tilde{\phi}_i \tag{5.34}$$

自适应同步控制协议和估计参数 $\hat{\phi}_i$ 和 $\hat{\theta}_i$ 的更新律分别定义为：

$$\tau_i=Y_i(q_i,\dot{q}_i,\dot{q}_{r,i},\ddot{q}_{r,i})\theta_i+\hat{J}_i^{\mathrm{T}}(q_i)(-\tanh(x_i)+\tanh(\eta'_i)) \tag{5.35a}$$

$$\dot{\hat{\phi}}=\Lambda_iH_i^{\mathrm{T}}(q_i,\dot{q}_i)(\tanh(x_i)-\tanh(\eta'_i)) \tag{5.35b}$$

$$\dot{\hat{\theta}}_i=-\Gamma_iY_i^{\mathrm{T}}(q_i,\dot{q},\dot{q}_{r,i},\ddot{q}_{r,i})s'_i \tag{5.35c}$$

将(5.35)式带入(5.1)式可得 s'_i 的闭环系统动态为：

$$M_i(q_i)\dot{s}'_i+C_i(q_i,\dot{q}_i)s'_i=Y_i(q_i,\dot{q}_i,\dot{q}'_{r,i},\ddot{q}'_{r,i})\tilde{\theta}_i+\hat{J}_i^{\mathrm{T}}(q_i)(-\tanh(x_i)+\tanh(\eta'_i)) \tag{5.36}$$

本节主要结果 6 证明需要用到以下引理。

引理 5.2 令 a,b 为正实数，$\nu(x,y)>0$ 为实值函数，那么有：

$$|x|^a|y|^b\leqslant\frac{a\nu(x,y)|x|^{a+b}}{a+b}+\frac{\mathrm{d}\nu^{-\frac{c}{d}}(x,y)|y|^{a+b}}{a+b} \tag{5.37}$$

引理 5.3 令矩阵 $M\in\mathbb{R}^{n\times n}$ 且 $M=M^{\mathrm{T}}>0$，标量 $c>d>0$，向量函数 $\omega:[c,d]\to\mathbb{R}^n$，有：

$$(d-c)\int_c^d\omega^{\mathrm{T}}(s)M\omega(s)\mathrm{d}s\geqslant\left(\int_c^d\omega(s)\mathrm{d}s\right)^{\mathrm{T}}M\left(\int_c^d\omega(s)\mathrm{d}s\right)\tag{5.38}$$

引理 5.4 令 $\tau>0$ 为有上界的时滞，即 $\tau=\sup\limits_{t\in[0,\infty)}\{T_{ij}(t):\forall i,j\in\mathcal{I}\}$，那么下面的不等式 $\forall i\in\mathcal{I}$ 和 $\forall k\in\mathcal{N}_i$ 成立：

$$\begin{aligned}&2\left\|\tanh^{\mathrm{T}}(x_i)\int_{t-T_{ik}(t)}^{t}\tanh(x_k(s))\mathrm{d}s\right\|\\&\leqslant\rho\tanh^{\mathrm{T}}(x_i)\tanh(x_i)+\frac{\tau}{\rho}\int_{t-\tau}^{t}\tanh^{\mathrm{T}}(x_k(s))\tanh(x_k(s))\mathrm{d}s\end{aligned}\tag{5.39}$$

其中，$\rho>0$ 是正实数。

证明 由引理 5.3 可以直接得到

$$\begin{aligned}&2\left\|\tanh^{\mathrm{T}}(x_i)\int_{t-T_{ik}(t)}^{t}\tanh(x_k(s))\mathrm{d}s\right\|\\&\leqslant 2\|\rho\tanh(x_i)\|\left\|\frac{1}{\rho}\int_{t-T_{ik}(t)}^{t}\tanh(x_k(s))\mathrm{d}s\right\|\\&\leqslant\rho\tanh^{\mathrm{T}}(x_i)\tanh(x_i)+\frac{1}{\rho}\left(\int_{t-T_{ik}(t)}^{t}\tanh(x_k(s))\mathrm{d}s\right)^{\mathrm{T}}\left(\int_{t-T_{ik}(t)}^{t}\tanh(x_k(s))\mathrm{d}s\right)\\&\leqslant\rho\tanh^{\mathrm{T}}(x_i)\tanh(x_i)+\frac{T_{ik}(t)}{\rho}\int_{t-T_{ik}(t)}^{t}\tanh^{\mathrm{T}}(x_k(s))\tanh(x_k(s))\mathrm{d}s\\&\leqslant\rho\tanh^{\mathrm{T}}(x_i)\tanh(x_i)+\frac{\tau}{\rho}\int_{t-\tau}^{t}\tanh^{\mathrm{T}}(x_k(s))\tanh(x_k(s))\mathrm{d}s\end{aligned}\tag{5.40}$$

证毕。

下面给出本小节的主要结论。

定理 5.2 考虑网络化机械系统(5.1)式，其结构图$\mathcal{G}$是强连通的。自适应控制协议和参数更新律(5.35)式可解决具有时变时滞的同步控制问题。

证明 注意到 $x_i=(x_{i1},x_{i2},\cdots,x_{in})^{\mathrm{T}}$，$\eta'_i=(\eta'_{i1},\eta'_{i2},\cdots,\eta'_{in})^{\mathrm{T}}$。考虑 Lyapunov-Krasovskii 函数 $V=V_1+V_2$，其中，

$$\begin{aligned}V_1=&\sum_{i=1}^{N}\sum_{l=1}^{n}\ln(\cosh(x_{il}))+\sum_{i=1}^{N}\sum_{l=1}^{n}\ln(\cosh(\eta'_{il}))+\\&\frac{1}{2}\sum_{i=1}^{N}s_i'^{\mathrm{T}}M_i(q_i)s'_i+\frac{1}{2}\sum_{i=1}^{N}\tilde{\phi}_i^{\mathrm{T}}\Lambda_i^{-1}\tilde{\phi}_i+\frac{1}{2}\sum_{i=1}^{N}\tilde{\theta}_i^{\mathrm{T}}\Gamma_i^{-1}\tilde{\theta}_i\end{aligned}\tag{5.41}$$

$$V_2=\frac{\tau}{2\rho}\sum_{i=1}^{N}\sum_{k\in\mathcal{N}_i}\gamma_i a_{ik}\int_{-\tau}^{0}\int_{t+s}^{t}\tanh^{\mathrm{T}}(x_k(\eta))\tanh(x_k(\eta))\mathrm{d}\eta\mathrm{d}s\tag{5.42}$$

求 V_1 的导数可得：

$$\dot{V}_1=\sum_{i=1}^{N}\tanh^{\mathrm{T}}(x_i)\dot{x}_i+\sum_{i=1}^{N}\tanh^{\mathrm{T}}(\eta'_i)\dot{\eta}'_i+\sum_{i=1}^{N}s'^{\mathrm{T}}_iM_i(q_i)\dot{s}'_i+\frac{1}{2}\sum_{i=1}^{N}s'^{\mathrm{T}}_i\dot{M}_i(q_i)s'_i+$$

$$\sum_{i=1}^{N}\tilde{\phi}_i^{\mathrm{T}}H_i^{\mathrm{T}}(\tanh(x_i)-\tanh(\eta'_i))-\sum_{i=1}^{N}\tilde{\theta}_i^{\mathrm{T}}Y_i^{\mathrm{T}}s'_i$$

$$=\sum_{i=1}^{N}\sum_{k\in\mathcal{N}_i}\gamma_i a_{ik}\tanh^{\mathrm{T}}(x_i)\left(\left(1+\frac{\rho}{2}+\frac{\tau^2}{2\rho}\right)\tanh(x_i)-\tanh(x_k)\right)-$$

$$\sum_{i=1}^{N}\sum_{k\in\mathcal{N}_i}\gamma_i a_{ik}\tanh^{\mathrm{T}}(x_i)\int_{t-T_{ik}(t)}^{t}\tanh(x_k(s))\mathrm{d}s-$$

$$\sum_{i=1}^{N}\sum_{k\in\mathcal{N}_i}\gamma_i a_{ik}\tanh^{\mathrm{T}}(\eta'_i)(\tanh(\eta'_k)-\tanh(\eta'_k))$$

$$=-\frac{1}{2}\sum_{i=1}^{N}\sum_{k\in\mathcal{N}_i}\gamma_i a_{ik}\|\tanh(x_i)-\tanh(x_k)\|^2$$

$$-\frac{1}{2}\sum_{i=1}^{N}\sum_{k\in\mathcal{N}_i}\gamma_i a_{ik}\|\tanh(\eta'_i)-\tanh(\eta'_k)\|^2-$$

$$\sum_{i=1}^{N}\sum_{k\in\mathcal{N}_i}\gamma_i a_{ik}\left(\frac{\rho}{2}+\frac{\tau^2}{2\rho}\right)\tanh^{\mathrm{T}}(x_i)\tanh(x_i)-$$

$$\sum_{i=1}^{N}\sum_{k\in\mathcal{N}_i}\gamma_i a_{ik}\tanh^{\mathrm{T}}(x_i)\int_{t-T_{ik}(t)}^{t}\tanh(x_k(s))\mathrm{d}s \tag{5.43}$$

由引理 5.4 可得：

$$\dot{V}_1\leqslant-\frac{1}{2}\sum_{i=1}^{N}\sum_{k\in\mathcal{N}_i}\gamma_i a_{ik}\|\tanh(x_i)-\tanh(x_k)\|^2-$$

$$\frac{1}{2}\sum_{i=1}^{N}\sum_{k\in\mathcal{N}_i}\gamma_i a_{ik}\|\tanh(\eta'_i)-\tanh(\eta'_k)\|^2-$$

$$\frac{\tau^2}{2\rho}\sum_{i=1}^{N}\sum_{k\in\mathcal{N}_i}\gamma_i a_{ik}\tanh^{\mathrm{T}}(x_i)\tanh(x_i)+$$

$$\frac{\tau}{2\rho}\sum_{i=1}^{N}\sum_{k\in\mathcal{N}_i}\gamma_i a_{ik}\int_{t-\tau}^{t}\tanh^{\mathrm{T}}(x_k(s))\tanh(x_k(s))\mathrm{d}s \tag{5.44}$$

然后求 V_2 的导数可得：

$$\dot{V}_2=\frac{\tau}{2\rho}\sum_{i=1}^{N}\sum_{k\in\mathcal{N}_i}\gamma_i a_{ik}\int_{-\tau}^{0}(\tanh^{\mathrm{T}}(x_k(t))\tanh(x_k(t))$$

$$-\tanh^{\mathrm{T}}(x_k(t+s))\tanh(x_k(t+s)))\mathrm{d}s$$

$$=\frac{\tau^2}{2\rho}\sum_{i=1}^{N}\sum_{k\in\mathcal{N}_i}\gamma_i a_{ik}\tanh^{\mathrm{T}}(x_k(t))\tanh(x_k(t))$$

$$-\frac{\tau}{2\rho}\sum_{i=1}^{N}\sum_{k\in\mathcal{N}_i}\gamma_i a_{ik}\int_{t-\tau}^{t}\tanh^{\mathrm{T}}(x_k(s))\tanh(x_k(s))\mathrm{d}s \tag{5.45}$$

结合(5.44)式和(5.45)式得：

$$\dot{V}\leqslant-\frac{1}{2}\sum_{i=1}^{N}\sum_{k\in\mathcal{N}_i}\gamma_i a_{ik}(\|\tanh(x_i)-\tanh(x_k)\|^2+\|\tanh(\eta_i')-\tanh(\eta_k')\|^2)$$

$$-\frac{\tau^2}{2\rho}\sum_{i=1}^{N}\sum_{k\in\mathcal{N}_i}\gamma_i a_{ik}(\tanh^{\mathrm{T}}(x_i)\tanh(x_i)-\tanh^{\mathrm{T}}(x_k)\tanh(x_k))$$

$$=-\frac{1}{2}\sum_{i=1}^{N}\sum_{k\in\mathcal{N}_i}\gamma_i a_{ik}(\|\tanh(x_i)-\tanh(x_k)\|^2+\|\tanh(\eta_i')-\tanh(\eta_k')^2)$$

$$\leqslant 0 \tag{5.46}$$

由类似于定理 5.1 的证明可知 x_i，η_i'，s_i'，$\tilde{\phi}_i$，$\tilde{\theta}_i\in\mathcal{L}_\infty$ 并且 $\lim\limits_{t\to\infty}\dot{V}(t)=0$。从而对于满足 $a_{ik}\neq0$ 的指数 i 和 k 有 $\lim\limits_{t\to\infty}(x_i(t)-x_k(t))=0$ 和 $\lim\limits_{t\to\infty}(\eta_i(t)-\eta_k(t))=0$。进一步，由$\mathcal{G}$的连通性可得 $\lim\limits_{t\to\infty}(x_i(t)-x_j(t))=0$ 和 $\lim\limits_{t\to\infty}(\eta_i(t)-\eta_j(t))=0$，$\forall i,j\in\mathcal{I}$。证毕。

注释 5.3 由控制律和更新律(5.35)式可以看出，控制方案不需要对时滞的导数 $\dot{T}_{ij}(t)$ 做出限制，因此定理 5.2 比定理 5.1 具有更大的灵活性。

5.1.4 仿真例子

本小节将用 6 个两连杆机构来验证控制方案的有效性。结构图$\mathcal{G}$是强连通的，如图 5.1 所示。由关节空间到任务空间的 Jacobian 矩阵为：

$$J_i(q_i)=\begin{pmatrix}-l_{i,1}\sin(q_{i,1})-l_{i,2}\sin(q_{i,1}+q_{i,2}) & -l_{i,2}\sin(q_{i,1}+q_{i,2})\\ l_{i,1}\cos(q_{i,1})+l_{i,2}\cos(q_{i,1}+q_{i,2}) & l_{i,2}\cos(q_{i,1}+q_{i,2})\end{pmatrix} \tag{5.47}$$

其中，$q_i=(q_{i,1},q_{i,2})^{\mathrm{T}}$，$l_{i,1}$ 和 $l_{i,2}$ 是连杆的长度。回归矩阵$H_i(q_i,\dot{q}_i)$和参数 ϕ_i 为：

$$H_i(q_i,\dot{q}_i)=\begin{pmatrix}-\sin(q_{i,1})\dot{q}_{i,1} & -\sin(q_{i,1}+q_{i,2})(\dot{q}_{i,1}+\dot{q}_{i,2})\\ \cos(q_{i,1})\dot{q}_{i,1} & \cos(q_{i,1}+q_{i,2})(\dot{q}_{i,1}+\dot{q}_{i,2})\end{pmatrix} \tag{5.48}$$

$$\phi_i=(l_{i,1},l_{i,2})^{\mathrm{T}} \tag{5.49}$$

惯性矩阵 $M_i(q_i)$ 和向心力矩阵 $C_i(q_i,\dot{q}_i)$ 为：

$$M_i(q_i)=\begin{pmatrix} a_{i,1}+2a_{i,2}\cos(q_{i,2}) & a_{i,3}+a_{i,2}\cos(q_{i,2}) \\ a_{i,3}+a_{i,2}\cos(q_{i,2}) & a_{i,3} \end{pmatrix} \tag{5.50}$$

$$C_i(q_i,\dot{q}_i)=\begin{pmatrix} -a_{i,2}\sin(q_{i,2})\dot{q}_{i,2} & -a_{i,2}\sin(q_{i,2})(\dot{q}_{i,1}+\dot{q}_{i,2}) \\ a_{i,2}\sin(q_{i,2})\dot{q}_{i,1} & 0 \end{pmatrix} \tag{5.51}$$

其中，$a_{i,1}=I_{i,1}+m_{i,1}l_{i,c1}^2+m_{i,2}l_{i,1}^2+I_{i,2}+m_{i,2}l_{i,c2}^2$，$a_{i,2}=m_{i,2}l_{i,1}l_{i,c2}$，$a_{i,3}=I_{i,2}+m_{i,2}l_{i,c2}^2$，$m_{i,1}$ 和 $m_{i,2}$ 为连杆质量，$I_{i,1}$ 和 $I_{i,2}$ 为连杆转动惯量，$l_{i,c1}$ 和 $l_{i,c2}$ 为连杆的质心。为简单起见，重力项 $G_i(q_i)$ 取为零。令 $\gamma=(\gamma_1,\gamma_2)^{\mathrm{T}}\in\mathbb{R}^2$，参数向量 $\theta_i=(a_{i,1},a_{i,2},a_{i,3})^{\mathrm{T}}$，回归矩阵 $Y_i(q_i,\dot{q}_i,\gamma,\dot{\gamma})=[y_{ij}]\in\mathbb{R}^{2\times3}$ 为 $y_{11}=\dot{\gamma}_1$，$y_{12}=2\cos(q_{i,2})\dot{\gamma}_1+\cos(q_{i,2})\dot{\gamma}_2-\sin(q_{i,2})\dot{q}_{i,2}\gamma_1-\sin(q_{i,2})(\dot{q}_{i,1}+\dot{q}_{i,2})\gamma_2$，$y_{13}=\dot{\gamma}_2$，$y_{21}=0$，$y_{22}=\cos(q_{i,2})\dot{\gamma}_i+\sin(q_{i,2})\dot{q}_{i,1}\gamma_1$，$y_{23}=\dot{\gamma}_1+\dot{\gamma}_2$。两连杆的物理参数如表 5.1 所示。

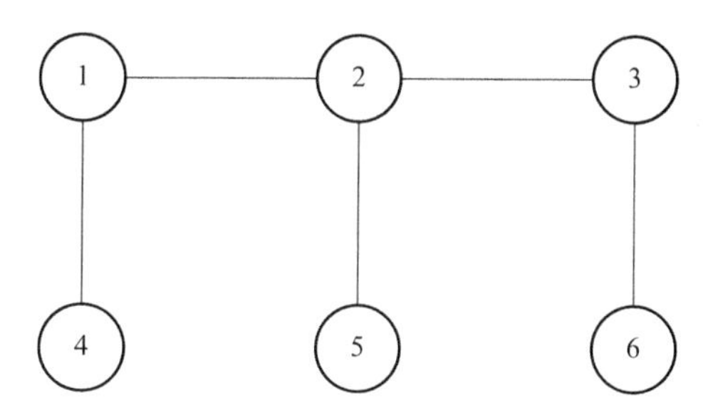

图 5.1　拓扑结构图

表 5.1　两连杆物理参数

manipulator$i$	$m_{i,1}$，$m_{i,2}$/kg	$I_{i,1}$，$I_{i,2}$/(kg·m^2)	$l_{i,1}$，$l_{i,2}$/m	$l_{i,c1}$，$l_{i,c2}$/m
1	1.6，1.7	0.52，0.41	2.0，1.8	1.1，1.2
2	1.4，1.5	0.37，0.46	1.9，1.8	0.9，1.3
3	1.3，1.2	0.32，0.51	2.0，1.7	1.3，1.2
4	1.6，1.4	0.50，0.51	1.7，1.6	1.1，1.4
5	1.5，1.7	0.51，0.40	1.8，1.8	1.5，1.2
6	1.7，1.5	0.46，0.49	1.6，2.0	1.7，1.6

表 5.2　初始值

manipulator$i$	$q_{i,1}$，$q_{i,2}$/rad	$\hat{\phi}_{i,1}$，$\hat{\phi}_{i,2}$	$\hat{\theta}_{i,1}$，$\hat{\theta}_{i,2}$，$\hat{\theta}_{i,3}$
1	0.43π，−0.52π	1.0，1.2	1.6，1.2，2.0
2	0.36π，−0.71π	1.8，1.9	1.3，1.5，1.1
3	0.37π，−0.30π	1.7，1.4	1.1，1.0，1.6
4	0.40π，−0.60π	1.5，1.6	1.4，1.5，1.0
5	0.38π，−0.70π	1.7，1.8	1.3，1.2，1.0
6	0.35π，−0.65π	2.0，1.6	1.5，1.6，1.9

首先验证慢变时滞同步控制协议。取时滞为 $T_{12}=0.1+0.2\sin(t)$，$T_{14}=0.2+0.2\sin(t)$，$T_{21}=0.1+0.1\sin(t)$，$T_{23}=0.1\sin(t)$，$T_{25}=0.1+0.2\sin(t)$，$T_{32}=0.1+0.2\sin(t)$，$T_{36}=0.2\sin(t)$，$T_{41}=0.1+0.1\sin(t)$，$T_{52}=0.1+0.2\sin(t)$，$T_{63}=0.1\sin(t)$。初始状态和初始参数估计值如表 5.2 所示。由控制协议(5.14)式和更新律(5.13)式、(5.15)式可得仿真结果图 5.2、图 5.3、图 5.4。由图 5.2 可以看出状态轨迹趋于一致。由图 5.3 和图 5.4 可以看出估计参数误差有界。

图 5.2 的彩图

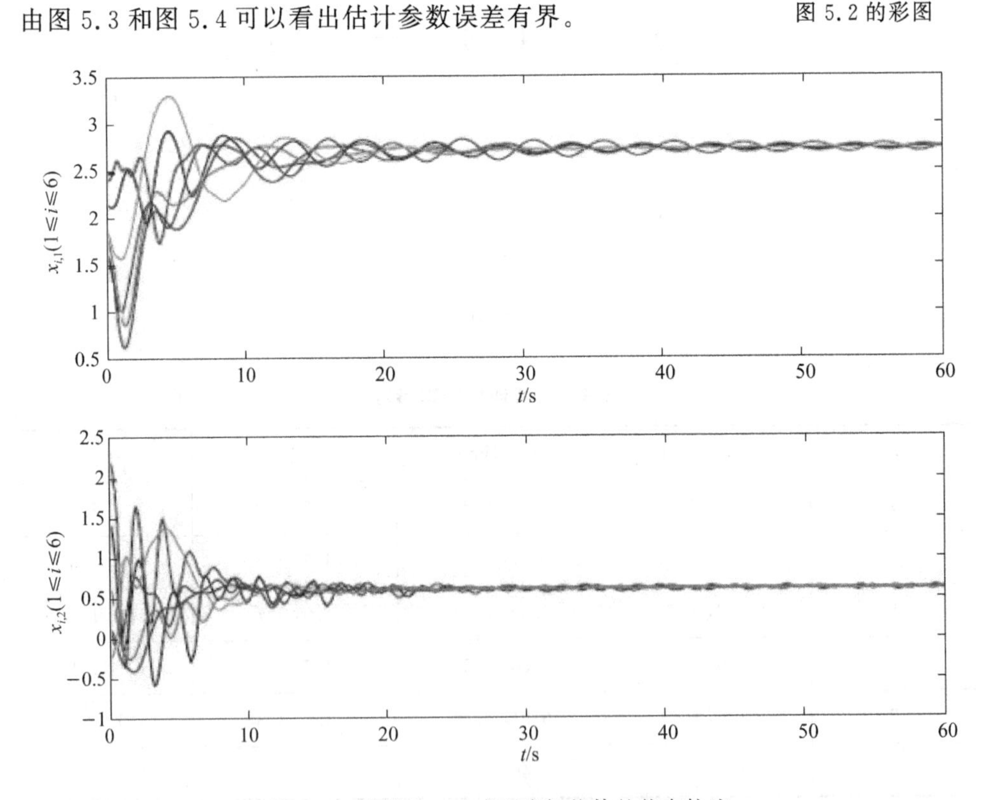

图 5.2　协议(5.14)式下多智能体的状态轨迹

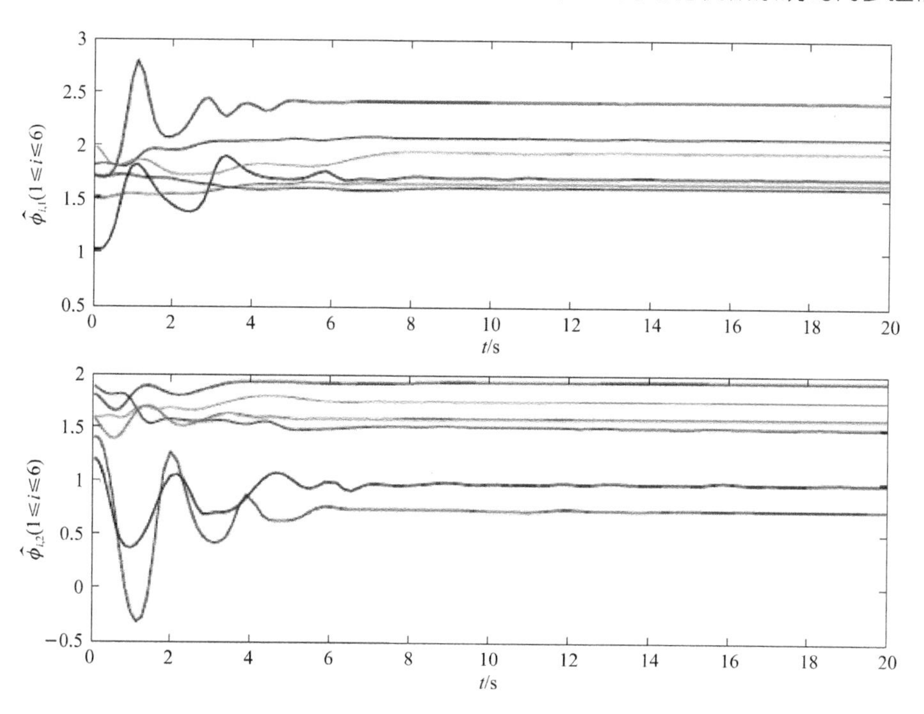

图 5.3　协议(5.13)式下参数估计值 $\hat{\phi}_i$

图 5.4　协议(5.15)式下参数估计值 $\hat{\theta}_i$

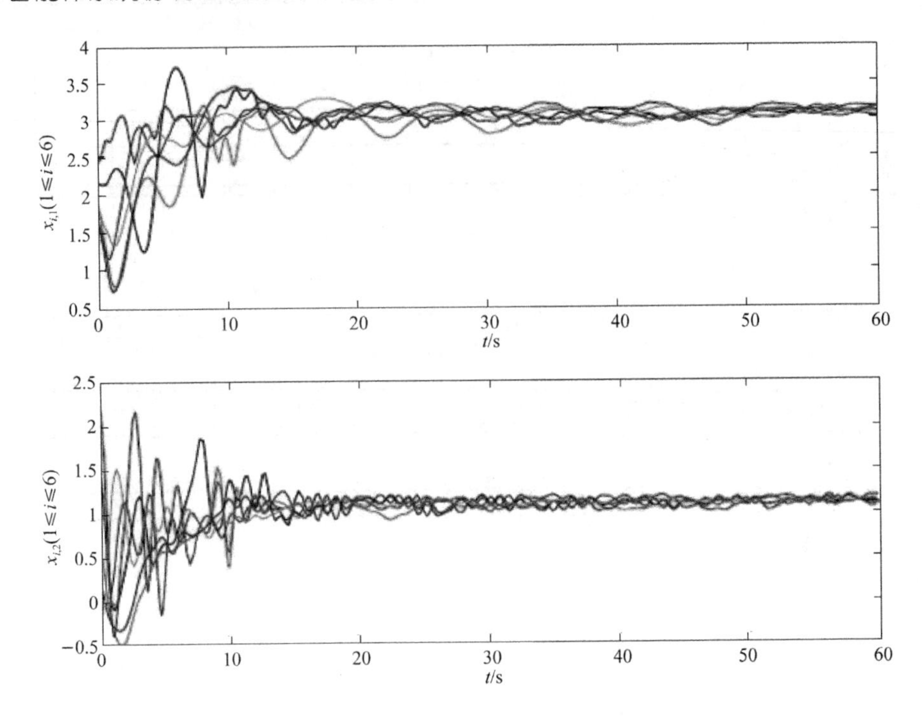

图 5.5　协议(5.35)式下多智能体的状态轨迹

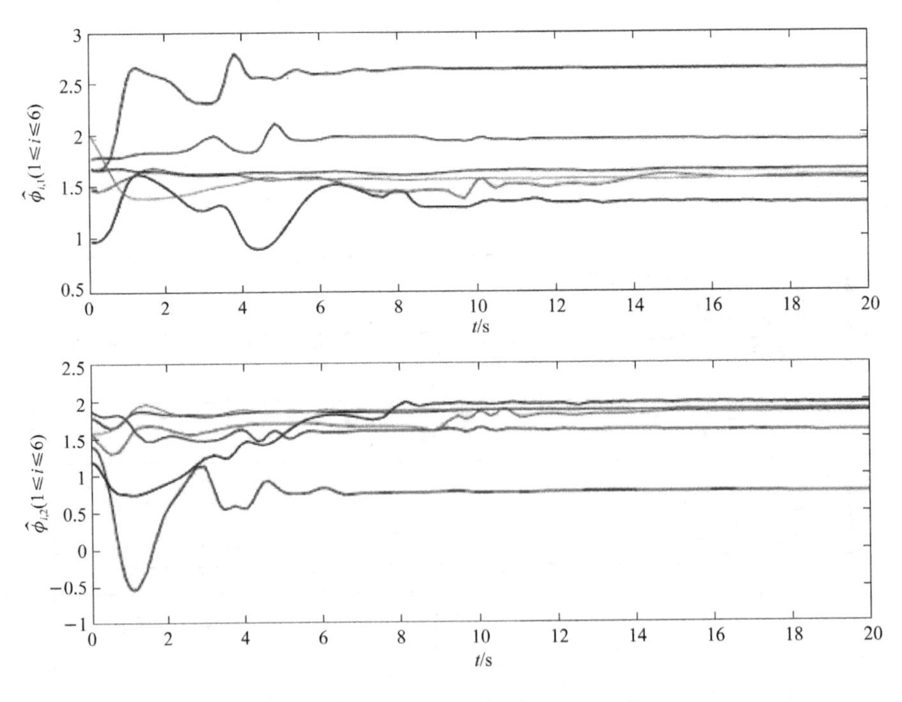

图 5.6　协议(5.35)式下参数估计值 $\hat{\varphi}_i$

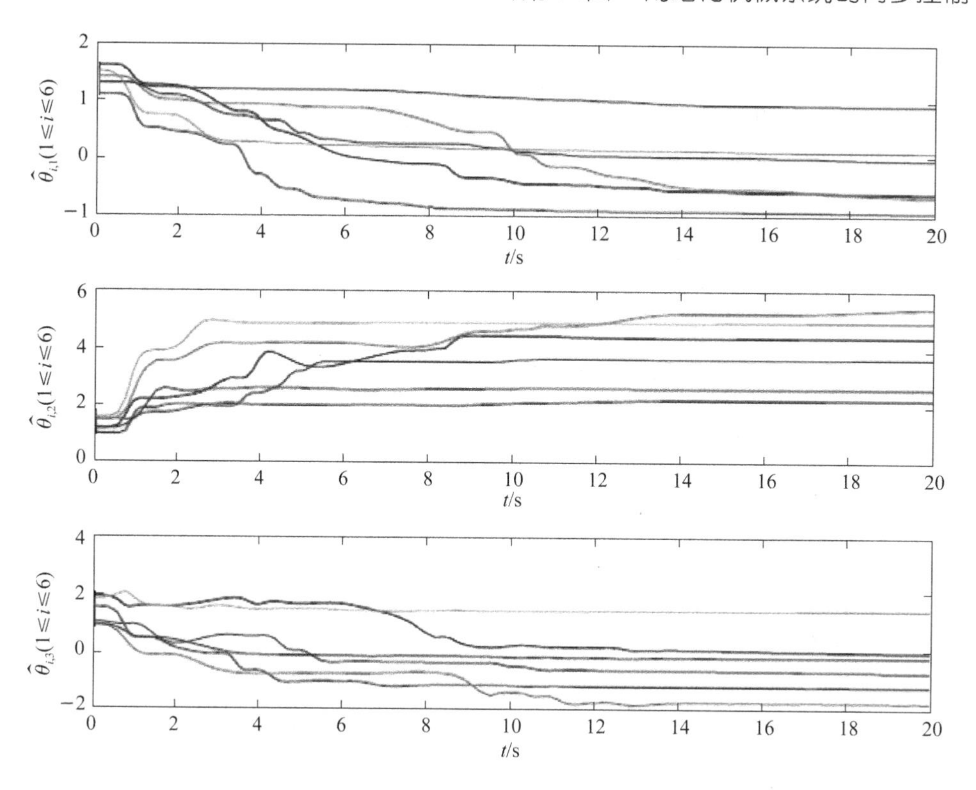

图 5.7　协议(5.35)式下参数估计值 $\hat{\theta}_i$

图 5.3 的彩图　　图 5.4 的彩图　　图 5.5 的彩图

图 5.6 的彩图　　图 5.7 的彩图

然后应用自适应同步控制方案(5.35)式，仿真结果如图 5.5～图 5.7 所示，其中时滞取为 $T_{12}=0.1+\sin(t)$，$T_{14}=0.2+\sin(t)$，$T_{21}=0.1+\sin(t)$，$T_{23}=\sin(t)$，$T_{25}=0.1+\sin(t)$，$T_{32}=0.1+\sin(t)$，$T_{36}=0.1+\sin(t)$，$T_{41}=0.1+\sin(t)$，$T_{52}=0.1+\sin(t)$，$T_{63}=\sin(t)$。可以同样看出状态轨迹趋于一致并且参数估计误差有界。

5.2 网络化机械系统输出反馈控制

本节继续沿用 5.1 节中的系统模型(5.1)式，控制目标是设计无速度测量的分布式协议使得网络化机械系统的状态满足：

$$\lim_{t\to\infty}(q_i(t)-q_j(t))=0 \tag{5.52a}$$

$$\lim_{t\to\infty}(\dot{q}_i(t)-\dot{q}_j(t))=0 \tag{5.52b}$$

$\forall i,j\in\mathcal{I}$。本节将拓展传统的非线性观测器以实现控制目标。

5.2.1 分布式状态估计

首先定义位置和速度估计误差为：

$$\tilde{q}_i=\hat{q}_i-q_i \tag{5.53}$$

$$\dot{\tilde{q}}_i=\dot{\hat{q}}_i-\dot{q}_i \tag{5.54}$$

其中，$\hat{q}_i\in\mathbb{R}^n$ 是估计位置向量，$\dot{\hat{q}}_i\in\mathbb{R}^n$ 是估计速度向量。仅仅基于局部位置信息，本节提出如下估计速度更新律：

$$\ddot{\hat{q}}_i=M_i^{-1}(q_i)(\tau_i-C_i(q_i,l_i)l_i-G_i(q_i)-\tanh(\tilde{q}_i)+k_i(t)\tanh(r_i))+\varrho_i \tag{5.55}$$

$$\dot{\zeta}_i=-\dot{k}_i(t)q_i-k_i(t)l_i+\tanh(\tilde{q}_i)-\tanh(r_i) \tag{5.56}$$

$$l_i=\dot{\hat{q}}_i+\tanh(\tilde{q}_i)+\tanh(r_i) \tag{5.57}$$

$$\varrho_i=\mathrm{sech}^2(\tilde{q}_i)(\tanh(\tilde{q}_i)+\tanh(r_i))-(\tanh(\tilde{q}_i)-\tanh(r_i)) \tag{5.58}$$

$$r_i=\mathrm{arctanh}(\zeta+k_i(t)q_i) \tag{5.59}$$

其中，$k_i(t)$ 是动态反馈矩阵。为了保证反馈增益的可实现性，$k_i(t)$ 及其导数 $\dot{k}_i(t)$ 应该一致有界。令

$$\eta_i=\dot{\tilde{q}}_i+\tanh(\tilde{q}_i)+\tanh(r_i) \tag{5.60}$$

那么由以上定义可得出 η_i 的动力学方程为：

$$M_i(q_i)\dot{\eta}_i=M_i(q_i)\ddot{\hat{q}}_i-M_i(q_i)\ddot{q}_i+M_i(q_i)(\mathrm{sech}^2(\tilde{q}_i)\dot{\tilde{q}}_i+\mathrm{sech}^2(r_i)\dot{r}_i)$$

$$
\begin{aligned}
&= -k_i(t)M_i(q_i)\eta_i - C_i(q_i,\dot{q}_i)\eta_i + M_i(q_i)(\ddot{\hat{q}}_i + k_i(t)\eta_i + \\
&\quad \operatorname{sech}^2(\tilde{q}_i)\dot{\tilde{q}}_i + \operatorname{sech}^2(r_i)\dot{r}_i) - \\
&\quad \tau_i + C_i(q_i,\dot{q}_i)\dot{q}_i + G_i(q_i) + C_i(q_i,\dot{q}_i)\eta_i
\end{aligned} \tag{5.61}
$$

由(5.56)式和(5.59)式可知：

$$
\operatorname{sech}^2(r_i)\dot{r}_i = \dot{\zeta} + \dot{k}(t)q_i + k_i(t)\dot{q}_i = -k_i(t)\eta_i + \tanh(\tilde{q}_i) - \tanh(r_i) \tag{5.62}
$$

将(5.62)式带入(5.61)式得：

$$
M_i(q_i)\dot{\eta}_i = -k_i(t)M_i(q_i)\eta_i - C_i(q_i,\dot{q}_i)\eta_i + \chi_0 - \tanh(\tilde{q}_i) + k_i(t)\tanh(r_i) \tag{5.63}
$$

其中，$\chi_i = -C_i(q_i,\eta_i)l_i + m_i(q_i)\operatorname{sech}^2(\tilde{q}_i)\eta_i$。容易验证：

$$
\|\chi_0\| \leqslant (\rho_i(\|\dot{\hat{q}}_i\| + 2\sqrt{n}) + \overline{m})\|\eta_i\| \tag{5.64}
$$

其中，$\overline{m}>0$ 在(5.3)式中定义，$\rho_i>0$ 在(5.6)式中定义。

将 $\tilde{q}_i$ 和 r_i 写为分量的形式 $\tilde{q}_i=(\tilde{q}_{i1},\tilde{q}_{i2},\cdots,\tilde{q}_{in})^{\mathrm{T}}$ 和 $r_i=(r_{i1},r_{i2},\cdots,r_{in})^{\mathrm{T}}$。对于系统(5.63)式，考虑如下 Lyapunov 函数：

$$
V_1 = \frac{1}{2}\sum_{i=1}^{N}\eta_i^{\mathrm{T}}M_i(q_i)\eta_i + \sum_{i=1}^{N}\sum_{z=1}^{n}\ln(\cosh(\tilde{q}_{iz})) + \sum_{i=1}^{N}\sum_{z=1}^{n}\int_0^{r_{iz}}\operatorname{sech}^2(r_{iz})\tanh(\sigma)\mathrm{d}\sigma \tag{5.65}
$$

求 V_1 导数可得：

$$
\begin{aligned}
\dot{V}_1 &= \frac{1}{2}\sum_{i=1}^{N}\eta_i^{\mathrm{T}}\dot{M}_i(q_i)\eta_i + \sum_{i=1}^{N}\eta_i^{\mathrm{T}}M_i(q_i)\dot{\eta}_i + \\
&\quad \sum_{i=1}^{N}\tanh^{\mathrm{T}}(\tilde{q}_i)\dot{\tilde{q}}_i + \sum_{i=1}^{N}\tanh^{\mathrm{T}}(r_i)\operatorname{sech}^2(r_i)\dot{r}_i \\
&= \frac{1}{2}\sum_{i=1}^{N}\eta_i^{\mathrm{T}}(\dot{M}_i(q_i) - 2C_i(q_i,\dot{q}_i))\eta_i - \sum_{i=1}^{N}k_i(t)\eta_i^{\mathrm{T}}M_i(q_i)\eta_i + \\
&\quad \sum_{i=1}^{N}\eta_i^{\mathrm{T}}\chi_0 + \sum_{i=1}^{N}\eta_i^{\mathrm{T}}(-\tanh(\tilde{q}_i) + k_i(t)\tanh(r_i)) + \\
&\quad \sum_{i=1}^{N}\tanh^{\mathrm{T}}(\tilde{q}_i)(\eta_i - \tanh(\tilde{q}_i) - \tanh(r_i)) + \\
&\quad \sum_{i=1}^{N}\tanh^{\mathrm{T}}(r_i)(-k_i(t)\eta_i + \tanh(\tilde{q}_i) - \tanh(r_i)) \\
&\leqslant -\sum_{i=1}^{N}(\underline{m}k_i(t) - (\rho_i(\|\dot{\hat{q}}_i\| + 2\sqrt{n}) + \overline{m}))\|\eta_i\|^2 -
\end{aligned}
$$

$$\sum_{i=1}^{N}\|\tanh(\tilde{q}_i)\|^2-\sum_{i=1}^{N}\|\tanh(r_i)\|^2 \tag{5.66}$$

5.2.2 分布式同步协议

根据估计状态值，本小节建立了分布式同步协议。首先介绍下面的辅助变量：

$$s_i=\dot{q}_i+\sum_{k\in\mathcal{N}_i}a_{ik}(\tanh(q_i)-\tanh(q_k))+\tanh(\mu_i) \tag{5.67}$$

$$\hat{s}_i=\dot{\hat{q}}_i+\sum_{k\in\mathcal{N}_i}a_{ik}(\tanh(q_i)-\tanh(q_k))+\tanh(\mu_i) \tag{5.68}$$

$$\dot{\mu}_i=-\sum_{k\in\mathcal{N}_i}a_{ik}(\tanh(\mu_i)-\tanh(\mu_k))+\tanh(q_i) \tag{5.69}$$

容易验证：

$$\hat{s}_i-s_i=\dot{\tilde{q}}_i=\eta_i-\tanh(\tilde{q}_i)-\tanh(r_i) \tag{5.70}$$

因此，

$$\hat{s}_i+\tanh(\tilde{q}_i)+\tanh(r_i)=s_i+\eta_i \tag{5.71}$$

分布式协议设计为：

$$\begin{aligned}\tau_i=&-M_i(q_i)\Big(\sum_{k\in\mathcal{N}_i}a_{ik}(\mathrm{sech}^2(q_i)l_i-\mathrm{sech}^2(q_k)l_k)\Big)+\\&M_i(q_i)\mathrm{sech}^2(\mu_i)(-\tanh(q_i)+\sum_{k\in\mathcal{N}_i}a_{ik}(\tanh(\mu_i)-\tanh(\mu_k)))-\\&C_i(q_i,l_i)(\tanh(\mu_i)+\sum_{k\in\mathcal{N}_i}a_{ik}(\tanh(q_i)-\tanh(q_k)))-\\&\tanh(q_i)-\alpha_i(\hat{s}_i+\tanh(\tilde{q}_i)+\tanh(r_i))+G_i(q_i)\end{aligned} \tag{5.72}$$

协议(5.72)式仅仅用到了估计速度值，而没有用到速度真值。根据辅助向量和同步协议的定义，s_i 的动态可以记为：

$$\begin{aligned}&M_i(q_i)\dot{s}_i+C_i(q_i,\dot{q}_i)s_i\\=&-M_i(q_i)\sum_{k\in\mathcal{N}_i}a_{ik}(\mathrm{sech}^2(q_i)\dot{q}_i-\mathrm{sech}^2(q_k)\eta_k)-C_i(q_i,\dot{q}_i)(\tanh(\mu_i)+\\&\sum_{k\in\mathcal{N}_i}a_{ik}(\tanh(q_i)-\tanh(q_k)))-\tanh(q_i)-\alpha_i(s_i+\eta_i)\end{aligned} \tag{5.73}$$

本节主要结论如下。

定理 5.3 考虑网络化机械系统(5.1)式，其结构图$\mathcal{G}$是强连通的。由状态估计动态(5.55)式和控制协议(5.72)式可实现同步控制问题，其中，

$$k_i(t)=\frac{1}{\underline{m}}\rho_i\left(\sqrt{\sigma+\|\dot{\hat{q}}_i\|^2}+2\sum_{k\in\mathcal{N}_i}a_{ik}+2\sqrt{n}+1\right)+\overline{m}+\alpha_i+\frac{1}{2}\overline{m}^2\lambda_N^2,\quad \alpha_i>1 \tag{5.74}$$

$\nu>0$ 是正实数，λ_N 是 Laplacian 矩阵 L 的最大特征值。

证明 考虑 Lyapunov 函数 $V=V_1+V_2$，其中 V_1 在(5.65)式中定义，V_2 的定义如下：

$$V_2=\sum_{i=1}^{N}\sum_{z=1}^{n}\ln(\cosh(q_{iz}))+\sum_{i=1}^{N}\sum_{z=1}^{n}\ln(\cosh(\mu_{iz}))+\frac{1}{2}\sum_{i=1}^{N}s_i^{\mathrm{T}}M_i(q_i)s_i \tag{5.75}$$

求 V_2 的导数可得：

$$\begin{aligned}
\dot{V}_2= & \sum_{i=1}^{N}\tanh^{\mathrm{T}}(q_i)\dot{q}_i+\sum_{i=1}^{N}\tanh^{\mathrm{T}}(\mu_i)\dot{\mu}_i+\frac{1}{2}\sum_{i=1}^{N}s_i^{\mathrm{T}}(\dot{M}_i(q_i)-2C_i(q_i,\dot{q}_i))s_i- \\
& \sum_{i=1}^{N}s_i^{\mathrm{T}}M_i(q_i)\sum_{k\in\mathcal{N}_i}a_{ik}(\mathrm{sech}^2(q_i)\eta_i-\mathrm{sech}^2(q_k)\eta_k)- \\
& \sum_{i=1}^{N}s_i^{\mathrm{T}}C_i(q_i,\eta_i)(\tanh(\mu_i)+\sum_{k\in\mathcal{N}_i}a_{ik}(\tanh(q_i)-\tanh(q_k)))- \\
& \sum_{i=1}^{N}s_i^{\mathrm{T}}(\tanh(q_i)+\alpha_i(s_i+\eta_i)) \\
= & -\sum_{i=1}^{N}\sum_{k\in\mathcal{N}_i}a_{ik}\tanh^{\mathrm{T}}(q_i)(\tanh(q_i)-\tanh(q_k))- \\
& \sum_{i=1}^{N}\sum_{k\in N_i}a_{ik}\tanh^{\mathrm{T}}(\mu_i)(\tanh(\mu_i)-\tanh(\mu_k))- \\
& \sum_{i=1}^{N}s_i^{\mathrm{T}}C_i(q_i,\eta_i)(\tanh(\mu_i)+\sum_{k\in N_i}a_{ik}(\tanh(q_i)-\tanh(q_k)))- \\
& S^{\mathrm{T}}M(Q)(L\otimes I_n)\mathrm{sech}^2(Q)\Phi-\sum_{i=1}^{N}\alpha_i s_i^{\mathrm{T}}s_i-\sum_{i=1}^{N}\alpha_i s_i^{\mathrm{T}}\eta_i \\
\leqslant & -\frac{1}{2}\sum_{i=1}^{N}\sum_{k\in N_i}a_{ik}\|\tanh(q_i)-\tanh(q_k)\|^2- \\
& \frac{1}{2}\sum_{i=1}^{N}\sum_{k\in N_i}a_{ik}\|\tanh(\mu_i)-\tanh(\mu_k)\|^2+ \\
& \sum_{i=1}^{N}\left(\alpha_i+\rho_i\left(1+2\sum_{k\in N_i}a_{ik}\right)\right)\|s_i\|\|\eta_i\|+\overline{m}\lambda_n\|S\|\|\Phi\|-\sum_{i=1}^{N}\alpha_i\|s_i\|^2
\end{aligned} \tag{5.76}$$

结合(5.66)式和(5.76)式，有：

$$\begin{aligned}\dot{V}\leqslant&-\sum_{i=1}^{N}\|\tanh(\tilde{q}_i)\|^2-\sum_{i=1}^{N}\|\tanh(r_i)\|^2-\frac{1}{2}\sum_{i=1}^{N}\sum_{k\in N_i}a_{ik}\|\tanh(q_i)-\tanh(q_k)\|^2-\\&\frac{1}{2}\sum_{i=1}^{N}\sum_{k\in N_i}a_{ik}\|\tanh(\mu_i)-\tanh(\mu_k)\|^2-\sum_{i=1}^{N}(\alpha_i-1)\|s_i\|^2-\\&\frac{1}{2}\sum_{i=1}^{N}(\|s_i\|-(\alpha_i+\rho_i(1+2\sum_{k\in N_i}a_{ik}))\|\eta_i\|)^2-\frac{1}{2}(\|S\|-\overline{m}\lambda_n\|\Phi\|)^2-\\&\sum_{i=1}^{N}(\underline{m}k_i(t)-\rho_i(\|\dot{\hat{q}}_i\|+2\sum_{k\in N_i}a_{ik}+2\sqrt{n}+1)-\overline{m}-\alpha_i-\frac{1}{2}\overline{m}^2\lambda_n^2)\|\eta_i\|^2\\\leqslant&-\sum_{i=1}^{N}\|\tanh(\tilde{q}_i)\|^2-\sum_{i=1}^{N}\|\tanh(r_i)\|^2-\frac{1}{2}\sum_{i=1}^{N}\sum_{k\in N_i}a_{ik}\|\tanh(q_i)-\tanh(q_k)\|^2-\\&\frac{1}{2}\sum_{i=1}^{N}\sum_{k\in N_i}a_{ik}\|\tanh(\mu_i)-\tanh(\mu_k)\|^2-\sum_{i=1}^{N}(\alpha_i-1)\|s_i\|^2-\\&\sum_{i=1}^{N}(\underline{m}k_i(t)-\rho_i(\|\dot{\hat{q}}_i\|+2\sum_{k\in N_i}a_{ik}+2\sqrt{n}+1)-\overline{m}-\alpha_i-\frac{1}{2}\overline{m}^2\lambda_n^2)\|\eta_i\|^2\\\leqslant&\,0\end{aligned}\tag{5.77}$$

由此可知 $V(t)\in\mathcal{L}_\infty$，从而有 $\tilde{q}_i(t)$，$r_i(t)$，$q_i(t)$，$\mu_i(t)$，$s_i(t)$，$\eta_i(t)\in\mathcal{L}_\infty$。由此可以看出 $\dot{\tilde{q}}_i(t)$，$\dot{q}_i(t)$，$\dot{\mu}_i(t)\in\mathcal{L}_\infty$。由(5.74)式中 $k_i(t)$ 的定义可知 $k(t)\in\mathcal{L}_\infty$。以上推断结合方程(5.63)式和(5.73)式可导出 $\dot{\eta}_i(t)$，$\dot{s}_i(t)\in\mathcal{L}_\infty$。从而由 Barbalat 引理可得 $\forall i\in\mathcal{I}$，有 $\lim_{t\to\infty}\tanh(\tilde{q}_i(t))=0$，$\lim_{t\to\infty}\tanh(r_i(t))=0$，$\lim_{t\to\infty}s_i(t)=0$，$\lim_{t\to\infty}\eta_i(t)=0$。$\forall i,j\in\mathcal{I}$，有 $\lim_{t\to\infty}(\tanh(q_i(t))-\tanh(q_j(t)))=0$。$\forall i\in\mathcal{I}$ 和 $\forall k\in\mathcal{N}_i$，有 $\lim_{t\to\infty}(\tanh(\mu_i(t))-\tanh(\mu_k(t)))=0$。注意到结构图 $\mathcal{G}$ 是强连通的，因此 $\forall i,j\in\mathcal{I}$，存在路径 $\nu_i=\nu_{k_1},\nu_{k_2},\cdots,\nu_{k_c}=\nu_j$ 连接 ν_j 到 ν_i。从而可得 $\lim_{t\to\infty}(\tanh(q_i(t))-\tanh(q_j(t)))=\lim_{t\to\infty}\sum_{i=1}^{c-1}(\tanh(q_{k_i}(t))-\tanh(q_{k_{i+1}}(t)))=\sum_{i=1}^{c-1}\lim_{t\to\infty}(\tanh(q_{k_i}(t))-\tanh(q_{k_{i+1}}(t)))=0$，$\lim_{t\to\infty}(\tanh(\mu_i(t))-\tanh(\mu_j(t)))=\lim_{t\to\infty}\sum_{i=1}^{c-1}(\tanh(\mu_{k_i}(t))-\tanh(\mu_{k_{i+1}}(t)))=\sum_{i=1}^{c-1}\lim_{t\to\infty}(\tanh(\mu_{k_i}(t))-\tanh(\mu_{k_{i+1}}(t)))=0$，$\forall i,j\in\mathcal{I}$。由于函数 $\tanh(\cdot)$ 是严格递增的且 $\tanh(0)=0$，所以状态误差满足 $\lim_{t\to\infty}(q_i(t)-q_j(t))=0$ 和 $\lim_{t\to\infty}(\mu_i(t)-\mu_j(t))=0$，$\forall i,j\in\mathcal{I}$。另外由(5.67)式可得：

$$\lim_{t\to\infty}(\dot{q}_i(t)-\dot{q}_j(t))$$

$$= \lim_{t\to\infty}(s_i(t)-s_j(t)) - \sum_{k\in\mathcal{N}_i} a_{ik} \lim_{t\to\infty}(\tanh(q_i(t))-\tanh(q_k(t))) +$$

$$\sum_{k\in\mathcal{N}_j} a_{jk} \lim_{t\to\infty}(\tanh(q_j(t))-\tanh(q_k(t))) -$$

$$\lim_{t\to\infty}(\tanh(\mu_i(t))-\tanh(\mu_j(t))) = 0 \tag{5.78}$$

$\forall i,j\in\mathcal{I}$。证毕。

注释 5.4 从定理 5.3 的证明可以看出 $k_i(t)$ 有界。接下来将说明 $\dot{k}_i(t)$ 也是有界的。通过直接的计算可以得到：

$$\dot{k}_i(t)=\frac{1}{\underline{m}}\rho_i\,(\sigma+\|\dot{\hat{q}}_i\|^2)^{-\frac{1}{2}}\dot{\hat{q}}_i^{\mathrm{T}}\ \ddot{\hat{q}}_i \tag{5.79}$$

容易看出 $\dot{\hat{q}}_i$ 和 $\ddot{\hat{q}}_i$ 都是有界的，因此可以断定 $\dot{k}_i(t)$ 有界。

5.3 基于观测器的网络化机械系统自适应同步控制

5.3.1 问题描述

考虑 N 个机械系统，第 i 个系统的动力学模型如下所示：

$$M_i(q_i)\ddot{q}_i+C_i(q_i,\dot{q}_i)\dot{q}_i+G_i(q_i)+F_i\dot{q}_i=\tau_i,\quad i\in\mathcal{I}\overset{\Delta}{=}\{1,\cdots,N\} \tag{5.80}$$

其中，q_i，$\dot{q}_i$，$\ddot{q}_i\in\mathbb{R}^n$ 为关节位置、速度和加速度向量，$m_i(q_i)\in\mathbb{R}^{n\times n}$ 为惯性对称矩阵，$C_i(q_i,\dot{q}_i)\in\mathbb{R}^{n\times n}$ 为向心力和科氏力矩阵，$G_i(q_i)\in\mathbb{R}^n$ 为重力项力矩，$F_i\in\mathbb{R}^{n\times n}$ 为静态摩擦矩阵，$\tau_i\in\mathbb{R}^n$ 为输入力矩。除了性质 5.1～性质 5.3 之外，本节还需要用到以下性质。

性质 5.6 未知的重力项和不确定的静态摩擦项可以线性参数化为：

$$G_i(q_i)+F_i\dot{q}_i=Y_i(q_i\dot{q}_i)\theta_i \tag{5.81}$$

其中，$Y_i(q_i,\dot{q}_i)\in\mathbb{R}^{n\times p}$ 是包含关节速度和位置的回归矩阵，$\theta_i=(\theta_{i1},\cdots,\theta_{ip})^{\mathrm{T}}\in\mathbb{R}^p$ 是未知的参数向量。

性质 5.7 存在正实数 ν_g 和 ν_f 使得 $\forall x,y\in\mathbb{R}^n$ 和 $\forall i\in\mathcal{I}$，有：

$$\|G_i(x)-G(y)\|\leqslant\nu_g\|\tanh(x-y)\|,\quad \|F_i\|\leqslant\nu_f \tag{5.82}$$

本节的控制目的是在速度向量 $\dot{q}_i$ 不可测及参数向量 θ_i 未知的情况下设计不依赖

速度信息的分布式自适应协议使得网络化机械系统(5.80)式的状态满足 $\forall i,j\in\mathcal{I}$,有:

$$\lim_{t\to\infty}(q_i(t)-q_j(t))=0 \tag{5.83a}$$

$$\lim_{t\to\infty}(\dot{q}_i(t)-\dot{q}_j(t))=0 \tag{5.83b}$$

5.3.2 观测器和控制器设计

在本节中,我们将首先建立分布式观测器,基于分布式观测器给出的状态估计,再建立分布式自适应控制器。定义如下位置和速度估计误差:

$$\tilde{q}_i=\hat{q}_i-q_i \tag{5.84}$$

$$\dot{\tilde{q}}_i=\dot{\hat{q}}_i-\dot{q}_i \tag{5.85}$$

其中,$\hat{q}_i\in\mathbb{R}^n$是观测位置向量,$\dot{q}_i\in\mathbb{R}^n$是观测速度向量。仅仅利用局部位置信息,我们给出观测器动态如下:

$$\begin{aligned}\ddot{\hat{q}}_i=&-M_i^{-1}(q_i)(C_i(q_i,l_i)(\hat{s}_i+\tanh(\tilde{q}_i)+\tanh(r_i))+\phi_i)-\\&\sum_{k\in\mathcal{N}_i}a_{ik}(\mathrm{sech}^2(q_i)l_i-\mathrm{sech}^2(q_k)l_k)-\mathrm{sech}^2(\mu_i)\dot{\mu}_i+\varrho_i\end{aligned} \tag{5.86}$$

其中,观测器动态变量为:

$$\dot{\zeta}_i=-\dot{k}_i(t)q_i-k_i(t)l_i+\tanh(\tilde{q}_i)-\tanh(r_i) \tag{5.87}$$

$$\dot{\mu}_i=\tanh(q_i)-\sum_{k\in\mathcal{N}_i}a_{ik}(\tanh(\mu_i)-\tanh(\mu_k)) \tag{5.88}$$

观测器静态变量为:

$$l_i=\dot{\hat{q}}_i+\tanh(\tilde{q}_i)+\tanh(r_i) \tag{5.89}$$

$$\hat{s}_i=\dot{\hat{q}}_i+\sum_{k\in\mathcal{N}_i}a_{ik}(\tanh(q_i)-\tanh(q_k))+\tanh(\mu_i) \tag{5.90}$$

$$\phi_i=\alpha_i\hat{s}_i+\tanh(q_i)+(\alpha_i+1)\tanh(\tilde{q}_i)-(k_i(t)-\alpha_i)\tanh(r_i) \tag{5.91}$$

$$\varrho_i=\mathrm{sech}^2(\tilde{q}_i)(\tanh(\tilde{q}_i)+\tanh(r_i))-(\tanh(\tilde{q}_i)-\tanh(r_i)) \tag{5.92}$$

$$r_i=\mathrm{arctanh}(\zeta_i+k_i(t)q_i) \tag{5.93}$$

在观测器动态中,$\alpha_i>0$ 是正实数,$k_i(t)$和 $\dot{k}_i(t)$为动态反馈增益,$\hat{\theta}_i$是参数向量θ_i 的估计值。为了避免无界的控制能量,$k_i(t)$和 $\dot{k}_i(t)$应该一致有界。对于$k_i(t)$和 $\dot{k}_i(t)$更多的解释和精确的定义将在下文中给出。从观测器动态(5.86)式中可以看出，邻居集合的速度信息和该个体本身的速度信息都没有被用到。利用观测状态和辅助变量，我们建立如下自适应分布式控制输入：

$$
\begin{aligned}
\tau_i = & -M_i(q_i)\Big(\sum_{k\in\mathcal{N}_i} a_{ik}(\mathrm{sech}^2(q_i)l_i - \mathrm{sech}^2(q_k)l_k)\Big) + \\
& M_i(q_i)\mathrm{sech}^2(\mu_i)(-\tanh(q_i) + \sum_{k\in\mathcal{N}_i} a_{ik}(\tanh(\mu_i) - \tanh(\mu_k))) - \\
& C_i(q_i, l_i)(\tanh(\mu_i) + \sum_{k\in\mathcal{N}_i} a_{ik}(\tanh(q_i) - \tanh(q_k))) - \\
& \tanh(q_i) - \alpha_i(\hat{s}_i + \tanh(\tilde{q}_i) + \tanh(r_i)) + Y_i(\hat{q}_i, \dot{\hat{q}}_i)\hat{\theta}_i
\end{aligned}
\tag{5.94}
$$

参数估计值更新率为：

$$
\begin{aligned}
\hat{\theta}_i = & \Gamma_i\phi_i - 2\Gamma_i Y_i^{\mathrm{T}}(\hat{q}_i, \dot{\hat{q}}_i, t)q_i \\
\dot{\phi}_i = & 2\frac{\mathrm{d}}{\mathrm{d}t}\{Y_i^{\mathrm{T}}(\hat{q}_i, \dot{\hat{q}}_i, t)\}q_i + Y_i^{\mathrm{T}}(\hat{q}_i, \dot{\hat{q}}_i, t)(\dot{\hat{q}}_i + \tanh(\tilde{q}_i) + \tanh(r_i) - \\
& \sum_{k\in\mathcal{N}_i} a_{ik}(\tanh(q_i) - \tanh(q_k)) - \tanh(\mu_i))
\end{aligned}
\tag{5.95}
$$

其中，$\Gamma_i \in \mathbb{R}^{n\times n}$是正对角矩阵。

在提出了观测器和控制输入之后，下一步我们建立误差系统动态。首先定义滤波向量如下：

$$
\eta_i = \dot{\tilde{q}}_i + \tanh(\tilde{q}_i) + \tanh(r_i) \tag{5.96}
$$

$$
s_i = \dot{q}_i + \sum_{k\in\mathcal{N}_i} a_{ik}(\tanh(q_i) - \tanh(q_k)) + \tanh(\mu_i) \tag{5.97}
$$

其中，r_i 和 μ_i 分别在(5.93)式和(5.88)式中给出。向量 η_i 可以看作是观测状态误差的组合，向量s_i 可以看作是$\hat{s}_i$ 的真值。对等式(5.96)式的两边求导，并且等式两边同时左乘矩阵 $M_i(q_i)$，我们可以得到 η_i 的闭环系统动态：

$$
\begin{aligned}
M_i(q_i)\dot{\eta}_i = & M_i(q_i)\ddot{\hat{q}}_i - M_i(q_i)\ddot{q}_i + M_i(q_i)(\mathrm{sech}^2(\tilde{q}_i)\dot{\tilde{q}}_i + \mathrm{sech}^2(r_i)\dot{r}_i) \\
= & M_i(q_i)(\varrho_i + \mathrm{sech}^2(\tilde{q}_i)\dot{\tilde{q}}_i + \mathrm{sech}^2(r_i)\dot{r}_i) - \\
& \tanh(\tilde{q}_i) + k_i(t)\tanh(r_i) + \widetilde{Y}_i\theta_i - Y_i(\hat{q}_i, \dot{\hat{q}}_i)\tilde{\theta}_i
\end{aligned}
\tag{5.98}
$$

其中，$\widetilde{Y}_i = Y_i(q_i, \dot{q}_i) - Y_i(\hat{q}_i, \dot{\hat{q}}_i)$，$\tilde{\theta}_i = \hat{\theta}_i - \theta_i$。由(5.87)式和(5.93)式得：

$$
\mathrm{sech}^2(r_i)\dot{r}_i = \dot{\zeta} + \dot{k}(t)q_i + k_i(t)\dot{q}_i = -k_i(t)\eta_i + \tanh(\tilde{q}_i) - \tanh(r_i) \tag{5.99}
$$

将(5.99)式带入(5.98)式得：

$$M_i(q_i)\dot{\eta}_i = -k_i(t)M_i(q_i)\eta_i - C_i(q_i,\dot{q}_i)\eta_i + \chi_i - \tanh(\tilde{q}_i) + k_i(t)\tanh(r_i) + \tilde{Y}_i\theta_i - Y_i(\hat{q}_i,\dot{\hat{q}}_i)\tilde{\theta}_i \tag{5.100}$$

其中，$\chi_i = -C_i(q_i,\eta_i)l_i + M_i(q_i)\mathrm{sech}^2(\tilde{q}_i)\eta_i$。容易验证$\chi_i$ 的上界如下：

$$\|\chi_i\| \leqslant (\rho_i(\|\dot{\hat{q}}_i\| + 2\sqrt{n}) + \bar{m}) \tag{5.101}$$

其中，$\bar{m}>0$ 在(5.3)式中给出，$\rho_i>0$ 在(5.6)式中给出。

同理，对(5.97)式两边求导并且同时左乘矩阵 $m_i(q_i)$可以得到s_i 的闭环系统如下：

$$\begin{aligned}
& M_i(q_i)\dot{s}_i + C_i(q_i,\dot{q}_i)s_i \\
&= M_i(q_i)(\ddot{q}_i + \mathrm{sech}^2(\mu_i)\dot{\mu}_i + \sum_{k\in\mathcal{N}_i} a_{ik}(\mathrm{sech}^2(q_i)\dot{q}_i - \mathrm{sech}^2(q_k)\dot{q}_k)) + \\
&\quad C_i(q_i,\dot{q}_i)(\dot{q}_i + \tanh(\mu_i) + \sum_{k\in\mathcal{N}_i} a_{ik}(\tanh(q_i) - \tanh(q_k))) \\
&= -M_i(q_i)\sum_{k\in\mathcal{N}_i} a_{ik}(\mathrm{sech}^2(q_i)\eta_i - \mathrm{sech}^2(q_k)\eta_k) - \\
&\quad C_i(q_i,\eta_i)(\tanh(\mu_i) + \sum_{k\in\mathcal{N}_i} a_{ik}(\tanh(q_i) - \tanh(q_k))) - \\
&\quad \tanh(q_i) - \alpha_i(s_i + \eta_i) + Y_i(\hat{q}_i,\dot{\hat{q}}_i)\tilde{\theta}_i - \tilde{Y}_i\theta_i
\end{aligned} \tag{5.102}$$

上式中用到了$\hat{s}_i + \tanh(\tilde{q}_i) + \tanh(r_i) = s_i + \eta_i$。

5.3.3 同步性分析

在本节中，我们将给出实现控制目标(5.83)的充分条件。首先给出如下引理。

引理 5.5 令 Ω 为一个对称矩阵，记为 $\Omega = \begin{pmatrix}\Omega_{11} & \Omega_{12}\\ \Omega_{21} & \Omega_{22}\end{pmatrix}$。那么当且仅当$\Omega_{11}>0$，$\Omega_{22}-\Omega_{21}\Omega_{11}^{-1}\Omega_{12}>0$ 或者 $\Omega_{22}>0$，$\Omega_{11}-\Omega_{12}\Omega_{22}^{-1}\Omega_{21}>0$ 时，$\Omega>0$。

下面我们给出本节主要定理之一。

定理 5.4 考虑网络化机械系统(5.80)式。如果通信拓扑是连通的，那么控制目标(5.83)式可以在观测器(5.86)式，控制输入(5.94)式，自适应更新律(5.95)式下实现，控制参数取为：

$$\alpha_i > \max\left\{\begin{array}{c}\frac{1}{16}((v_g+v_f)^2+v_f^2) \\ \overline{m}\lambda_N+\rho_i(1+2\,\mathrm{deg}_{\mathrm{in}}(i))+v_f \\ \frac{1}{8}((v_g+v_f)^2+v_f^2)-(\overline{m}\lambda_N+\rho_i(1+2\,\mathrm{deg}_{\mathrm{in}}(i))+v_f)\end{array}\right\} \tag{5.103}$$

$$k_i(t)=\frac{1}{\underline{m}}\left(\rho_i\left(\sqrt{\sigma+\|\dot{\hat{q}}_i\|^2}+\mathrm{deg}_{\mathrm{in}}(i)+2\sqrt{n}+\frac{1}{2}\right)+\left(1+\frac{1}{2}\lambda_N\right)\overline{m}+\frac{1}{2}\alpha_i+\frac{3}{2}v_f\right) \tag{5.104}$$

其中,σ 为正实数,λ_N 是 Laplacian 矩阵 L 的最大特征值。

证明 为了表达方便,我们将 $\tilde{q}_i$,r_i,q_i 和 μ_i 重新记为向量形式 $\tilde{q}_i=(\tilde{q}_{i1},\tilde{q}_{i2},\cdots,\tilde{q}_{in})^{\mathrm{T}}$,$r_i=(r_{i1},r_{i2},\cdots,r_{in})^{\mathrm{T}}$,$q_i=(q_{i1},q_{i2},\cdots,q_{in})^{\mathrm{T}}$,$\mu_i=(\mu_{i1},\mu_{i2},\cdots,\mu_{in})^{\mathrm{T}}$。考虑 Lyapunov 函数 $V=V_1+V_2+V_3$,其中 V_1,V_2,V_3 定义为:

$$V_1=\frac{1}{2}\sum_{i=1}^{N}\eta_i^{\mathrm{T}}M_i(q_i)\eta_i+\sum_{i=1}^{N}\sum_{z=1}^{n}\ln(\cosh(\tilde{q}_{iz}))+\sum_{i=1}^{N}\sum_{z=1}^{n}\int_0^{r_{iz}}\mathrm{sech}^2(r_{iz})\tanh(\sigma)\mathrm{d}\sigma \tag{5.105}$$

$$V_2=\frac{1}{2}\sum_{i=1}^{N}s_i^{\mathrm{T}}M_i(q_i)s_i+\sum_{i=1}^{N}\sum_{z=1}^{n}\ln(\cosh(q_{iz}))+\sum_{i=1}^{N}\sum_{z=1}^{n}\ln(\cosh(\mu_{iz})) \tag{5.106}$$

$$V_3=\frac{1}{2}\sum_{i=1}^{N}\tilde{\theta}_i^{\mathrm{T}}\Gamma_i^{-1}\tilde{\theta}_i \tag{5.107}$$

对 V_1 求导可得:

$$\begin{aligned}\dot{V}_1=&\frac{1}{2}\sum_{i=1}^{N}\eta_i^{\mathrm{T}}\dot{M}_i(q_i)\eta_i+\sum_{i=1}^{N}\eta_i^{\mathrm{T}}M_i(q_i)\dot{\eta}_i+\sum_{i=1}^{N}\tanh^{\mathrm{T}}(\tilde{q}_i)\dot{\tilde{q}}_i+\\&\sum_{i=1}^{N}\tanh^{\mathrm{T}}(r_i)\mathrm{sech}^2(r_i)\dot{r}_i\\=&\frac{1}{2}\sum_{i=1}^{N}\eta_i^{\mathrm{T}}(\dot{M}_i(q_i)-2C_i(q_i,\dot{q}_i))\eta_i-\sum_{i=1}^{N}k_i(t)\eta_i^{\mathrm{T}}M_i(q_i)\eta_i+\sum_{i=1}^{N}\eta_i^{\mathrm{T}}\chi_i+\\&\sum_{i=1}^{N}\eta_i^{\mathrm{T}}(-\tanh(\tilde{q}_i)+k_i(t)\tanh(r_i))+\sum_{i=1}^{N}\eta_i^{\mathrm{T}}\widetilde{Y}_i\theta_i-\sum_{i=1}^{N}\eta_i^{\mathrm{T}}Y_i(\hat{q}_i,\dot{\hat{q}}_i)\tilde{\theta}_i+\\&\sum_{i=1}^{N}\tanh^{\mathrm{T}}(\tilde{q}_i)(\eta_i-\tanh(\tilde{q}_i)-\tanh(r_i))+\\&\sum_{i=1}^{N}\tanh^{\mathrm{T}}(r_i)(-k_i(t)\eta_i+\tanh(\tilde{q}_i)-\tanh(r_i))\end{aligned}$$

$$=-\sum_{i=1}^{N}k_i(t)\eta_i^{\mathrm{T}}M_i(q_i)\eta_i+\sum_{i=1}^{N}\eta_i^{\mathrm{T}}\chi_i+\sum_{i=1}^{N}\eta_i^{\mathrm{T}}\widetilde{Y}_i\theta_i-\sum_{i=1}^{N}\eta_i^{\mathrm{T}}Y_i(\hat{q}_i,\dot{\hat{q}}_i)\tilde{\theta}_i-$$

$$\sum_{i=1}^{N}\|\tanh(\tilde{q}_i)\|^2-\sum_{i=1}^{N}\|\tanh(r_i)\|^2 \tag{5.108}$$

利用(5.81)式和(5.82)式,可以得出:

$$\begin{aligned}\|\widetilde{Y}_i\theta_i\| &= \|G_i(q_i)+F_i\dot{q}_i-G_i(\hat{q}_i)-F_i\dot{\hat{q}}_i\|\\ &\leqslant \|G_i(q_i)-G_i(\hat{q}_i)\|+\|F_i\dot{q}_i-F_i\dot{\hat{q}}_i\|\\ &\leqslant \nu_g\|\tanh(\tilde{q}_i)\|+\nu_f(\|\eta_i\|+\|\tanh(\tilde{q}_i)\|+\|\tanh(r_i)\|)\\ &= \nu_f\|\eta_i\|+(\nu_g+\nu_f)\|\tanh(\tilde{q}_i)\|+\nu_f\|\tanh(r_i)\|\end{aligned} \tag{5.109}$$

将(5.101)式和(5.109)式带入(5.108)式,可以得到如下 $\dot{V}_1$ 的上界:

$$\dot{V}_1\leqslant-\sum_{i=1}^{N}k_i(t)\eta_i^{\mathrm{T}}M_i(q_i)\eta_i+\sum_{i=1}^{N}(\rho_i(\|\dot{\hat{q}}_i\|+2\sqrt{n})+\overline{m})\|\eta_i\|^2+$$

$$\sum_{i=1}^{N}(\nu_f\|\eta_i\|^2+(\nu_g+\nu_f)\|\eta_i\|\|\tanh(\tilde{q}_i)\|+\nu_f\|\eta_i\|\|\tanh(r_i)\|)-$$

$$\sum_{i=1}^{N}\eta_i^{\mathrm{T}}Y_i(\hat{q}_i,\dot{\hat{q}}_i)\tilde{\theta}_i-\sum_{i=1}^{N}\|\tanh(\tilde{q}_i)\|^2-\sum_{i=1}^{N}\|\tanh(r_i)\|^2 \tag{5.110}$$

然后对 $\dot{V}_2$ 求导可得:

$$\dot{V}_2=\frac{1}{2}\sum_{i=1}^{N}s_i^{\mathrm{T}}(\dot{M}_i(q_i)-2C_i(q_i,\dot{q}_i))s_i-$$

$$\sum_{i=1}^{N}s_i^{\mathrm{T}}M_i(q_i)\sum_{k\in\mathcal{N}_i}a_{ik}(\mathrm{sech}^2(q_i)\eta_i-\mathrm{sech}^2(q_k)\eta_k)-$$

$$\sum_{i=1}^{N}s_i^{\mathrm{T}}C_i(q_i,\eta_i)(\tanh(\mu_i)+\sum_{k\in\mathcal{N}_i}a_{ik}(\tanh(q_i)-\tanh(q_k)))-$$

$$\sum_{i=1}^{N}s_i^{\mathrm{T}}(\tanh(q_i)+\alpha_i(s_i+\eta_i))+\sum_{i=1}^{N}s_i^{\mathrm{T}}Y_i(\hat{q}_i,\dot{\hat{q}}_i)\tilde{\theta}_i-\sum_{i=1}^{N}s_i^{\mathrm{T}}\widetilde{Y}_i\theta_i+$$

$$\sum_{i=1}^{N}\tanh^{\mathrm{T}}(q_i)(s_i-\sum_{k\in\mathcal{N}_i}a_{ik}(\tanh(q_i)-\tanh(q_k))-\tanh(\mu_i))+$$

$$\sum_{i=1}^{N}\tanh^{\mathrm{T}}(\mu_i)(\tanh(q_i)-\sum_{k\in\mathcal{N}_i}a_{ik}(\tanh(\mu_i)-\tanh(\mu_k)))$$

$$=-S^{\mathrm{T}}M(Q)(L\otimes I_n)\mathrm{sech}^2(Q)\Phi-$$

$$\sum_{i=1}^{N} s_i^{\mathrm{T}} C_i(q_i,\eta_i)(\tanh(\mu_i)+\sum_{k\in\mathcal{N}_i} a_{ik}(\tanh(q_i)-\tanh(q_k)))-$$
$$\sum_{i=1}^{N}\alpha_i s_i^{\mathrm{T}} s_i-\sum_{i=1}^{N}\alpha_i s_i^{\mathrm{T}}\eta_i+\sum_{i=1}^{N}s_i^{\mathrm{T}}Y_i(\hat{q}_i,\dot{\hat{q}}_i)\tilde{\theta}_i-\sum_{i=1}^{N}s_i^{\mathrm{T}}\tilde{Y}_i\theta_i-$$
$$\sum_{i=1}^{N}\sum_{k\in\mathcal{N}_i}a_{ik}\tanh^{\mathrm{T}}(q_i)(\tanh(q_i)-\tanh(q_k))-$$
$$\sum_{i=1}^{N}\sum_{k\in\mathcal{N}_i}a_{ik}\tanh^{\mathrm{T}}(\mu_i)(\tanh(\mu_i)-\tanh(\mu_k)) \tag{5.111}$$

其中，$S=(s_1^{\mathrm{T}}\cdots s_N^{\mathrm{T}})^{\mathrm{T}}$，$\Phi=(\eta_1^{\mathrm{T}}\cdots\eta_N^{\mathrm{T}})^{\mathrm{T}}$，$M(Q)=\mathrm{diag}\{M_1(q_1),\cdots,M_N(q_N)\}$，$\mathrm{sech}^2(Q)=\mathrm{diag}\{\mathrm{sech}^2(q_1),\cdots,\mathrm{sech}^2(q_N)\}$。将(5.101)式和(5.109)式带入(5.111)式，可以得到如下表达式：

$$\dot{V}_2\leqslant-\sum_{i=1}^{N}\alpha_i\|s_i\|^2+\sum_{i=1}^{N}(\overline{m}\lambda_N+\alpha_i+\nu_f+\rho_i(1+2\sum_{k\in N_i}a_{ik}))\|s_i\|\|\eta_i\|+$$
$$\sum_{i=1}^{N}(\nu_g+\nu_f)\|s_i\|\|\tanh(\tilde{q}_i)\|+\sum_{i=1}^{N}\nu_f\|s_i\|\|\tanh(r_i)\|+$$
$$\sum_{i=1}^{N}s_i^{\mathrm{T}}Y_i(\hat{q}_i,\dot{\hat{q}}_i)\tilde{\theta}_i-\frac{1}{2}\sum_{i=1}^{N}\sum_{k\in\mathcal{N}_i}a_{ik}\|\tanh(q_i)-\tanh(q_k)\|^2-$$
$$\frac{1}{2}\sum_{i=1}^{N}\sum_{k\in\mathcal{N}_i}a_{ik}\|\tanh(\mu_i)-\tanh(\mu_k)\|^2 \tag{5.112}$$

对 V_3 求导可得：

$$\dot{V}_3=\sum_{i=1}^{N}\tilde{\theta}_i^{\mathrm{T}}\Gamma_i^{-1}\dot{\tilde{\theta}}_i=\sum_{i=1}^{N}\tilde{\theta}_i^{\mathrm{T}}\Gamma_i^{-1}(\Gamma_i\dot{\phi}_i-2\Gamma_i\frac{\mathrm{d}}{\mathrm{d}t}\{Y_i^{\mathrm{T}}(\hat{q}_i,\dot{\hat{q}}_i,t)\}q_i-2\Gamma_iY_i^{\mathrm{T}}(\hat{q}_i,\dot{\hat{q}}_i,t)\dot{q}_i)$$
$$=\sum_{i=1}^{N}\tilde{\theta}_i^{\mathrm{T}}Y_i^{\mathrm{T}}(\hat{q}_i,\dot{\hat{q}}_i,t)(\underbrace{\dot{\tilde{q}}_i+\tanh(\tilde{q}_i)+\tanh(r_i)}_{\eta_i})-$$
$$\sum_{i=1}^{N}\tilde{\theta}_i^{\mathrm{T}}Y_i^{\mathrm{T}}(\hat{q}_i,\dot{\hat{q}}_i,t)\Big(\underbrace{\dot{q}_i+\sum_{k\in\mathcal{N}_i}a_{ik}(\tanh(q_i)-\tanh(q_k))+\tanh(\mu_i)}_{s_i}\Big) \tag{5.113}$$

结合(5.110)式、(5.112)式和(5.113)式得出：

$$\dot{V}\leqslant-\sum_{i=1}^{N}Z_i^{\mathrm{T}}\Omega_iZ_i$$
$$-\frac{1}{2}\sum_{i=1}^{N}\sum_{k\in\mathcal{N}_i}a_{ik}(\|\tanh(q_i)-\tanh(q_k)\|^2+\|\tanh(\mu_i)-\tanh(\mu_k)\|^2) \tag{5.114}$$

其中，$Z_i = -(\|\eta_i\| \|s_i\| \|\tanh(\tilde{q}_i)\| \|\tanh(r_i)\|)^{\mathrm{T}}$，$\Omega_i \in \mathbb{R}^{4\times 4}$定义为：

$$\Omega_i \triangleq \begin{pmatrix} \Omega_{i1} & \Omega_{i2} \\ \Omega_{i3} & \Omega_{i4} \end{pmatrix} = \begin{bmatrix} X_i^{11} & (\bigstar) & (\bigstar) & (\bigstar) \\ X_i^{21} & X_i^{22} & (\bigstar) & (\bigstar) \\ X_i^{31} & X_i^{32} & 1 & (\bigstar) \\ X_i^{41} & X_i^{42} & 0 & 1 \end{bmatrix} \tag{5.115}$$

其中，$X_i^{11} = \underline{m}k_i(t) - \rho_i(\|\dot{\hat{q}}_i\| + 2\sqrt{n}) - \overline{m} - \nu_f$，$X_i^{21} = \frac{1}{2}(\overline{m}\lambda_N + \rho_i + 2\rho_i \deg_{in}(i) + \alpha_i + \nu_f)$，$X_i^{22} = \alpha_i$，$X_i^{31} = \frac{\nu_g + \nu_f}{2}$，$X_i^{32} = \frac{\nu_g + \nu_f}{2}$，$X_i^{41} = \frac{\nu_f}{2}$，$X_i^{42} = \frac{\nu_f}{2}$，(★)表示对称项。由引理 5.5 可得$\Omega_i > 0$ 当且仅当$\Omega_{i4} = I_2 > 0$ 和 $\Omega_{i1} - \Omega_{i2}\Omega_{i4}^{-1}\Omega_{i3} > 0$。容易验证：

$$\Omega_{i1} - \Omega_{i2}\Omega_{i4}^{-1}\Omega_{i3} = \begin{pmatrix} \underline{m}k_i(t) - \rho_i(\|\dot{\hat{q}}_i\| + 2\sqrt{n}) - \overline{m} - v_f - c & (\bigstar) \\ \frac{1}{2}(\overline{m}\lambda_N + \rho_i + 2\rho_i \deg_{\mathrm{in}}(i) + \alpha_i + v_f) - c & \alpha_i - c \end{pmatrix} \tag{5.116}$$

其中，$c = \frac{1}{16}((v_g + v_f)^2 + v_f^2)$。由已知条件(5.103)和(5.104)，可以得出 $\alpha_i - c >$ 0 和

$$\begin{aligned} & \underline{m}k_i(t) - \rho_i(\|\dot{\hat{q}}_i\| + 2\sqrt{n}) - \overline{m} - v_f - c \\ & \quad - \frac{1}{\alpha_i - c}\left(\frac{1}{2}(\overline{m}\lambda_N + \rho_i + 2\rho_i \deg_{\mathrm{in}}(i) + \alpha_i + v_f) - c\right)^2 \\ & > \underline{m}k_i(t) - \rho_i\left(\|\dot{\hat{q}}_i\| + \deg_{\mathrm{in}}(i) + 2\sqrt{n} + \frac{1}{2}\right) - \\ & \quad \left(1 + \frac{1}{2}\lambda_N\right)\overline{m} - \frac{1}{2}\alpha_i - \frac{3}{2}v_f > 0 \end{aligned} \tag{5.117}$$

再次用引理 5.5 可以得出$\Omega_{i1} - \Omega_{i2}\Omega_{i4}^{-1}\Omega_{i3} > 0$，即$\Omega_i > 0$。

因此，我们可以得出 $V(t) \in \mathcal{L}_\infty$，从而 $\tilde{q}_i(t)$，$r_i(t)$，$q_i(t)$，$\mu_i(t)$，$\tilde{\theta}_i$，$s_i(t)$，$\eta_i(t) \in \mathcal{L}_\infty$。由(5.96)式、(5.97)式和(5.88)式，容易验证$\dot{\tilde{q}}_i(t)$，$\dot{q}_i(t)$，$\dot{\mu}_i(t) \in \mathcal{L}_\infty$。根据 $k_i(t)$ 的定义(5.104)式，可以得出 $k(t) \in \mathcal{L}_\infty$。以上信号的有界性以及方程(5.99)式，(5.100)式和(5.102)式表明 $\mathrm{sech}^2(r_i)\dot{r}_i$，$\dot{\eta}_i(t)$，$\dot{s}_i(t) \in \mathcal{L}_\infty$。因此，我们得出 $\ddot{V} \in \mathcal{L}_\infty$。由 Barbalat 引理可知当 $t \to \infty$时，有 $\dot{V} \to 0$，从而 $\forall i \in \mathcal{I}$，$\lim\limits_{t\to\infty} \tanh(\tilde{q}_i(t)) = 0$，$\lim\limits_{t\to\infty} \tanh(r_i(t)) = 0$，$\lim\limits_{t\to\infty} s_i(t) = 0$，$\lim\limits_{t\to\infty} \eta_i(t) = 0$；$\forall i \in \mathcal{I}$和$\forall k \in \mathcal{N}_i$，

$\lim_{t\to\infty}(\tanh(q_i(t))-\tanh(q_k(t)))=0$；$\forall i\in\mathcal{I}$ 和 $\forall k\in\mathcal{N}_i$，$\lim_{t\to\infty}(\tanh(\mu_i(t))-\tanh(\mu_k(t)))=0$。由于通信拓扑 $\mathcal{G}$ 是连通的，因此 $\forall i,j\in\mathcal{I}$，存在路径 $\nu_i=\nu_{k_1}$，$\nu_{k_2},\cdots,\nu_{k_c}=\nu_j$ 连接 ν_j 和 ν_i。由此可得，$\forall i,j\in\mathcal{I}$，$\lim_{t\to\infty}(\tanh(q_i(t))-\tanh(q_j(t)))=\lim_{t\to\infty}\sum_{i=1}^{c-1}(\tanh(q_{k_i}(t))-\tanh(q_{k_{i+1}}(t)))=\sum_{i=1}^{c-1}\lim_{t\to\infty}(\tanh(q_{k_i}(t))-\tanh(q_{k_{i+1}}(t)))=0$，类似地有，$\forall i,j\in\mathcal{I}$，$\lim_{t\to\infty}(\tanh(\mu_i(t))-\tanh(\mu_j(t)))=\lim_{t\to\infty}\sum_{i=1}^{c-1}(\tanh(\mu_{k_i}(t))-\tanh(\mu_{k_{i+1}}(t)))=\sum_{i=1}^{c-1}\lim_{t\to\infty}(\tanh(\mu_{k_i}(t))-\tanh(\mu_{k_{i+1}}(t)))=0$。

由于函数 $\tanh(\cdot)$ 是严格递增的并且 $\tanh(0)=0$，所以我们可以得出速度误差满足：$\forall i,j\in\mathcal{I}$，$\lim_{t\to\infty}(q_i(t)-q_j(t))=0$，和 $\forall i,j\in\mathcal{I}$，$\lim_{t\to\infty}(\mu_i(t)-\mu_j(t))=0$。并且由(5.97)式可得：$\forall i,j\in\mathcal{I}$，

$$
\begin{aligned}
&\lim_{t\to\infty}(\dot{q}_i(t)-\dot{q}_j(t))\\
&=\lim_{t\to\infty}(s_i(t)-s_j(t))-\sum_{k\in\mathcal{N}_i}a_{ik}\lim_{t\to\infty}(\tanh(q_i(t))-\tanh(q_k(t)))+\\
&\quad\sum_{k\in\mathcal{N}_j}a_{jk}\lim_{t\to\infty}(\tanh(q_j(t))-\tanh(q_k(t)))-\\
&\quad\lim_{t\to\infty}(\tanh(\mu_i(t))-\tanh(\mu_j(t)))=0
\end{aligned}
\tag{5.118}
$$

证毕。

定理 5.4 中的结论并没有给出参数误差 $\hat{\theta}_i-\theta_i$ 的上界。为了实现控制目标(5.83)式并且得出更精确的参数估计，我们提出修正的参数更新律。假设参数 θ_i 的界限已知，记为：

$$|\theta_{ik}|\leqslant\vartheta_{k,\max},\quad k\in\{1,2,\cdots,p\}\tag{5.119}$$

其中，θ_{ik} 表示向量 θ_i 的第 k 个元素，$\vartheta_{k,\max}$ 为一个正实数。参数更新律定义为：

$$
\begin{aligned}
&\hat{\theta}_i=\Gamma_i\phi_i-2\Gamma_iY_i^{\mathrm{T}}(\hat{q}_i,\dot{\hat{q}}_i,t)q_i\\
&\dot{\phi}_i=2\frac{\mathrm{d}}{\mathrm{d}t}\{Y_i^{\mathrm{T}}(\hat{q}_i,\dot{\hat{q}}_i,t)\}q_i+Y_i^{\mathrm{T}}(\hat{q}_i,\dot{\hat{q}}_i,t)(\dot{\hat{q}}_i+\tanh(\tilde{q}_i)+\tanh(r_i)-\\
&\qquad\sum_{k\in\mathcal{N}_i}a_{ik}(\tanh(q_i)-\tanh(q_k))-\tanh(\mu_i))+\operatorname{proj}\{\hat{\theta}_i,\vartheta_{\max}\}
\end{aligned}
\tag{5.120}
$$

其中，$\operatorname{proj}\{\hat{\theta}_i,\vartheta_{\max}\}=(\operatorname{proj}\{\hat{\theta}_{i1},\vartheta_{1,\max}\},\cdots,\operatorname{proj}\{\hat{\theta}_{ip},\vartheta_{p,\max}\})^{\mathrm{T}}\in\mathbb{R}^p$，且

$$\operatorname{proj}\{\hat{\theta}_{ik},\vartheta_{k,\max}\}=\begin{cases}-(\hat{\theta}_{ik}+\vartheta_{k,\max}), & \hat{\theta}_{ik}\geqslant\vartheta_{k,\max}\\ 0, & -\vartheta_{k,\max}<\hat{\theta}_{ik}<\vartheta_{k,\max}\\ -(\hat{\theta}_{ik}-\vartheta_{k,\max}), & \hat{\theta}_{ik}\leqslant-\vartheta_{k,\max}\end{cases} \tag{5.121}$$

定理 5.5 考虑网络化机械系统(5.80)式,如果通信拓扑是连通的,那么控制目标(5.83)式可以在观测器(5.86)式、控制输入(5.94)式、自适应更新律(5.120)式下实现,控制参数取为(5.103)式和(5.104)式。进一步,当 $t\to\infty$ 时,参数估计 $\hat{\theta}_{ik}$ 收敛到 $-\vartheta_{k,\max}$ 或者 $\vartheta_{k,\max}$。

证明 该证明与定理 5.4 的证明类似。

注释 5.5 由定理 5.4 的证明可以得出 $\dot{\hat{q}}_i$ 是有界的,从而动态反馈增益 $k_i(t)$ 是有界的。对于 $k_i(t)$ 求导可以得到:

$$\dot{k}_i(t)=\frac{\rho_i\dot{\hat{q}}_i^{\mathrm{T}}\ddot{\hat{q}}_i}{\underline{m}\sqrt{\sigma+\|\dot{\hat{q}}_i\|^2}} \tag{5.122}$$

利用观测器动态可以看出 $\dot{k}_i(t)$ 也是有界的。

注释 5.6 在精确系统模型已知的情况下,我们提出以下无参数更新律的控制输入:

$$\begin{aligned}\tau_i=&-M_i(q_i)\Big(\sum_{k\in\mathcal{N}_i}a_{ik}(\operatorname{sech}^2(q_i)l_i-\operatorname{sech}^2(q_k)l_k)\Big)+\\&M_i(q_i)\operatorname{sech}^2(\mu_i)\Big(-\tanh(q_i)+\sum_{k\in\mathcal{N}_i}a_{ik}(\tanh(\mu_i)-\tanh(\mu_k))\Big)-\\&C_i(q_i,l_i)(\tanh(\mu_i)+\sum_{k\in\mathcal{N}_i}a_{ik}(\tanh(q_i)-\tanh(q_k)))-\\&\tanh(q_i)-\alpha_i(\hat{s}_i+\tanh(\tilde{q}_i)+\tanh(r_i))+G_i(q_i)+F_i\dot{\hat{q}}_i\end{aligned} \tag{5.123}$$

应用观测器(5.86)式和控制器(5.123)式,我们容易证明控制目标(5.83)式可以实现。

注释 5.7 从定理 5.4 和定理 5.5 的证明中可以看出,$\lim\limits_{t\to\infty}\tilde{q}_i(t)=0$ 和 $\lim\limits_{t\to\infty}\dot{\tilde{q}}_i(t)=\lim\limits_{t\to\infty}(\eta_i-\tanh(\tilde{q}_i)-\tanh(\tilde{r}_i))=0$,说明位置和速度的估计值都收敛到它们的真值。另外,观测器(5.86)式对于存在结构不确定性和不存在结构不确定性的控制策略同样适用。

注释 5.8 本节提出的控制方案存在几个方面的优势。在一些文献中,控制方案没有用到邻居集合的速度信息,但是需要用到每一个个体本身的速度信息。相比于这些文献,我们的控制方案没有用到任何速度信息。另一些文献提出了基于观测器的同步控制方案,在该控制方案中,每个个体的状态需要预先假设是有界的,并且控制目标只能半全局实现。相比于这些文献,我们的控制方案去掉了有界性假设并且能够全局实现控制目标。

5.3.4 仿真例子

本小节我们用 6 个 2 自由度的旋转机械手来验证同步控制策略的有效性,6 个个体的连接拓扑如图 5.8 所示。机械手的物理参数如表 5.3 所示,其中 $m_{i,1}$ 和 $m_{i,2}$ 表示连杆质量,$I_{i,1}$ 和 $I_{i,2}$ 表示连杆转动惯量,$l_{i,1}$ 和 $l_{i,2}$ 表示连杆长度,$l_{i,c1}$ 和 $l_{i,c2}$ 表示连杆质心。未知的摩擦项定义为 $F_i=\mathrm{diag}\{F_{i1},F_{i2}\}$。Laplacian 矩阵的非零项记为 $a_{12}=a_{21}=1$,$a_{14}=a_{41}=1.2$,$a_{23}=a_{32}=0.9$,$a_{25}=a_{52}=1.1$ 和 $a_{36}=a_{63}=1$。

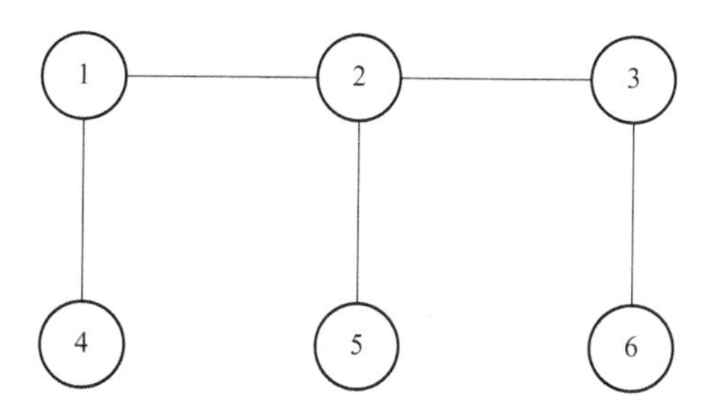

图 5.8 连通拓扑

表 5.3 物理参数

robot_i	$m_{i,1}$, $m_{i,2}$	$I_{i,1}$, $I_{i,2}$	$l_{i,1}$, $l_{i,2}$	$l_{i,c1}$, $l_{i,c2}$
1	1.2, 1.3	0.37, 0.49	1.6, 1.2	0.80, 0.60
2	1.4, 1.5	0.37, 0.46	1.7, 1.8	0.85, 0.90
3	1.6, 1.4	0.41, 0.62	2.0, 1.9	1.00, 0.95
4	1.7, 1.9	0.55, 0.51	1.9, 2.0	0.95, 1.00
5	1.6, 1.2	0.46, 0.40	1.8, 1.8	0.90, 0.90
6	1.5, 1.5	0.37, 0.36	1.7, 2.1	0.85, 1.05

我们首先给出应用分布式观测器(5.86)式、自适应控制输入(5.94)式和参数更新率(5.95)式的仿真例子。变量的初始值在区间(−1,1)内随机取值。位置变量的轨迹误差如图 5.9 所示。速度变量的轨迹误差如图 5.10 所示。从图中可以看出,在该控制方案之下,控制目标(5.83)式可以实现。观测器估计状态和真实值的误差如图 5.11、图 5.12 所示,从图中可以看出估计状态能够收敛到真实值。有界的参数估计如图 5.13 所示。然后我们考虑参数更新律(5.120)式,其中参数上界取为 $\vartheta_{k,\max}=0.6$。仿真结果如图 5.14~图 5.18 所示。在该情况下,同步误差和

观测误差都收敛到零,结构参数估计的收敛区间也与定理 5.5 的结论一致。

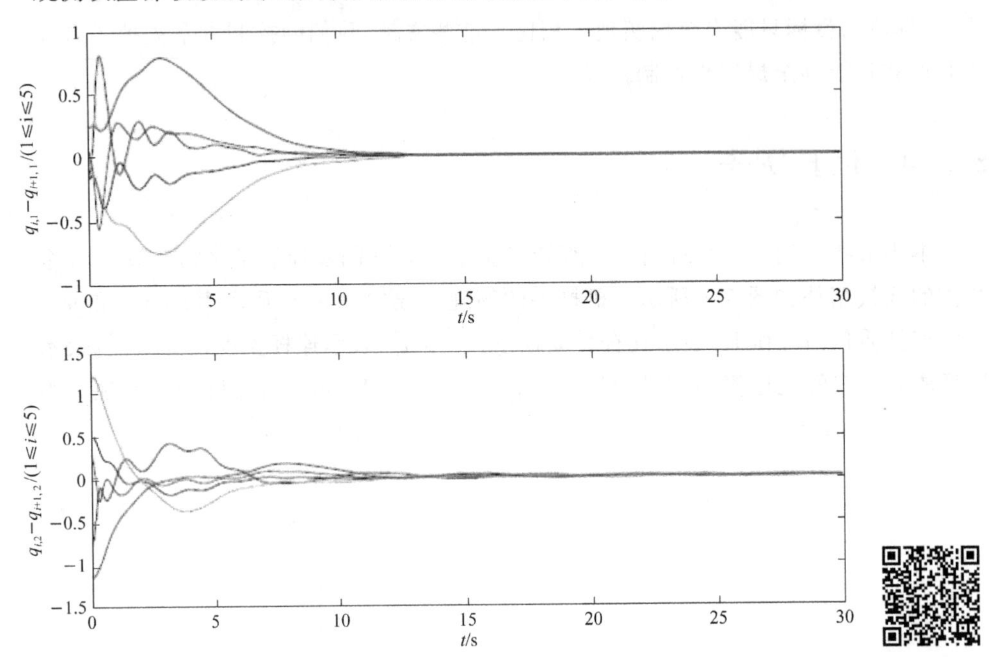

图 5.9　位置同步误差

图 5.9 的彩图

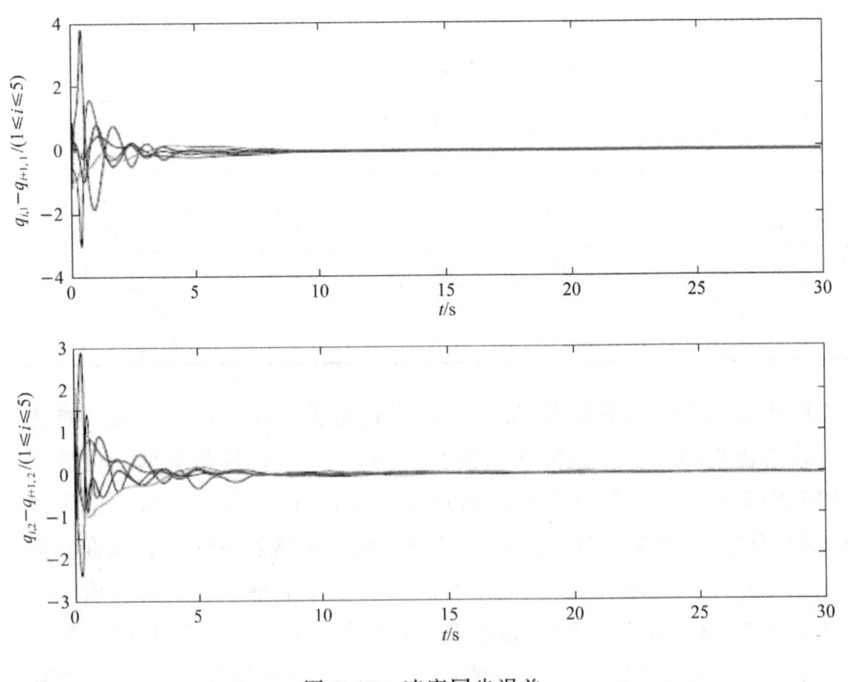

图 5.10　速度同步误差

图 5.10 的彩图

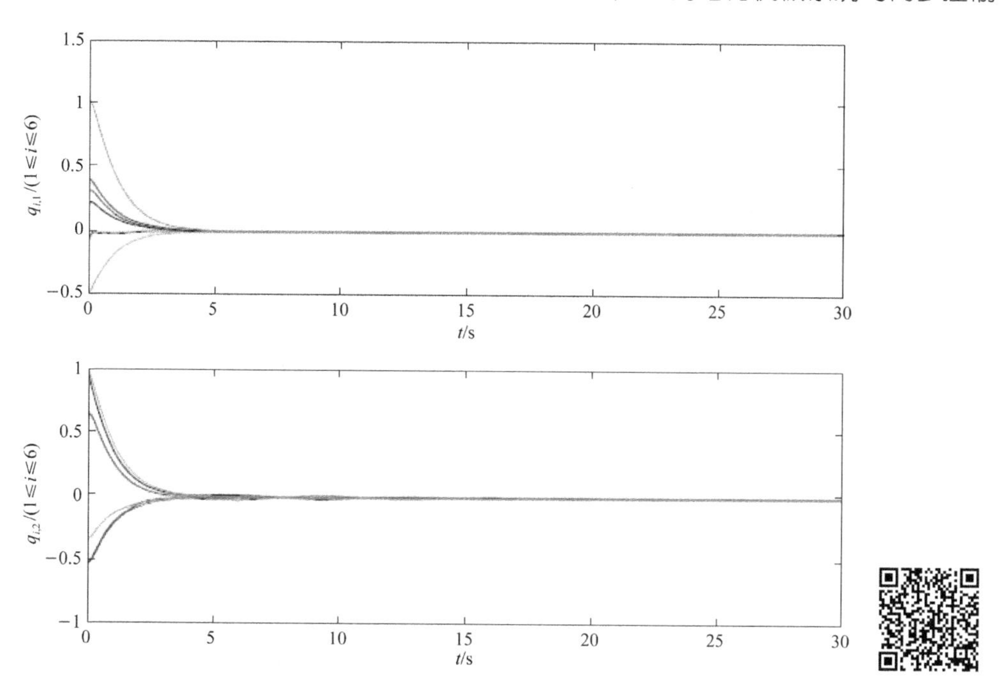

图 5.11 位置观测误差

图 5.11 的彩图

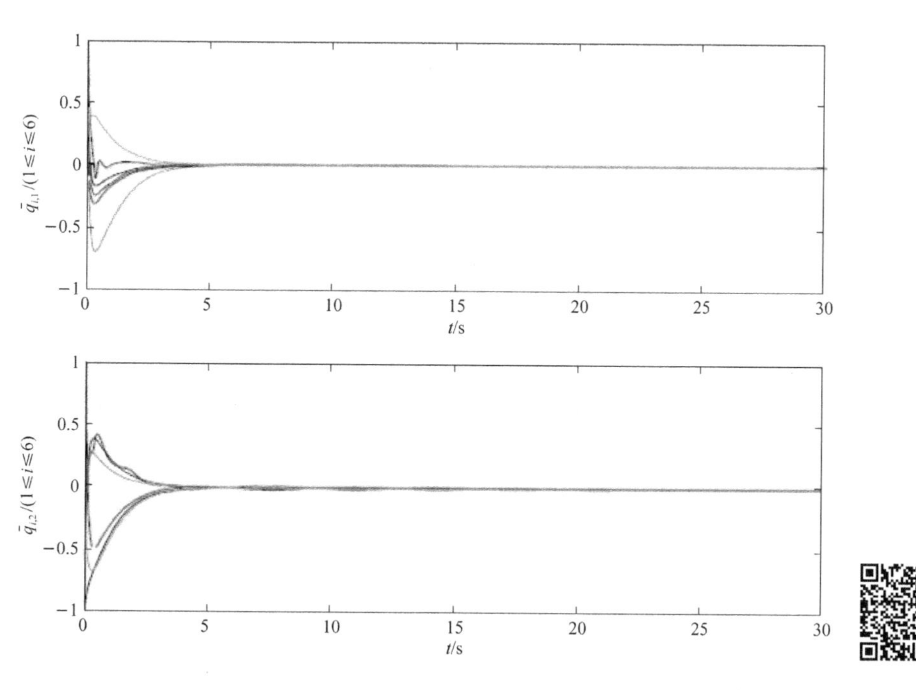

图 5.12 速度观测误差

图 5.12 的彩图

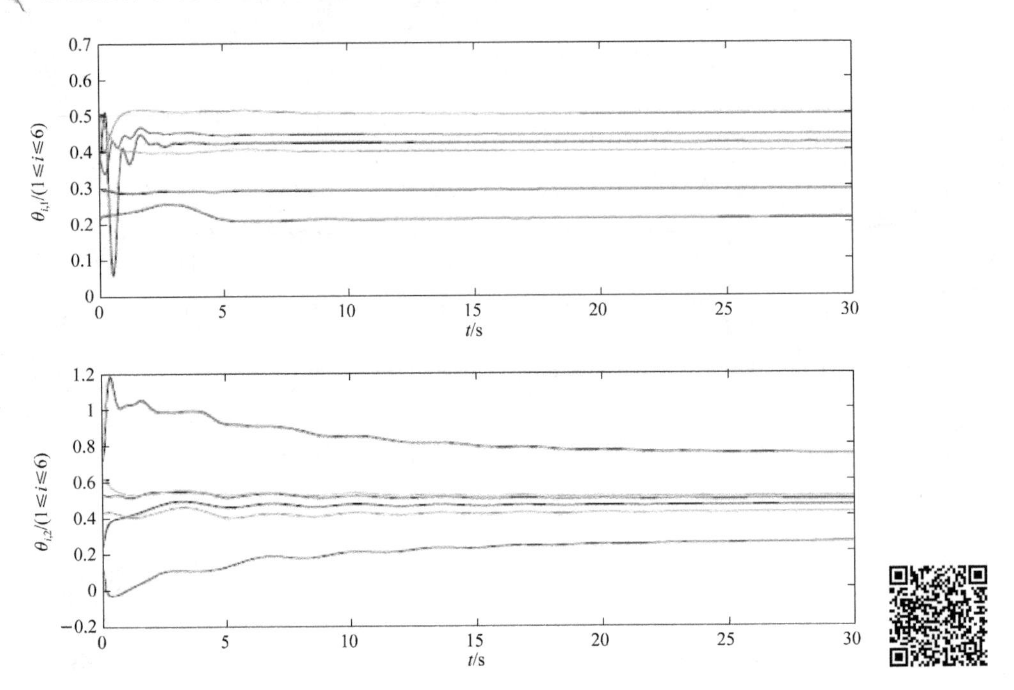

图 5.13　更新率(5.95)式下的参数估计值

图 5.13 的彩图

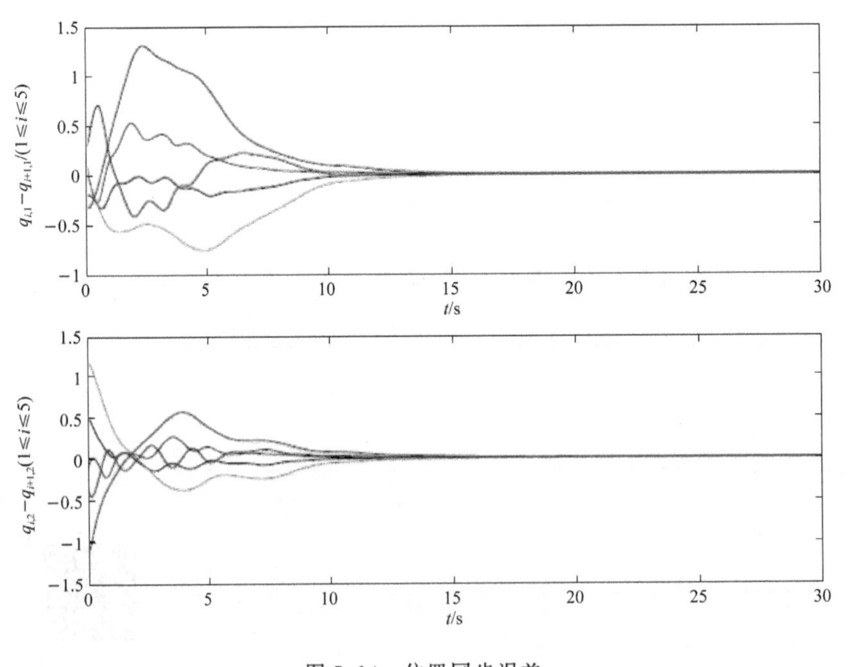

图 5.14　位置同步误差

图 5.14 的彩图

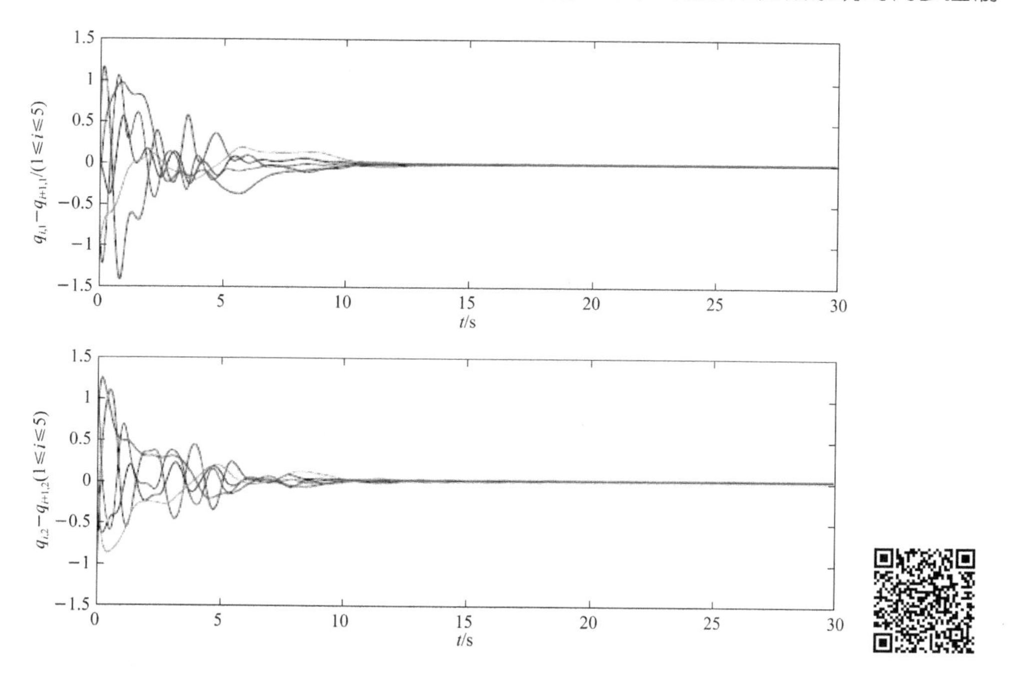

图 5.15　速度同步误差

图 5.15 的彩图

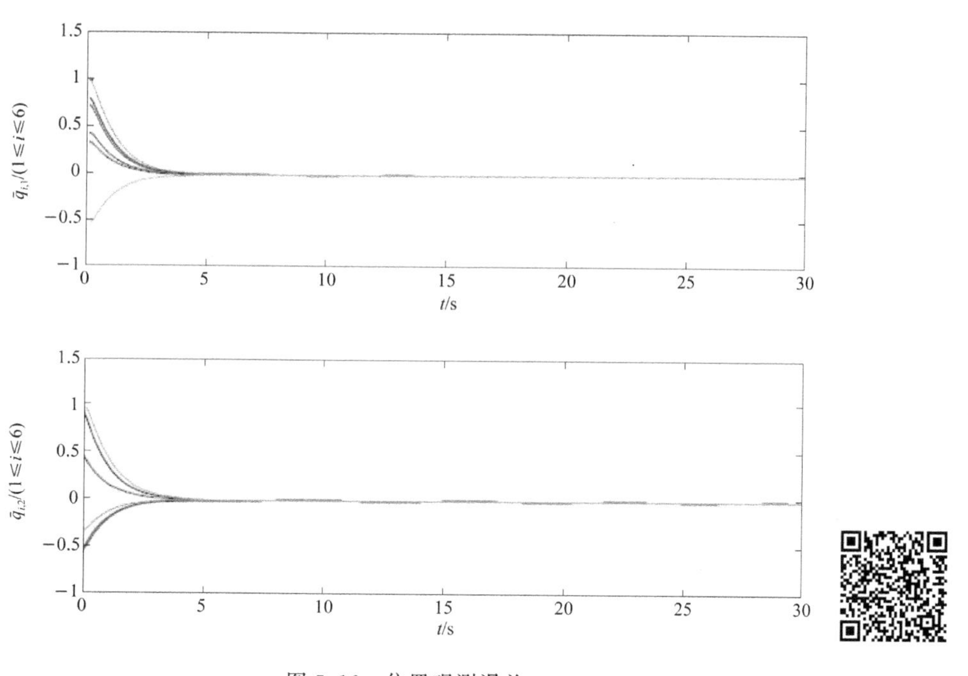

图 5.16　位置观测误差

图 5.16 的彩图

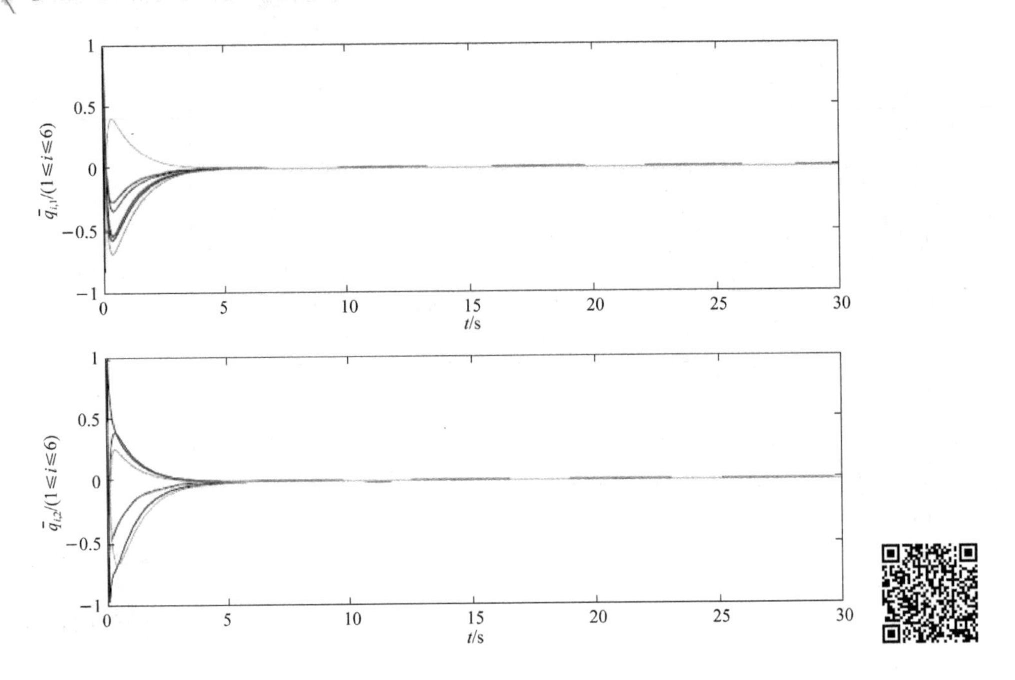

图 5.17　速度同步误差

图 5.17 的彩图

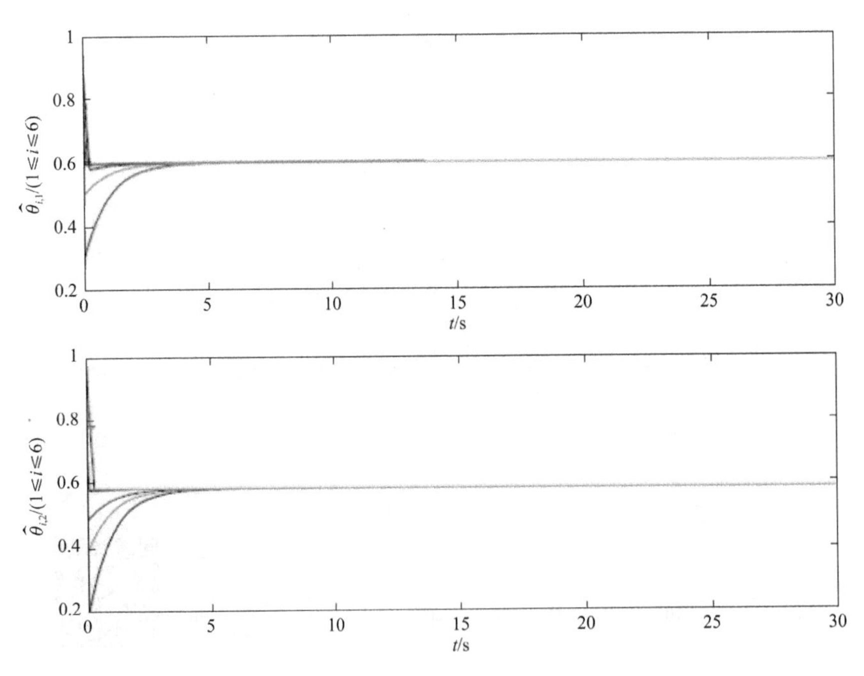

图 5.18　更新率(5.120)式下的参数估计值

图 5.18 的彩图

本章小结

本章研究了网络化机械系统同步控制问题。首先本章分别给出了任务空间多机械系统具有慢变时滞和快变时滞的自适应同步控制方案。然后本章考虑到机械系统中速度测量的不精确带来的不良响应,还给出了分布式速度估计方案,利用速度估计值实现了全局同步。在此基础上,本章进一步考虑了存在未知重力项和不精确静态摩擦项的输出反馈同步控制问题,给出了两类参数估计方案。

参考文献

[1] MURRAY R M. Recent Research in Cooperative Control of Multi-Vehicle Systems[J]. Journal of Dynamic Systems, Measurement and Control, 2007, 129(5): 571-583.

[2] THOMAS G, HOWARD A H, WILLIAMS A B. Multirobot Task Allocation in Lunar Mission Construction Scenarios[A]// Proceedings of IEEE International Conference on Systems, Man, Cybernetics[C]. 2005: 518-523.

[3] ARAI T, PAGELLO E, PARKER L E. Editorial: Advances in Multi-Robot Systems[J]. IEEE Transactions on Robotics and Automation, 2002, 18(5): 655-661.

[4] NAVARRO I, FERNANDO M. A Survey of Collective Movement of Mobile Robots[J]. International Journal of Advanced Robotic Systems, 2013, 10(1): 257-271.

[5] NAMVAR M, AGHILI F. Adaptive Force-Motion Control of Coordinated Robots Interacting with Geometrically Unknown Environments[J]. IEEE Transactions on Robotics, 2005, 21(4): 678-694.

[6] OKUBO A. Dynamic Aspects of Animal Grouping: Swarms, Schools, Flocks and Herds[J]. Advaced Biophysics, 1986, 22: 1-94.

[7] COUZIN L D, KRAUSE J, FRANKS N R, et al. Effective Leadership and Decisionmaking in Animal Groups on the Move[J]. Nature, 2005, 433 (7025): 513-516.

[8] CUCKER F, SMALE S. Emergent Behavior in Folocks [J]. IEEE Transactions on Automatica Control, 2007, 52(5): 852-862.

[9] REYNOLDS C. Flocks, Birds and Schools: A Distributed Behavioral Model[J]. Computer Graphics, 1987, 21(4): 25-34.

[10] OKUBO A. Dynamic Aspects of Animal Grouping: Swarms, Schools, Flocks and Herds[J]. Advances in Biophysics, 1986, 22: 1-94.

[11] TONER J,TU Y. Flocks, Herds, and Schools: A Quantitative Theory of Flocking[J]. Physical Review E, 1998, 58(4): 4828-4858.

[12] BONABEAU E, DORIGO M, THERAULAZ G. Swarm Intelligence: From Natural to Artificial Systems[M]. New York: Oxford University Press, 1999.

[13] BOND A H, GASSER L. Readings in Distributed Articial Intelligence [M]. San Mateo: Morgan Kaufmann Publishers, 1988.

[14] SMITH R G. A Framework for Distributed Problem Solving[M]. UMI Research Press, 1980.

[15] BERTSEKAS D P,TSITSIKLIS J. Parallel and Distributed Computation: Numerical Methods[M]. Princeton Hall, 1989.

[16] MINSKY M. The Society of Mind[M]. New York: Simon and Schuster, Inc. , 1986.

[17] LYNCH N A. Distributed Algorithms[M]. San Francisco, CA: Morgann Kaufmann, 1997.

[18] WEISS G. Multiagent Systems: A Modern Approach to Distributed Artificial Intelligence[M]. Cambridge, MA: MIT Press, 1999.

[19] HANNEBAUER M. Autonomous Dynamic Reconfiguration in Multiagent Systems: Improving the Quality and Efficiency of Collaborative Problem Solving[M]. New York: Springer-Verlag, 2002.

[20] BARCA J C, SEKERCIOGLU A Y. Swarm Robotics Reviewed[J]. Robotica, 2013, 31(03): 345-359.

[21] YAN Z, JOUANDEAU N, CHERIF A A. A Survey and Analysis of Multi-Robot Coordination[J]. International Journal of Advanced Robotic Systems, 2013, 10: 1-18.

[22] BRAMBILLA M, FERRANTE E, BIRATTARI M, et al. Swarm Robotics: A Review From the Swarm Engineering Perspective[J]. Swarm intelligence, 2013, 7(1): 1-41.

[23] ANGELES A R, NIJMEIJER H. Mutual Synchronization of Robots via Estimated State Feedback: A Cooperative Approach [J]. IEEE Transactions on Control Systems Technology, 2004, 12(4): 542-554.

[24] SUN D, MILLS J K. Adaptive Synchronized Control for Coordination of Multirobot Assembly Tasks [J]. IEEE Transactions on Robotics and Automation, 2002, 18(4): 498-510.

[25] AHMED S, NAHRSTEDT K, WANG G. Topology-Aware Optimal Task Allocation for Mission Critical Environment: A Decentralized Approach [A] // Proceedings of the 2011 Military Communications Conference[C]. 2011: 884-449.

[26] CAMPBELL M E, WHITACRE W W. Cooperative Tracking Using Vision Meansurements on Seascan UVAs [J]. IEEE Transactions on Control Systems Technology, 2007, 15(4): 613-626.

[27] FEDDEMA J T, LEWIS C, SCHOENWALD D A. Decentralized Control of Cooperative Robotics Vehicle: Theory and Application [J]. IEEE Transactions on Robotics and Automation, 2002, 18(5): 852-864.

[28] THOMAS G, HOWARD A H, WILLIAMS A B. Multirobot Task Allocation in Lunar Mission Construction Scenarios[A] // Proceedings of IEEE International Conference on Systems, Man, Cybernetics[C]. 2005: 518-523.

[29] MATARIC M J, SUKHATME G S, OTERGAARD E H. Multi-Robot Task Allocation in Uncertain Environments [J]. Autonomous Robots, 2003, 14(2): 255-263.

[30] WANG X, YADAV V, BALAKRISHNAN S N. Cooperative UAV Formation Flying with Obstacle/Collision Avoidance [J]. IEEE Transactions on Control System Technology, 2007, 15(4): 672-679.

[31] KUMAR V, RUS D, SINGH S. Robot and Sensor Networks for First Responders[J]. IEEE Pervasive Computing, 2004, 3(4): 24-33.

[32] ZHAO W, GO T H. Quadcopter Formation Flight Control Combining MPC and Robust Feedback Linearization [J]. Journal of the Franklin Institute, 2014, 351(3): 1335-1355.

[33] VALENTI M, BETHKE B, FIORE G, et al. Indoor Multivehicle Flight

Testbed for Fault Detection, Isolation, and Recovery[A]// Proceedings of AIAA Guidance, Navigation, and Control Conference [C]. 2006: 6200-6218.

[34] VALENTI M, BETHKE B, DALE D, et al. The MIT Indoor Multi-Vehicle Flight Testbed[A]// IEEE International Conference on Robotics and Automation[C]. 2007: 2758-2759.

[35] MICHAEL N, FINK J, KUMAR V. Experimental Testbed for Large Teams of Cooperating Robots and Sensors [J]. IEEE Robotics and Automation Magazine, 2008.

[36] BREGER L, HOW J. Safe Trajectories for Autonomous Rendezvous of Spacecraft[J]. Journal of Guidance, Control, and Dynamics, 2008, 31(5): 1478-1489.

[37] CHONG C Y, KUMAR S P. Sensor Networks: Evolution, Opportunities, and Challenges[J]. Procceedings of the IEEE, 2003, 91(8): 1247-1256.

[38] LEE D H, ZAHEER S A, KIM J H. Ad Hoc Network-Based Task Allocation with Resource-Aware Cost Generation[J]. IEEE Transactions on Industrial Electronics, 2014, 61(12): 6871-6881.

[39] LUO R C, CHEN O. Mobile Sensor Node Deployment and Asynchronous Power Management for Wireless Sensor Networks[J]. IEEE Transactions on Industrial Electronics, 2012, 59(5): 2377-2385.

[40] REN L, MILLS J K, SUN D. Adaptive Synchronization Control of a Planar Parallel Manipulator[A]// Proceedings of the American Control Conference[C]. 2004: 3980-3985.

[41] XIAO Y, ZHU K Y. Optimal Synchronization Control of Highprecision Motion Systems[J]. IEEE Transactions on Industrial Electronics, 2006, 53(4): 1160-1169.

[42] 楚天广,陈志福,王龙,等. 群体动力学与协调控制[A]// Proceedings of the 26th Chinese Control Conference[C]. 2007, 611-615.

[43] OLFATI-SABER R, MURRAY R M. Consensus Problems in Networks of Agents with Switching Topology and Time-Delays [J]. IEEE Transactions on Automatic Control, 2004, 49(9): 1520-1533.

[44] REN W, BEARD R W. Consensus Seeking in Multiagent Systems under

Dynamically Changing Interaction Topologies[J]. IEEE Transactions on Automatic Control, 2005, 50(5): 655-661.

[45] LIN Z, FRANCIS B, MAGGIORE M. State Agreement for Continuous-Time Coupled Nonlinear Systems [J]. SIAM Journal of Control and Optimization, 2007, 46(1): 288-307.

[46] REN W, BEARD R W. Distributed Consensus in Multi-Vehicle Cooperative Control[M]. London: Springer-Verlag, 2008.

[47] REN W, BEARD R W, ATKINS E M. A Survey of Consensus Problems in Multi-Agent Coordination [A] // Proceedings of the 2005 American Control Conference[C]. 2005: 1859-1864.

[48] LIU X, CHEN T, LU W. Consensus Problem in Directed Networks of Multi-Agents via Nonlinear Protocols[J]. Physics Letters A, 2009, 373 (35): 3122-3127.

[49] TIAN Y P, LIU C L. Robust Consensus of Multi-Agent Systems with Diverse Input Delays and Asymmetric Interconnection Perturbations[J]. Automatica, 2009, 45(5): 1347-1353.

[50] PORFIRI M, STILWELL D J. Consensus Seeking over Random Weighted Directed Graphs[J]. IEEE Transactions on Automatic Control, 2007, 52 (9): 1767-1773.

[51] VICSEK T, CZIROK A, JACOB E B, et al. Novel Type of Phase Transitions in a System of Self-Driven Particales [J]. Physical Review Letters, 1995, 75(6): 1226-1229.

[52] JADBABAIE A, LIN J, MORSE A S. Coordination of Groups of Mobile Autonomous Agents Using Nearest Neighbor Rules [J]. IEEE Transactions on Automatic Control, 2003, 48(6): 988-1001.

[53] BLONDEL V D, HENDRICKX J M, OLSHEVSKY A, et al. Convergence in Multiagent Coordination, Consensus, and Flocking[A] // Proceedings of IEEE conference on decision and control[C]. 2005: 2996-3000.

[54] MOREAU L. Stability of Multiagent Systems with Time-Dependent Communication Links [J]. IEEE Transactions on Automatic Control, 2005, 50(2): 169-182.

[55] OLFATI-SABER R. Flocking for Multi-Agent Dynamic Systems:

Algorithms and Theory[J]. IEEE Transactions on Automatic Control, 2006, 51(3): 401-420.

[56] SHI H, WANG L, CHU T. Virtual Leader Approach to Coordinated Control of Multiple Mobile Agents with Asymmetric Interactions[J]. Physica D, 2006, 213(1): 51-65.

[57] CUCKER F, DONG J G. Avoiding Collisions in Flocks[J]. IEEE Transactions on Automatic Control, 2010, 55(5): 1238-1243.

[58] LA H M, SHENG W. Flocking Control of Multiple Agents in Noisy Environments[A]// Proceedings of the IEEE International Conference on Robotics and Automation[C]. 2010: 4964-4969.

[59] TANNER H G, JADBABAIE A,PAPPAS G J. Stable Flocking of Mobile Agents, Part I: Fixed Topology[A]// Proceeding of the 42nd IEEE Conference on Decision and Control[C]. 2003: 2010-2015.

[60] TANNER H G, JADBABAIE A,PAPPAS G J. Stable Flocking of Nobile Agents, Part Ⅱ: Dynamic Topology[A]// Proceedings of the 42nd IEEE Conference on Decision and Control[C]. 2003: 2016-2021.

[61] TANNER H G. Flocking With Obstacle Avoidance in Switching Networks of Interconnected Vehicles[A]// Proceeding of IEEE International Conference on Robotics and Automation[C]. 2005: 3006-3011.

[62] TANNER H G, JADBABAIE A, PAPPAS G J. Flocking in Fixed and Switching Networks[J]. IEEE Transactions on Automatic Control, 2007, 52(5): 863-868.

[63] SU H, WANG X,LIN Z. Flocking of Multi-Agents with a Virtual Leader [J]. IEEE Transactions on Automatic Control, 2009, 54(2): 293-307.

[64] LIU Z, GUO L. Synchronization of Multi-Agent Systems without Connectivity Assumptions[J]. Automatica, 2009, 45(12): 2744-2753.

[65] CHU T, WANG L, CHEN T, et al. Complex Emergent Dynamics of Anisotropic Swarms: Convergence VS Oscillation[J]. Chaos Solitons and Fractals, 2006, 30(4): 875-885.

[66] GAZI V, PASSINO K M. Stability Analysis of Swarms[J]. IEEE Transactions on Automatic Control, 2003, 48(4): 692-697.

[67] GAZI V,PASSINO K M. Stability Analysis of Social Foraging Swarms [J]. IEEE Transactions on Systems, Man and Cybernetics, Part B (Cybernetics), 2004, 34(1): 539-557.

[68] GAZI V. Swarm Aggregation Using Artificial Potentials and Sliding Mode Control[J]. IEEE Transactions on Robotics, 2005, 21(6), 1208-1214.

[69] LIU Y,PASSINO K M. Cohesive Behaviors of Multiagent Systems with Information Flow Constraints [J]. IEEE Transactions on Automatic Control, 2006, 51(11): 1734-1748.

[70] XI W, TAN X, BARAS J S. Gibbs Sampler-Based Coordination of Autonomous Swarms[J]. Automatic, 2006, 42(7): 1107-1119.

[71] SMITH R S,HADAEGH F Y. Control of Deep-Space Formation-Flying Spacecraft: Relative Sensing and Switched Information [J]. Journal of Guidance, Control and Dynamics, 2009, 28(1): 106-114.

[72] CZIROK A, JACOB E B, COHEN I, et al. Formation of Complex Bacterial Colonies via Self-Generated Vortics[J]. Physics Review E, 1996, 54(2), 1701-1801.

[73] BALCH T, ARKIN R C. Behavior-Based Formation Control for Multirobot Teams[J]. IEEE Transactions on Robotics and Automation, 1998, 14(6): 926-939.

[74] CHUNG S J, AHSUN U, SLOTINE J J E. Application of Synchronization to Formation Flying Spacecraft: Lagrangian Approach [J]. Journal of Guidance, Control, and Dynamics, 2009, 32(2): 512-526.

[75] CHEN Y Y,TIAN Y P. Directed Coordinated Control for Multi-Agent Formation Motion on a Set of Given Curves[J]. Acta Automatica Sinica, 2009, 35(12): 1541-1549.

[76] LIN Z Y, BROUCKE M, FRANCIS B. Local Control Strategies for Groups of Mobile Autonomous Agents [J]. IEEE Transactions on Automatic Control, 2004, 49(4): 622-629.

[77] MIYASATO Y. Adaptive H_∞ Formation Control for Euler-Lagrange Systems by Utilizing Neural Network Approximators[A]. Proceedings of the American Control Conference[C], 2011, 1753-1758.

[78] FROMMER A,SZYLD D B. On Asynchronous Iterations[J]. Journal of

Computational and Applied Mathematics, 2000, 123(12): 201-216.

[79] YU H, ANTSAKLIS P J. Passivity-Based Output Synchronization of Networked Euler Lagrange Systems Subject to Nonholonomic Constraints [A]// Proceedings of the 2010 American Control Conference[C]. 2010: 208-213.

[80] LIU Y, WANG Z, LIANG J, et al. Synchronization of Coupled Neutral-Type Neural Networks with Jumping-Mode-Dependent Discrete and Unbounded Distributed Delays [J]. IEEE Transactions on Cybernetics 2013, 43(1): 102-114.

[81] CHOPRA N, SPONG M W, LOZANO R. Synchronization of Bilateral Teleoperators with Time Delay[J]. Automatica, 2008, 44(8): 2142-2148.

[82] NUNO E, ORTEGA R, BASANEZ L, et al. Synchronization of Networks of Nonidentical Euler-Lagrange Systems with Uncertain Parameters and Communication Delays [J]. IEEE Transactions on Automatic Control, 2011, 56(4): 935-941.

[83] BHAT S P, BERNETRIN D S. Finite-Time Stability of Continous Autononous Systems [J]. SIAM Journal on Control and Optimization, 2000, 38(3): 751-766.

[84] BHAT S P, BERNSTEIN D S. Continuous Finite-Time Stabilization of the Translational and Rotational Double Integrators[J]. IEEE Transactions on Automatic Control, 1998, 43(5): 678-682.

[85] YU S, YU X, SHIRINZADEH B, et al. Continuous Finite-Time Control for Robotic Manipulators with Terminal Sliding Mode[J]. Automatica, 2005, 41(11): 1957-1964.

[86] HONG Y G, XU Y S, HUANG J. Finite-Time Control for Robot Manipulators[J]. Systems and Control Letters, 2002, 46(4): 243-253.

[87] CORTES J. Finite-Time Convergent Gradient Flows with Applications to Network Consensus[J]. Automatica, 2006, 42(11): 1993-2000.

[88] WANG L, XIAO F. Finite-Time Consensus Problems for Networks of Dynamic Agents [J]. IEEE Transactions on Automatic Control, 2010, 55(4): 950-955.

[89] DU H, LI S, DING S. Bounded Consensus Algorithms for Multi-Agent Systems in Directed Networks[J]. Asian Journal of Control, 2013, 15

(1): 282-291.

[90] WANG X, HONG Y. Finite-Time Consensus for Multi-Agent Networks with Second-Order Agent Dynamics[A]// Proceedings of the International Fedration of Automatic Control[C]. 2008: 15185-15190.

[91] LI S, DU H, LIN X. Finite-Time Consensus Algorithm for Multi-Agent Systems with Double-Integrator Dynamics[J]. Automatic, 2011, 47(8): 1706-1712.

[92] PARSEGOV S, POLYAKOV A, SHCHERBAKOV P. Nonlinear Fixed-Time Control Protocol for Uniform Allocation of Agents on a Segment [A]// Proceedings of the 51st IEEE Conference on Decision and Control [C]. 2012: 7732-7737.

[93] PARSEGOV S, POLYAKOV A, SHCHERBAKOV P. Fixed-Time Consensus Algorithm for Multi-Agent Systems with Integrator Dynamics [A]// Proceedings of the 4th IFAC Workshop on Distributed Estimation and Control in Networked Systems[C]. 2013: 110-115.

[94] ZUO Z, TIE L. A New Class of Finite-Time Nonlinear Consensus Protocols for Multi-Agent Systems[J]. International Journal of Control, 2014, 87(2): 363-370.

[95] GU K. An Integral Inequality in the Stability Problem of Time-Delay Systems[A]// Proceedings of the IEEE Conference on Decision and Control[C]. 2000: 2805-2810.

[96] RICHARD J. Time-Delay Systems: An Overview of Some Recent Advances and Open Problems[J]. Automatica, 2003, 39(10): 1667-1694.

[97] MOULAY E, DAMBRINE M, YEGANEFAR N, et al. Finite-Time Stability and Stabilization of Time-Delay Systems[J]. Systems and Control Letters, 2008, 57(7): 561-566.

[98] PEPE P, KARAFYLLIS I, JIANG Z. On the Liapunov-Krasovskii Methodology for the ISS of Systems Described by Coupled Delay Differential and Difference Equations[J]. Automatica, 2008, 44(9): 2266-2273.

[99] WANG W, SLOTINE J J E. Contraction Analysis of Time-Delayed Communications and Group Cooperation [J]. IEEE Transactions on Automatic Control, 2006, 51(4): 712-717.

[100] BLIMAN P A, FERRARI-TRECATE G. Average Consensus Problems in Networks of agents with Delayed Communications[J]. Automatica, 2008, 44(8): 1985-1995.

[101] WU J, SHI Y. Consensus in Multi-Agent Systems with Random Delays Governed by a Markov Chain[J]. Systems and Control Letters, 2011, 60 (1): 863-870.

[102] TIAN Y, LIU C. Consensus of Multi-Agent Systems with Diverse Input and Communication Delays [J]. IEEE Transactions on Automatic Control, 2008, 53(9): 2122-2128.

[103] XIAO F, WANG L. Asynchronous Consensus in Continuous-Time Multi-Agent Systems with Switching Topology and Time-Varying Delays[J]. IEEE Transactions on Automatic Control, 2008, 53(8): 1804-1816.

[104] LIN P, JIA Y. Consensus of Second-Order Discrete-Time Multi-Agent Systems with Nonuniform Time-Delays and Dynamically Changing Topologies[J]. Automatica, 2009, 45(9): 2154-2158.

[105] MUNZ U, PAPACHRISTODOULOU A, ALLGOWER F. Nonlinear Multi-Agent System Consensus with Time-Varying Delays [A] // Proceedings of the 17th World Congress of the International Federation of Automatic Control[C]. 2008: 1522-1527.

[106] CAO M, MORSE A S, ANDERSON B. Reaching an Agreement Using Delayed Information[A] // Proceedings of 45th Conference on Decision and Control[C]. 2006: 3375-3380.

[107] CHOPRA N, SPONG M W, LOZANO R. Synchronization of Bilateral Teleoperators with Time Delay [J]. Automatica, 2008, 44 (8): 2142-2148.

[108] NUNO E, ORTEGA R, BASANEZ L, et al. Synchronization of Networks of Nonidentical Euler-Lagrange Systems with Uncertain Parameters and Communication Delays [J]. IEEE Transactions on Automatic Control, 2011, 56(4): 935-941.

[109] WANG H. Consensus of Networked Mechanical Systems with Communication Delays: A Unified Framework[J]. IEEE Transactions on Automatic Control, 2014, 59(6): 1571-1576.

[110] LIBERZON D,MORSE A S. Basic Problems in Stability and Design of Switched Systems[J]. IEEE Transactions on Control Systems Magazine, 1999, 19(5): 59-70.

[111] BACCIOTTI A, MAZZI L. An Invariance Principle for Nonlinear Switched Systems[J]. Systems and Control Letters, 2005, 54(11): 1109-1119.

[112] VALENTINO M C, OLIVEIRA V A, ALBERTO L F, et al. An Extension of the Invariance Principle for Dwell-Time Switched Nonlinear Systems[J]. Systems and Control Letters, 2012, 61(4): 580-586.

[113] GOEBEL R, SANFELICE R G, TEEL A R. Invariance Principles for Switching Systems via Hybrid Systems Techniques[J]. Systems and Control Letters, 2008, 57(12): 980-986.

[114] HESPANHA J P. Uniform Stability of Switched Linear Systems: Extensions of LaSalle's Invariance Principle[J]. IEEE Transactions on Automatic Control, 2004, 49(4): 470-482.

[115] LIN P,JIA Y. Multi-Agent Consensus with Diverse Time-Delays and Jointly-Connected Topologies[J]. Automatica, 2011, 47(4): 848-856.

[116] HONG Y, GAO L, CHENG D, et al. Lyapunov-Based Approach to Multi-Agent Systems with Switching Jointly Connected Interonnection [J]. IEEE Transactions on Automatic Control, 2007, 52(2): 943-948.

[117] CHENG D, WANG J, HU X. An Extension of LaSalle's Invariance Principle and Its Application to Multi-Agent Consensus[J]. IEEE Transactions on Automatic Control, 2008, 53(7): 1765-1770.

[118] LIN P, JIA Y. Consensus of a Class of Second-Order Multi-Agent Systems with Time-Delay and Jointly-Connected Topologies[J]. IEEE Transactions on Automatic Control, 2010, 55(3): 778-784.

[119] ZHANG Y,TIAN Y. Consentability and Protocol Design of Multi-Agent Systems with Random Communication Delay and Packet Loss[J]. IEEE Transactions on Automatic Control, 2009, 45(5): 1195-1201.

[120] SU Y,HUANG J. Stability of a Class of Linear Switching Systems with Applications to Two Consensus Problems[J]. IEEE Transactions on Automatic Control, 2012, 57(6): 1420-1430.

[121] ZOU A. Distributed Attitude Synchronization and Tracking Control for Multiple Rigid Bodies [J]. IEEE Transactions on Control Systems Technology, 2014, 22(2): 478-490.

[122] DONG W, FARRELL J A. Decentralized Cooperative Control of Multiple Nonholonomic Dynamic Systems with Uncertainty [J]. Automatica, 2009, 45(3): 706-710.

[123] BREGER L, HOW J. Safe Trajectories for Autonomous Rendezvous of Spacecraft[J]. Journal of Guidance, Control, and Dynamics, 2009, 31(5): 1478-1489.

[124] CHONG C Y, KUMAR S P. Sensor Networks: Evolution, Opportunities, and Challenges[J]. Procceedings of the IEEE, 2003, 91(8): 1247-1256.

[125] LUO R C, CHEN O. Mobile Sensor Node Deployment and Asynchronous Power Management for Wireless Sensor Networks [J]. IEEE Transactions on Industrial Electronics, 2012, 59(5): 2377-2385.

[126] DU H, LI S. Attitude Synchronization Control for a Group of Flexible Spacecraft[J]. Automatica, 2014, 50(2): 646-651.

[127] LI S, DU H, SHI P. Distributed Attitude Control for Multiple Spacecraft with Communication Delays [J]. IEEE Transactions on Aerospace and Electronic Systems, 2014, 50(3): 1765-1773.

[128] WANG H. Passivity Based Synchronization for Networked Robotic Systems with Uncertain Kinematics and Dynamics [J]. Automatica, 2013, 49(3): 755-761.

[129] WANG H. Task-Space Synchronization of Networked Robotic Systems With Uncertain Kinematics and Dynamics [J]. IEEE Transactions on Automatic Control, 2013, 58(12): 3169-3174.

[130] NUNO E, ORTEGA R, BASANEZ L, et al. Synchronization of Networks of Nonidentical Euler-Lagrange Systems With Uncertain Parameters and Communication Delays [J]. IEEE Transactions on Automatic Control, 2011, 56(4): 935-941.

[131] LI Z, GE S S, ADAMS M, et al. Robust Adaptive Control of Uncertain Force/Motion Constrained Nonholonomic Mobile Manipulators [J]. Automatica, 2008, 44(3): 776-784.

[132] CHEAH C, HOU S, SLOTINE J J. Region-Based Shape Control for a Swarm of Robots[J]. Automatica, 2009, 45(10): 2406-2411.

[133] MEI J, REN W, CHEN J, et al. Distributed Adaptive Cooridination for Multiple Lagrangian Systems Under a Directed Graph without Using Neighbors' Velocity Information[J]. Automatica, 2013, 49(6): 1723-1731.

[134] VALENTI M, BETHKE B, FIORE G, et al. Indoor Multivehicle Flight Testbed for Fault Detection, Isolation, and Recovery[A]// Proceedings of AIAA Guidance, Navigation, and Control Conference[C]. 2006: 6200-6218.

[135] VALENTI M, BETHKE B, DALE D, et al. The MIT Indoor Multi-Vehicle Flight Testbed[A]// IEEE International Conference on Robotics and Automation[C]. 2007: 2758-2759.

[136] HOW J P, BETHKE B, FRANK A, et al. Real-Time Indoor Autonomous Vehicle Test Environment[J]. IEEE Control Systems Magzine, 2008, 28(2): 51-64.

[137] MICHAEL N, FINK J, KUMAR V. Experimental Testbed for Large Teams of Cooperating Robots and Sensors[J]. IEEE Robotics and Automation Magazine. 2008, 15(1): 53-61.

[138] ZHANG B, JIA Y. On Weak-Invariance Principles for Nonlinear Switched Systems[J]. IEEE Transactions on Automatic Control, 2014, 59(6): 1600-1605.

[139] ZHANG F, DAWSON D M, QUEIROZ M S, et al. Global Adaptive Output Feedback Tracking Control of Robot Manipulators[J]. IEEE Transactions on Automatic Control, 2000, 45(6): 1203-1208.

[140] NAMVAR M. A Class of Globally Convergent Velocity Observers for Robotic Manipulators[J]. IEEE Transactions on Automatic Control, 2009, 54(8): 1956-1961.

[141] XIAN B, QUEIROZ M S, DAWSON D M, et al. A Discontinuous Output Feedback Controller and Velocity Observer for Nonlinear Mechanical Systems[J], Automatica, 2004, 40(4): 695-700.

[142] HU J, ZHANG H. Bounded Output Feedback of Rigid-Body Attitude via

Angular Velocity Observers[J]. Journal of Guidance, Control, and Dynamics, 2013, 36(4): 1240-1247.

[143] VENKATRAMAN A, SCHAFT A J. Full-order observer design for a class of port-Hamiltonian systems[J]. Automatica, 2010, 46(3): 555-561.

[144] DIXON W E. Adaptive Regulation of Amplitude Limited Robot Manipulators with Uncertain Kinematics and Dynamics[J]. IEEE Transactions on Automatic Control, 2007, 52(3): 488-493.

[145] REYES F, KELLY R. Experimental Evaluation of Model-Based Controllers on a Direct-Drive Robot Arm[J]. Mechatronics, 2001, 11(3): 267-282.